AutoCAD 辅助景观工程设计

主编　江　婷
参编　祝　晓　潘　良　何疏悦

机 械 工 业 出 版 社

本书共分12章，主要内容为AutoCAD入门与常用基本操作、辅助绘图命令、基本绘图命令、基本编辑命令、高级绘图命令、文字与表格、尺寸标注、图纸布局与打印、景观工程制图规范、景观工程总图设计、景观工程详图实例及附录。本书遵循由简到难、循序渐进的规律，介绍了AutoCAD的基本使用以及辅助景观工程设计的方法。力求在编排上做到分门别类、条理清楚；在内容上充分考虑AutoCAD软件的特点，列举了大量的例题。本书尤其强调软件操作与专业实践的结合，做到理论联系实际。

本书可作为普通高等院校园林、风景园林、景观设计、环境艺术设计、城市规划等专业的教材，也可以作为AutoCAD爱好者的自学用书。

图书在版编目（CIP）数据

AutoCAD辅助景观工程设计/江婷主编．—北京：机械工业出版社，2015.9

ISBN 978-7-111-51475-6

Ⅰ.①A… Ⅱ.①江… Ⅲ.①园林设计—景观设计—计算机辅助设计—AutoCAD软件 Ⅳ.①TU986.2-39

中国版本图书馆CIP数据核字（2015）第214295号

机械工业出版社（北京市百万庄大街22号 邮政编码100037）
策划编辑：宋晓磊 责任编辑：宋晓磊
版式设计：霍永明 责任校对：刘秀芝
责任印制：乔 宇
北京市四季青双青印刷厂印刷
2015年11月第1版第1次印刷
184mm×260mm・13.75印张・329千字
标准书号：ISBN 978-7-111-51475-6
定价：39.80元

凡购本书，如有缺页、倒页、脱页，由本社发行部调换

电话服务	网络服务
服务咨询热线：010-88361066	机工官网：www.cmpbook.com
读者购书热线：010-68326294	机工官博：weibo.com/cmp1952
010-88379203	金书网：www.golden-book.com
封面无防伪标均为盗版	教育服务网：www.cmpedu.com

前言

Perface

园林景观设计是一项多层次、多步骤的复杂工作。一般来说，景观设计及其图纸的绘制需经历方案设计阶段和工程设计（扩初及施工图）阶段，其中景观工程图是工程设计乃至整个工程建设中的一个重要环节。和方案设计阶段图纸相比，工程设计阶段图纸对于制图的严谨性、精确度及标准化有着更具体、更高的要求。工程图的绘制是一项极其烦琐的工作，为了提高劳动效率，实现自动化制图，便于修改，易于重复利用，需要设计师运用计算机辅助制图。

随着计算机技术的迅猛发展以及设计行业的迫切需要，AutoCAD 应运而生。AutoCAD 软件是由 Autodesk 公司开发的一款自动计算机辅助设计软件（Auto Computer Aided Design），可以用于绘制二维制图和基本三维设计。通过它，无须懂得编程即可自动制图，因此它在全球广泛使用，可以用于土木建筑、装饰装潢、工业制图、电子工业、服装加工等多个领域。目前，在建筑、景观工程中常用到的应用软件如 PKPM、天正、广厦等都是在 CAD 的基础上进行开发的。

AutoCAD 提供了丰富的制图功能，操作方便，精度高，且具有强大的图形编辑功能，图形的查看和保管都非常方便，还可以进行图形的输出。可见，正确、熟练地掌握 AutoCAD 已成为设计人员必备的职业技能。

本教材力图将“CAD”和“景观工程”（“园林工程”）这两门园林专业学科群的专业课程紧密结合起来，不仅详细地介绍了 AutoCAD 二维绘图和编辑命令，而且结合景观工程设计进行实践操作，在最后的实例运用章节按施工图的设计流程来编写，解决了 CAD 教学与设计实践脱轨、工程设计扩初技能无法适应真正职业化标准的问题，让学生能够做到理论、技能两手抓，培养其严谨、全面的设计思维和规范、专业的制图技能，同时引导大家在学习软件的过程中领会到，软件只是我们必备的工具，真正掌握这些命令并将其运用到专业设计图纸的绘制中才是我们的真正目的和终极目标。

本书是作者总结多年的设计经验以及教学的心得体会精心编著而成，力求全面、细致地展现出 AutoCAD 在辅助景观工程设计中的各种功能技巧和操作方法，并让读者对景观工程图的设计流程、图纸内容以及制图规范有更为系统、深入的了解，真正做到知行合一。

本书既可作为高等院校园林、景观相关专业的 CAD 教材，也可作为从事风景园林规划设计、园林工程设计、环境艺术设计等相关专业人士的参考用书。

本书分为 12 章，参加本书编写的人员有南京林业大学的江婷（第 1 章、第 2 章、第 4 章、第 5 章、第 6 章、第 8 章、第 9 章、第 11 章、第 12 章）、南京林业大学的祝晓（第 3 章）、南京林业大学的何疏悦（第 10 章）以及金陵职业技术学院的潘良（第 7 章）。

由于时间和作者能力有限，书中难免有疏漏和不足之处，敬请广大读者批评指正。

编者

目录 Contents

第1章

AutoCAD入门

CAD（Computer Aided Design）是指计算机辅助设计，是计算机技术的一个重要的应用领域。AutoCAD 则是美国 Autodesk 公司开发的一个交互式绘图软件，辅助设计人员进行工程和产品的设计和分析，将设计思想用一种清晰、标准规范的方式表达出来，便于修改，易于重复利用，利于提高工作效率。

AutoCAD1.0 版本是 Autodesk 公司于 1982 年 11 月正式公布的。经过多年的发展，版本不断更新，功能也在不断完善和变化。AutoCAD 是国内外最受欢迎的计算机辅助设计软件之一，具有易掌握、使用方便、设计快捷、功能完善等特点，广泛应用于建筑、景观、机械、测绘、电子、航天等领域。

截至目前，AutoCAD 虽历经多个版本的升级，其基本功能保持一致，本书选用 AutoCAD2014 版本进行介绍。读者如果安装的是其他版本，也可以用本书进行学习。

1.1 启动 AutoCAD

成功安装 AutoCAD2014 后，启动程序的方法有以下几种：

■ 双击桌面 AutoCAD2014 快捷图标。

■【开始】/【所有程序】/【Autodesk】/【AutoCAD2014-Simplified Chinese】。

■ 双击计算机中已存在的任意一个 AutoCAD 图形文件。

1.2 AutoCAD 操作界面

AutoCAD2014 有四种工作界面，分别是【草图与注释】、【三维基础】、【三维建模】、【AutoCAD 经典】。这四种工作界面可以互相转换。单击“工作空间工具栏”设置按钮，可对工作空间进行设置，也可在工具栏中直接进行选择和切换，如图 1-1 所示。

图 1-1　选择工作界面

为了便于使用过旧版本的读者学习本书，我们采用 AutoCAD 经典风格工作界面进行介绍，如图 1-2 所示。

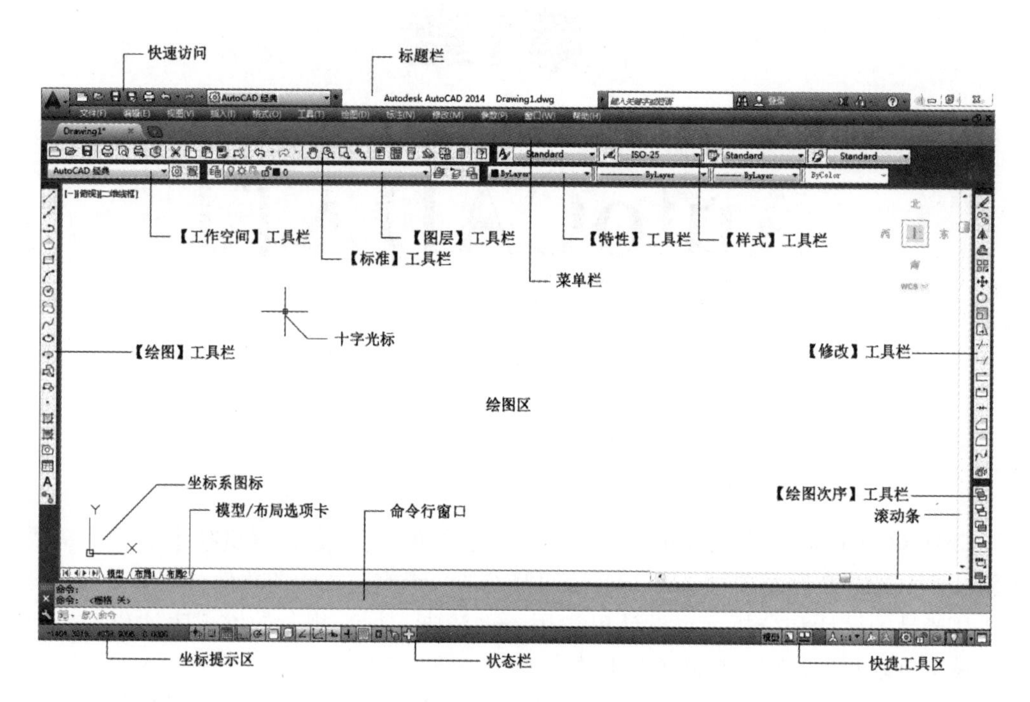

图 1-2 【AutoCAD 经典】工作界面

1.2.1 标题栏

标题栏位于整个界面的最上方，用来显示软件的名称和当前打开的文件名称，最右侧是标准 Windows 程序的【最小化】、【恢复窗口大小】和【关闭】按钮。

1.2.2 菜单栏

菜单栏包括【文件】、【编辑】、【视图】、【插入】、【格式】、【工具】、【绘图】、【标注】、【修改】、【参数】、【窗口】、【帮助】共 12 个选项。这些菜单几乎包含了 AutoCAD 的所有绘图和编辑等命令。按照菜单类型可分为三种基本的菜单命令：

（1）带有子菜单的菜单命令：这类命令后面带有小三角符号，表示还有下一级菜单。

（2）可弹出对话框的菜单命令：这类命令后面带有省略符号，表示单击后会弹出一个对话框。

（3）直接执行操作的菜单命令：这类命令后面既不带小三角，也不带省略符号，选择该命令可直接执行操作。

1.2.3 工具栏

工具栏是由一组“图标型”工具按钮组成的，它是一种使命令执行得更为快捷的设置。AutoCAD2014 系统共提供了 40 余种工具栏，在【AutoCAD 经典】工作空间中，系统默认只打开位于绘图区顶部的【标准】工具栏【工作空间】工具栏、【图层】工具栏、【特性】工具栏、【样式】工具栏以及位于绘图区左侧的【绘图】工具栏和右侧的【修改】工具栏、【绘图次序】工具栏，如图 1-3 所示。在【草图与注释】工作空间中，工具栏处于隐藏状态。

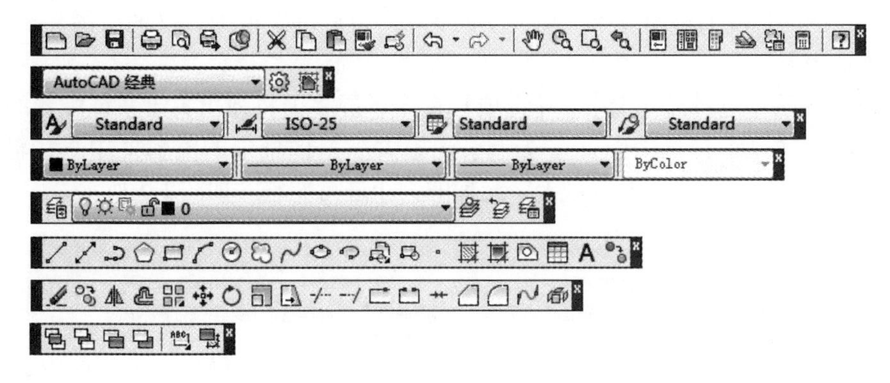

图 1-3　AutoCAD2014 默认工具栏

（1）显示工具栏。将光标移至任意工具栏的非标题区，然后右击，系统会自动打开工具栏快捷菜单，选中需要的选项即可。左边标有“✓”的选项表示已被选中。如图 1-4 所示。

（2）工具栏的固定与浮动。工具栏可以在绘图区“浮动”，即在屏幕上随意移动，此时可以关闭该工具栏；用鼠标拖动“浮动”工具栏到图形区边界，可以使它变成“固定”工具栏。

每个工具栏上都有一系列命令按钮，将光标放到命令按钮上稍作停顿，系统会显示工具提示，以说明该按钮的功能以及对应的命令。

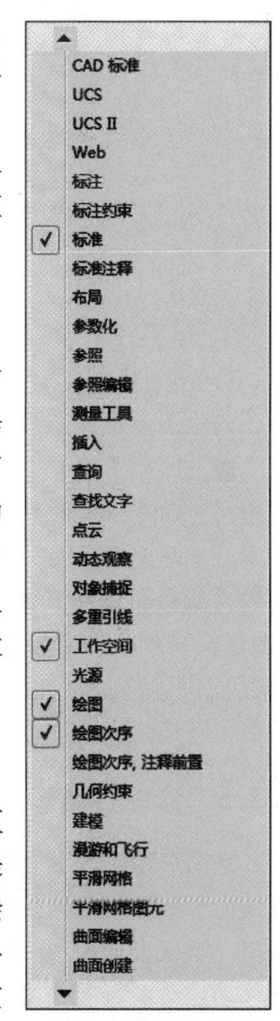

图 1-4　工具栏快捷菜单

1.2.4　绘图区

绘图区在屏幕的中间，是用户工作的主要区域。用户的所有工作效果都会直接反映在这个区域，相当于手工绘图的图纸。绘图区可以随意扩展，在屏幕上显示的可以是图形的一部分，也可以是全部区域，用户可以通过缩放、平移等命令来控制图形的显示。

（1）绘图区的全屏显示。利用全屏显示命令，可以使屏幕上只显示快速访问工具栏、应用程序状态栏和命令窗口，从而扩大绘图窗口。具体做法如下：

- 单击应用程序状态栏右下角的全屏显示按钮。
- 使用快捷键〈Ctrl +0〉，激活全屏显示命令。

（2）滚动条、选项卡、十字光标。绘图区右侧和下侧有垂直方向和平行方向的滚动条，可以用来移动视图。绘图区左下角是 AutoCAD 的直角坐标系显示标志，用于指示图形设计的平面。绘图区底部有一个模型选项卡和一个以上的布局选项卡。在 AutoCAD 中有两个工作空间，模型代表模型空间，布局代表图纸空间，单击选项卡可在这两个空间中切换。

在绘图区域还有一个随鼠标移动的十字光标，AutoCAD 通过十字光标显示当前点的位置。十字光标的长度大小预设为屏幕大小的5%，用户可以根据自己的绘图需要改变其大小，具体做法为：

■ 在菜单栏中选择【工具】/【选项】命令，屏幕上将弹出关于系统配置的【选项】对话框，选择【显示】选项卡，在【十字光标大小】区域中的编辑框中直接输入数值，或者拖动编辑框后的滑条，即可对十字光标的大小进行调整。如图 1-5 所示。

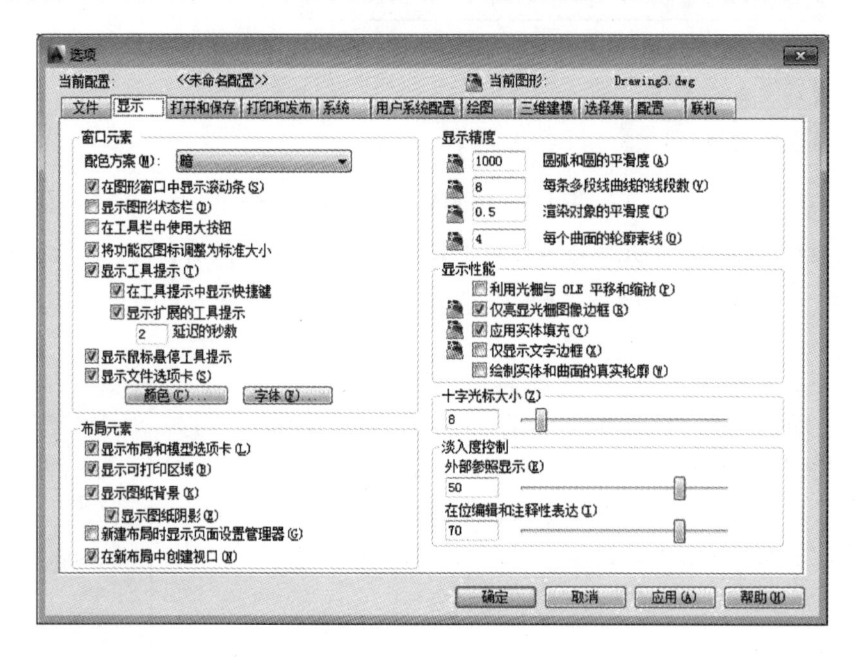

图 1-5 【选项】对话框中的【显示】选项

(3) 绘图区背景色。在默认情况下，AutoCAD 的绘图窗口是黑色背景，用户可以根据自己的绘图习惯和需要对背景色进行修改，具体做法如下：

■ 选择【工具】/【选项】命令，弹出【选项】对话框，选择【显示】选项卡，如图 1-5 所示，单击窗口元素区域中的【颜色】按钮，弹出如图 1-6 所示的【图形窗口颜色】对话框。在对话框中的"颜色"下拉列表中选择需要的颜色，然后单击【应用并关闭】按钮。

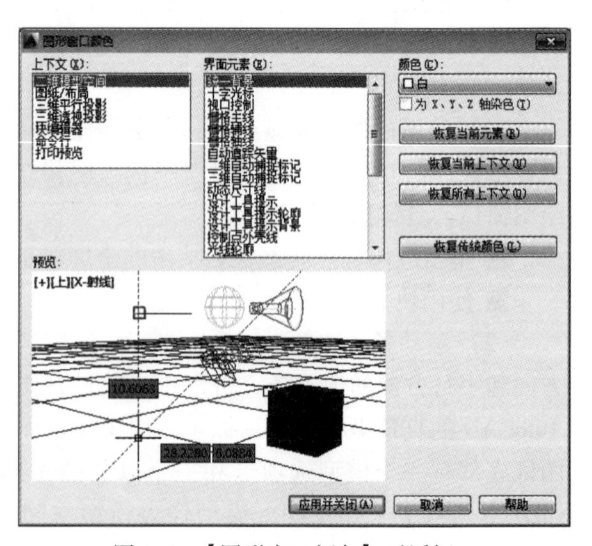

图 1-6 【图形窗口颜色】对话框

1.2.5 命令行窗口

在图形绘图区下方是一个输入命令和反馈命令参数提示的区域，称之为命令行窗口。默认设置显示三行命令，可以将光标移动到命令行提示窗口的上边缘，当光标变成上下箭头时，按住鼠标左键上下拖动来改变命令行的大小。

如果想查看更多的命令记录，可以调用 AutoCAD 文本窗口。AutoCAD 文本窗口是记录 AutoCAD 命令的窗口，是放大的命令行窗口，它记录了已经执行的命令，也可以用来输入新命令，如图 1-7 所示。默认情况下，文本窗口是不显示的，我们可以通过下列方法来显示文本窗口：

```
AutoCAD 文本窗口 - Drawing1.dwg
编辑(E)
命令:
命令: L
LINE
指定第一个点: *取消*

命令:
命令: _line
指定第一个点:
指定下一点或 [放弃(U)]:
指定下一点或 [放弃(U)]:
指定下一点或 [闭合(C)/放弃(U)]:

命令:
命令:
命令: _rectang
指定第一个角点或 [倒角(C)/标高(E)/圆角(F)/厚度(T)/宽度(W)]:
指定另一个角点或 [面积(A)/尺寸(D)/旋转(R)]:
命令:
命令:
命令: _circle
指定圆的圆心或 [三点(3P)/两点(2P)/切点、切点、半径(T)]:
指定圆的半径或 [直径(D)]:
命令:
```

图 1-7 文本窗口

■ 菜单栏：【视图】/【显示】/【文本窗口】。
■ 命令行：textscr↙（按〈Enter〉键）。
■ 快捷键：F2。

1.2.6 状态栏

状态栏位于工作界面的最底部，分为以下三个部分，如图 1-8 所示：

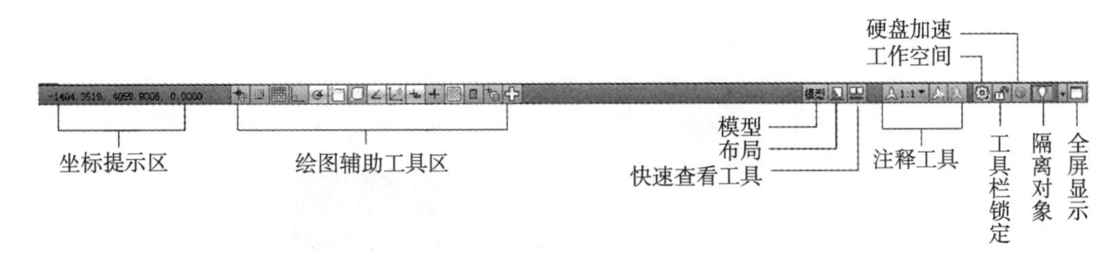

图 1-8 状态栏

（1）坐标提示区。状态栏左侧为坐标提示区，数字显示为当前十字光标的 X、Y、Z 坐标值。

（2）绘图辅助工具区。绘图辅助工具是用来帮助快速、精确地制图的，包括【推断约束】、【捕捉模式】、【栅格显示】、【正交模式】、【极轴追踪】、【对象捕捉】、【三维对象捕捉】、【对象捕捉追踪】、【允许/禁止动态 UCS】、【动态输入】、【显示/隐藏线宽】、【显示/隐藏透明度】、【快捷特性】、【选择循环】和【注释监视器】15 个功能开关按钮。

（3）快捷工具区。【模型】与【布局】用来控制当前图形设计是在模型空间还是布局空间；【注释工具】可以显示注释比例及可见性；【工作空间】菜单方便用户切换不同的工作空间；【锁定】的作用是可以锁定或解锁浮动工具栏、固定工具栏、浮动窗口或固定窗口在图形中的位置。已被锁定的工具栏和窗口不可以被拖动，但按住〈Ctrl〉键，可以临时解锁，从而拖动锁定的工具栏和窗口；【隔离对象】是控制对象在当前图形上显示与否；最右侧是【全屏显示】按钮。

1.2.7 快速访问

快速访问工具栏包括【新建】、【打开】、【保存】、【另存为】、【放弃】、【重做】、【打印】和【工作空间】等几个最常用的工具，如图1-9所示。用户也可以单击本工具栏后面的下拉按钮设置需要的常用工具。

图1-9 快速访问工具栏

1.3 AutoCAD 文件管理

AutoCAD 的图形文件管理主要包括文件的创建、打开和保存。

1.3.1 新建文件

开始绘制一个新图，首先要新建文件。要执行新建文件命令，可以用如下方法：

■ 命令行：new↙（按〈Enter〉键）。

■ 菜单栏：【文件】/【新建】。

■ 工具栏：【标准】/ 。

■ 快捷键：Ctrl + N。

执行上述命令后，系统弹出如图1-10所示的【选择样板】对话框，然后选择需要的

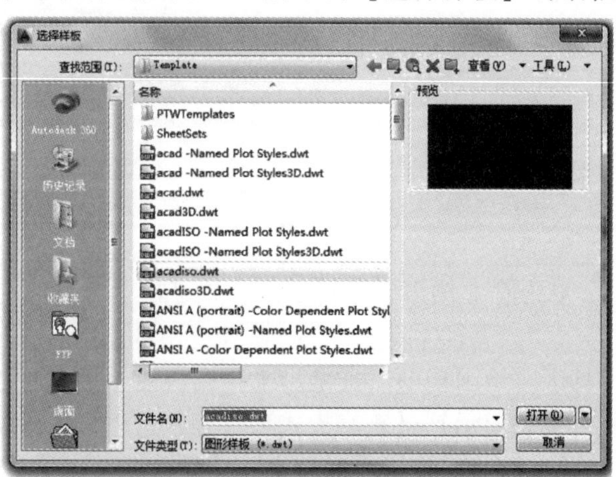

图1-10 【选择样板】对话框

样板文件。

1.3.2 打开文件

如果要对已有的文件进行编辑或浏览，首先应打开此文件。要执行文件命令，可以用如下方法：

■ 命令行：open↙（按〈Enter〉键）。

■ 菜单栏：【文件】/【打开】。

■ 快速访问：【打开】。

■ 工具栏：【标准】/ 。

■ 快捷键：Ctrl + O。

执行打开命令后弹出如图 1-11 所示对话框，选择需要的文件，单击【打开】按钮，或双击文件名即可打开文件。

图 1-11　打开文件的对话框

1.3.3 保存文件

对文件进行有效编辑后，需要对图形文件进行保存。要执行【保存文件】命令，可以用如下方法：

■ 命令行：save↙（按〈Enter〉键）。

■ 菜单栏：【文件】/【保存】。

■ 快速访问：【保存】。

■ 工具栏：【标准】/ 。

■ 快捷键：Ctrl + S。

如果所编辑的图形文件已经保存过，则输入命令后不会有任何提示，系统直接将图形以当前文件名保存在原来的位置。如果想对编辑的文件另取名称保存，应执行“另存为……”命令。要执行【另存文件】命令，可以用如下方法：

■ 命令行：saveas↙（按〈Enter〉键）。

■ 菜单栏：【文件】/【另存为】。

■ 快速访问：【另存为】。

■ 工具栏：【标准】/ 。

执行该命令后，弹出如图 1-12 所示对话框。在【保存于】下拉列表中选择重新保存的路径，在【文件名】编辑框中输入另存的文件名，【文件类型】下拉列表中选择保存的类型格式。如果是在装有高版本 AutoCAD 程序的计算机上绘制的图形，要在装有低版本的计算机上使用，建议在此选择相应较低版本的保存类型，否则文件会在低版本的计算机上打不开。然后单击【保存】按钮即可。

图 1-12 【图形另存为】对话框

除此之外，AutoCAD 还提供了自动保存功能，通常系统会每隔 10 分钟自动保存一次，用户也可以随意调整保存的间隔时间，具体方法为：

■ 单击下拉菜单【工具】/【选项】，弹出【选项】对话框，选择【打开或保存】选项卡，在【文件安全措施】选区选中【自动保存】复选框，调整【保存间隔分钟数】即可。

第2章

AutoCAD基本操作

通常情况下，AutoCAD 安装好后，就可以在默认的设置下绘图了。为了使绘图更加规范，提高绘图效率，用户应该熟悉如何确定绘图的基本单位、比例及图层等，应该掌握绘图过程中最常用的基本操作，以便更有效地进行下一步的学习。

2.1 设置绘图环境

2.1.1 设置图形界限

图形界限是 AutoCAD 绘图空间中的一个假想的矩形绘图区域，相当于用户选择的图纸尺寸。图形界限确定了栅格和缩放的显示区域。具体操作方法如下：

■ 命令行：limits↙（按〈Enter〉键）。

■ 菜单栏：【格式】/【图形界限】。

执行命令后，命令行提示：

指定左下角点或[开(ON)/关(OFF)]〈0.0000,0.0000〉：
//输入左下角坐标或直接按〈Enter〉键，取系统默认点(0.0000,0.0000)

指定右上角点〈420.0000,297.0000〉： //输入右上角点坐标或直接按〈Enter〉键，取系统默认点(420.0000,297.0000)。

还可以输入 on 或 off 打开或关闭“出界检查”功能，on 表示用户只能在图形界限内绘图，如超出界限，系统会给出提示；off 表示用户既可以在图形界限内，也可以在界限之外绘图，系统不会给出提示。

图形界限主要用于控制栅格的显示范围，如果不用栅格捕捉作图，其实没有设置图形界限的必要。有时候绘图过程中图形超出界限或看不到端点，其实是绘制的直线超出了屏幕显示的范围而已，可以通过缩放工具来解决。

2.1.2 设置图形单位

■ 命令行：units↙（按〈Enter〉键）。

■ 菜单栏：【格式】/【单位】。

执行命令后，弹出如图 2-1 所示【图形单位】对话框。一般会对以下三项内容进行设置：

（1）长度。长度选项组中选择长度类型为“小数”，根据设计绘图要求可将精度设置为“0.000”或其他小数位。

（2）角度。在角度选项组中选择角度类型为“十进制度数”，根据设计绘图要求可将精度设置为“0”或其他小数位。

（3）缩放单位。它是用来控制插入到当前图形中的块或图形的测量单位。所谓“插入时的缩放单位”，也就是在插入图块或外部参照时，当被插入的图形单位跟当前图形文件单位不同时，需要进行尺寸转换并对图形进行相应比例的缩放，使图形的尺寸保持一致。

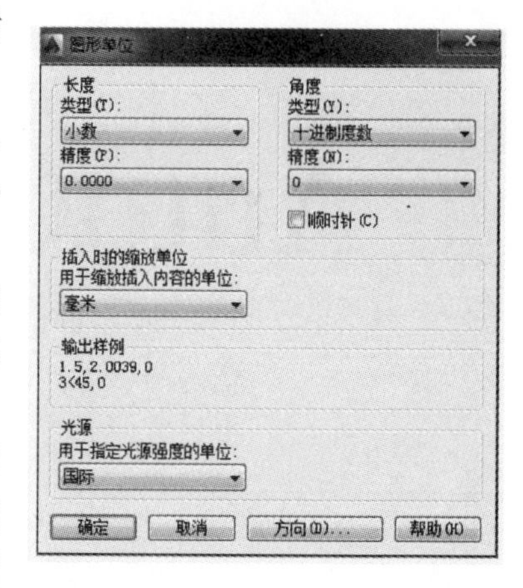

图 2-1 【图形单位】对话框

另外，需要说明的一点：AutoCAD 默认的绘图单位为毫米（mm），一般不做更改。例如 1m 的长度在绘制时的输入值为 1000。

2.2 图形比例

2.2.1 绘图比例

AutoCAD 模型空间的绘图比例永远是 1∶1，即图上的 1mm 就是实际的 1mm。

2.2.2 出图比例

出图比例是指在打印出图时，所打印的某条线的长度（mm）与 AutoCAD 中表示该线条的绘图单位数之比，即：出图比例 = 打印出图样的某长度（mm）/表示该长度的绘图单位数。

在打印出图时，一定要注意调整尺寸标注参数和文字的大小。例如，要使打印在图纸上尺寸数字和文字的高度为 3.5mm，以 1∶100 的比例打印，则字体的高度应设为 350。

通常，AutoCAD 的大概作图流程是：先在模型空间中以 1∶1 的比例绘图，图形完成后在图纸空间进行布局，设置出图比例，最后打印出图。有关图纸空间的比例设置，我们将在后面章节中进行详细介绍。

2.3 图层设置

AutoCAD 中的图层就相当于完全重合在一起的透明纸，用户可以任意选择其中一个图层绘制图形，而不会受到其他图层上图形的影响。例如在景观工程图中，可以将道路、植物、建筑、水体和尺寸标注等放在不同的图层进行绘制和管理。在 AutoCAD 中每个图层都以一个名称作为标识，并具有颜色、线型、线宽等各种特性和开、关、冻结等不同的状态。图层是 AutoCAD 用来组织、管理图形对象的一种有效工具，在景观工程制图中发挥着重要作用。

2.3.1 创建图层

创建和设置图层都可以在【图层特性管理器】对话框中完成，启动的方法有：

- 命令行：layer↙（按〈Enter〉键）。
- 菜单栏：【格式】/【图层】。
- 工具栏：【图层】/ 。

执行上述命令后，屏幕弹出如图 2-2 所示【图层特性管理器】对话框，单击选项板中【新建】按钮，建立新图层，默认的图层名为“图层 1”。可以根据绘图的需要更改图层名，如改为建筑图层、灌木图层、道路图层或标注图层等。CAD 的默认图层，即“0 图层”和“Defpoints 图层”不能被重命名，同时也不能对依赖外部参照的图层重命名。

在建立一个新的图层“图层 1”后，改变图层名的同时在其后输入一个逗号“,”，按〈Enter〉键就会自动建立一个新的图层，也可以按两次〈Enter〉键来建立另一个新图层。图层名可以使用字母、数字、空格以及特殊字符进行命名，注意图层名应便于查找和记忆。

在一个图形中可以创建的图层数量以及在每个图层中可以创建的对象数量实际上是无限的，但并非图层越多越好，有时候图层过多，反而成为图纸管理的累赘。图层设置的首要原则就是：在够用的基础上尽量精简。至于设置多少图层合适，还要根据不同专业的要求及个人的绘图习惯而定。

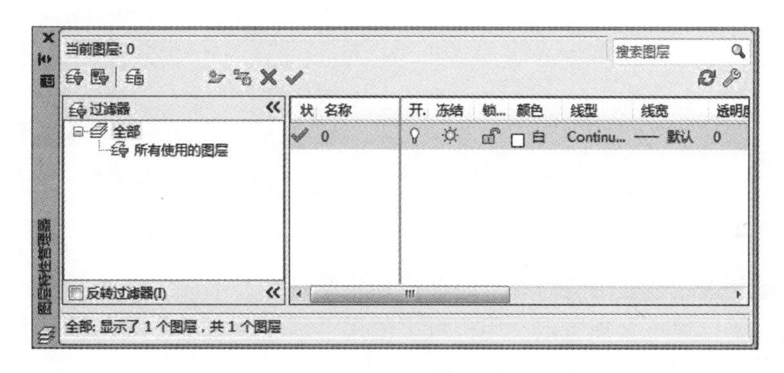

图 2-2 【图层特性管理器】对话框

2.3.2 图层设置

（1）设置图层颜色。在景观工程制图中，对于整个图形，包括各种不同功能的图形对象，如建筑、铺装、道路、植物或标注等，为了便于直观地区分它们，有必要针对不同的图形对象使用不同的颜色。图层颜色的选择还应该根据出图打印时的图形线宽粗细来选择，一般来说，打印时线宽设置越宽的，该图层应该选择较亮的颜色，反之，线宽越细，该图层则应选择较暗的颜色。这样做能够在屏幕上更为直观地反映出图形线宽的主次关系。例如，道路图层可以选择较亮的青色，而把铺装图层设置为较暗的灰色，这样可以做到图面主次分明。

若要改变图层颜色，单击图层所对应的颜色选项，弹出如图2-3所示的【选择颜色】对话框。可以使用索引颜色、真彩色和配色系统3个选项卡来选择颜色，然后单击【确定】按钮即可。

AutoCAD提供了256种颜色，并对颜色进行了编号，其中1~7号为标准色：1号红色、2号黄色、3号绿色、4号青色、5号蓝色、6号洋红色、7号白色。用户应该尽量选用标准色或色号靠前的颜色，既便于识别，又便于出图打印时进行线宽设置。

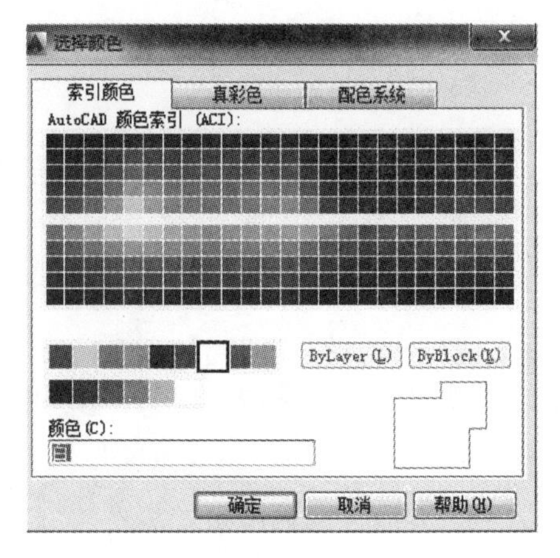

图2-3 【选择颜色】对话框

（2）设置图层线型。若要对某一图层进行线型设置，应单击该图层的线型选项，弹出如图2-4所示的【选择线型】对话框。默认情况下，系统只给出连续实线（continuous）这一种线型。如果需要其他线型，可以单击【加载】按钮，弹出如图2-5所示的【加载或重载线型】对话框，从中选择所需的线型，然后单击【确定】按钮即可。

图2-4 【选择线型】对话框

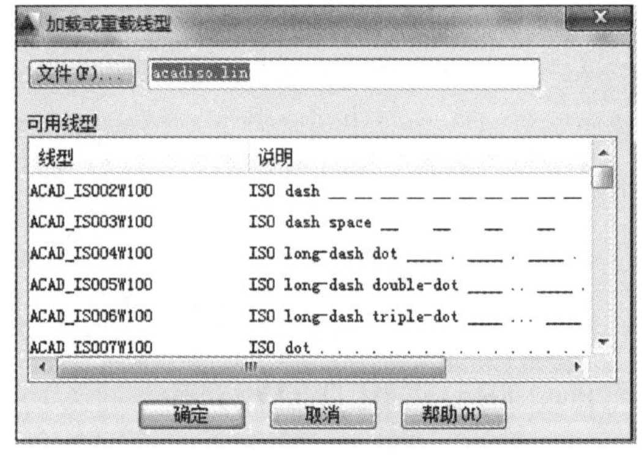

图2-5 【加载或重载线型】对话框

用户在绘制虚线或点画线时，有时会遇到所绘线型显示成实线的情况，这是由于线型的显示比例因子设置不合理所致，用户可以使用【线型管理器】对话框对其进行调整，具体方法有：

■ 命令行：linetype↙（按〈Enter〉键）。

■ 菜单栏：【格式】/【线型】。

在【线型管理器】对话框中选中需要调整的线型，单击右上方的【显示细节】，对【全局比例因子】参数进行修改，如图2-6所示。如果只改变线型的全局比例因子，也可以直接在命令行输入Ltscale命令，在提示下输入数据作为比例因子。

（3）设置图层线宽。单击图层的线宽选项，弹出如图2-7所示的【线宽】对话框，可以对线宽进行设置，然后单击【确定】按钮即可。

在图层特性管理器里设置好线宽后，在屏幕上不一定能显示该图层图形的线宽，可以通过单击状态栏中的按钮来控制【显示/隐藏线宽】。

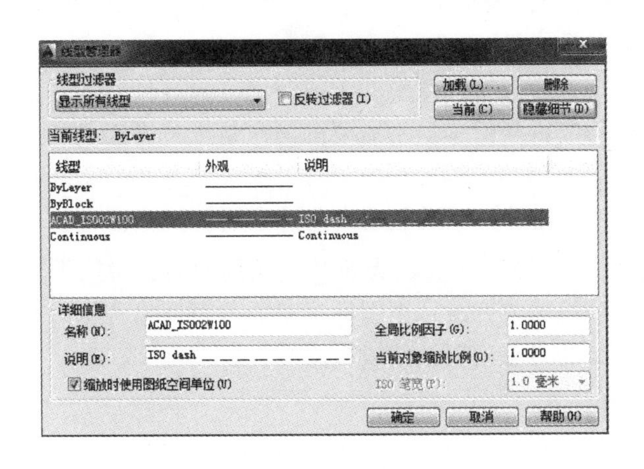

图 2-6 【线型管理器】对话框

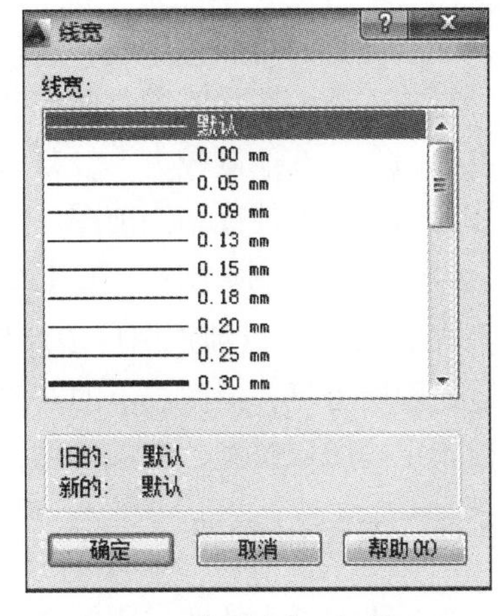

图 2-7 【线宽】对话框

虽然图层管理中可以设置线宽，但是在景观工程制图中更多的是利用颜色来控制最后出图的线宽，其原因和具体操作将在后面章节中详细介绍。

2.3.3 图层控制

（1）设置当前图层。当前图层是指当前绘图所使用的图层，为了保证所绘制的对象处于需要的图层上，我们需要设置当前图层。

在【图层特性管理器】对话框中，选择需要被指定为当前图层的图层，单击“当前层”按钮即表示该层已选作当前图层。

在作图过程中，更简便的切换当前图层的方法是：单击【图层】工具栏的图层下拉列表，选择需要的图层，该层即为当前图层。如图 2-8 所示。

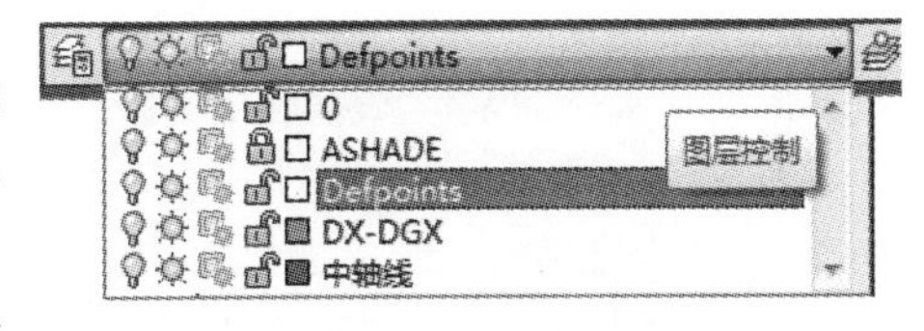

图 2-8 【图层】工具栏设置当前图层

（2）删除图层。在【图层特性管理器】对话框中选择要删除的图层，单击【删除】按钮，即可删除该图层。需要注意的是，只能删除自己创建的非当前图层、不包含对象的且不依赖外部参照的图层。

CAD 默认图层“0 图层”和“Defpoints 图层”不能被删除；包含对象（包括块定义中的对象）的图层不能被删除；当前图层不能被删除；依赖外部参照的图层也不能被删除。

（3）打开/关闭图层。在【图层特性管理器】对话框中或在【图层】工具栏下拉列表单击图标，可以控制图层的可见性。当图标显示为黄色灯泡时，说明图层被打开，是可见的，并可以被打印；当图标显示为蓝色灯泡时，说明图层被关闭，是不可见的，并且不能被打印。

（4）冻结/解冻图层。在【图层特性管理器】对话框中或在【图层】工具栏下拉列表单击图标，可以冻结图层或将图层解冻。图标显示为蓝色雪花时，表示图层为冻结状态，图层不可见，不能重生成，不可被打印；当图标显示为黄色太阳时，表示图层被解冻，图层可见，可以重生成，也可以被打印。

由于冻结的图层不参与图形的重生成，可以节约图形的生成时间，提高计算机的运算速度。因此，在绘制较大、较复杂的图形时，暂时冻结不需要的图层是十分有必要的。需要注意的是，不能冻结当前图层。

（5）锁定/解锁图层。在【图层特性管理器】对话框中或在【图层】工具栏下拉列表单击🔒图标，可以锁定图层或将图层解锁。当图标显示为黄色关闭的锁时，说明图层被锁定，图层可见，但图层上的对象不能被编辑或修改；当图标显示为蓝色开启的锁时，说明被锁定的图层解锁，图层可见，图层上的对象可以被编辑或修改。

2.3.4　图层过滤器

当一张图纸中的图层比较多时，利用图层过滤器设置过滤条件，可以只在图层管理器中显示满足条件的图层，缩短查找和修改图层设置的时间。

在图层特性管理器中已默认添加了一个过滤器：所有使用的图层，可以显示所有图层上有对象的图层，也可以勾选“反转过滤器”，显示所有没有对象的图层。如果需要频繁利用图层来管理图形的话，可以自己定义图层过滤器。

（1）新建特性过滤器。单击（新建特性过滤器）按钮，弹出【图层过滤器特性】对话框，如图2-9所示。在【图层过滤器特性】对话框中，可以根据自己的需要来设置过滤条件，诸如图层是否已被使用、图层名称以及图层的开关、冻结、颜色、线型等各种状态。如果要设置多个过滤器的话，最好给每个过滤器取一个比较容易分辨的名称，例如将与墙体相关的图层过滤出来，过滤器被命名为“墙体”。

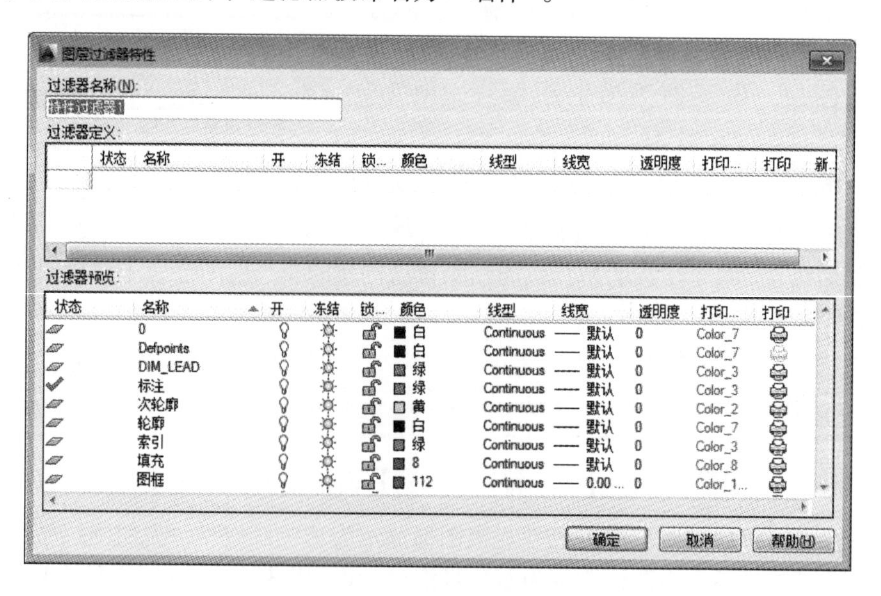

图2-9　【图层过滤器特性】对话框

（2）新建组过滤器。所谓“组过滤器”，就是不用设置过滤条件，由用户自己通过添加图层来定义的过滤器。我们可以将一些需要同时关闭、冻结或锁定的图层设置成一个组，设置好组后，直接在图层管理器中右键单击组名，就可以在右键菜单中选择开关、冻结或锁定这一组图层。具体操作方法如下：

在【图层特性管理器】对话框中单击（新建组过滤器）按钮，就可以创建一个组过滤器，此时可以给过滤器起一个名字。在组过滤器中添加图层，CAD 提供了两种添加图层的方法：

◆ 右键单击组过滤器，在菜单中选择“选择图层 > 添加”，然后可以在图形窗口中拾取图形，将这些图形所在的图层添加到组过滤器中。

◆ 在过滤器列表中切换到“全部”或其他过滤器，然后将右侧列表中的过滤器名称拖动到“组过滤器”的名字上。

除了可以在组过滤器中添加图层外，还可以“替换”图层和“删除”图层。

2.4 命令输入

2.4.1 命令输入方式

在 AutoCAD 中，所有的操作都要使用命令，通过命令来告诉 AutoCAD 要进行什么操作，AutoCAD 将对命令做出响应，并在命令行中显示执行状态或给出执行命令需要进一步选择的选项。在 AutoCAD 中有多种命令输入的方式：

（1）命令行窗口输入命令。在命令行输入命令要通过键盘输入，需在命令行中“命令:”后输入命令名，并按〈Enter〉键或空格键。命令行输入的命令可以是命令的全称，也可以是命令的快捷键，如【直线】命令，可以输入“LINE”，也可以输入快捷键命令“L”，输入的字母不分大小写。逐渐熟悉 AutoCAD 的绘图命令后，使用快捷键命令比单击工具栏绘图按钮速度快得多，可以大大提高工作效率。

命令行本身很重要，它除了可以激活命令外，还是 AutoCAD 软件中最重要的人机交互的地方。也就是说，输入命令后，命令窗口要提示用户一步一步进行选项的设定和参数的输入，而且在命令行中还可以修改系统变量，所有的操作过程都会记录在命令行中。如图 2-10 所示，输入画圆命令“C”后，系统会给出一系列提示。

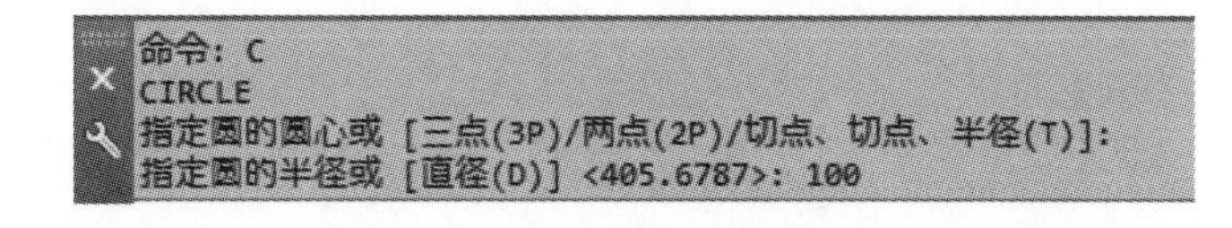

图 2-10　命令行窗口输入法

许多命令并不能一步完成绘图，需要通过系统提示的一些选项来进一步确定绘图方式，如图 2-10 中圆的绘制方式就有多种，用户可根据需要选择选项，输入括号中对应的字母并按〈Enter〉键（AutoCAD2014 也可以直接用鼠标单击选项名），再进行下一步操作。

（2）选取工具栏中对应的命令按钮。用鼠标单击相应的工具栏命令按钮可以激活该按钮对应的命令。

（3）选取菜单栏中对应的命令。通过鼠标在菜单中单击下拉菜单，再移动到相应的菜单条上单击对应的命令。如果有下一级子菜单，则移动到菜单条后略停顿一下，会自动弹出下一级子菜单，移动光标到对应的命令上单击即可。

（4）选取快捷菜单中的命令。直接在绘图区右击，弹出快捷菜单，用光标选择相应的命令即可，如图2-11所示。

在这些命令输入方式中，使用工具栏和快捷菜单对于初学者来说既容易又直观。其实在命令行直接键入命令是最基本的输入方式，也是一线绘图人员使用最多的方式。无论使用何种方式激活命令，在命令行中都会有命令出现。实际上无论使用哪种方式，都等同于通过键盘键入命令。

图2-11　快捷菜单

2.4.2　命令的重复、撤销和重做

（1）命令的重复。

■ 命令行：按〈Enter〉键或空格键。

■ 在绘图区右击鼠标，从弹出的快捷菜单中选择“重复××命令”，执行上一条命令。

■ 在命令行窗口右击鼠标，从弹出的快捷菜单中选择“近期使用的命令”，可选择最近执行的六条命令之一重复执行。

（2）命令的撤销。命令的撤销即放弃，放弃最近执行的一次操作的具体方法有：

■ 命令行：undo↙（按〈Enter〉键）。

■ 工具栏：【标准】/ 。

■ 快捷键：Ctrl + Z。

（3）命令的重做。命令的重做是指恢复UNDO命令刚刚放弃的操作，它必须紧跟在UNDO命令后执行，否则命令无效。具体操作方法有：

■ 命令行：redo↙（按〈Enter〉键）。

■ 工具栏：【标准】/ 。

■ 快捷键：Ctrl + Y。

2.4.3　【透明】命令

【透明】命令是指AutoCAD中在不中止当前命令的前提下，在当前命令运行的过程中暂时调用的另一条命令。【透明】命令执行完毕后再执行当前命令。【插入透明】命令是为了更方便地完成第一个命令，一般多为查询、修改图形设置或辅助绘图工具的命令。

2.4.4　【快捷键】命令

在AutoCAD中定义了不少快捷键，通过这些快捷键可以快速实现指定功能。熟悉快捷键的使用，可以简化不少操作。AutoCAD2014中常用快捷键详见“附录—AutoCAD常用快捷键”。

2.5 坐标系与数据输入

2.5.1 坐标系

在 AutoCAD 中，系统初始设置的坐标系为世界坐标系（WCS），坐标原点位于屏幕绘图窗口的左下角，固定不变。但在一些特殊情况下，需要修改坐标系的原点和坐标轴方向，AutoCAD 提供了用户坐标系（UCS），用户可以使用 UCS 命令创建用户坐标系以适应绘图需要。

用户也可以控制坐标系图标是否在原点显示。设置过程是：在坐标系图标上单击鼠标右键，在快捷菜单上，选择【UCS 图标设置】，如图 2-12 所示。选择【在原点显示 UCS 图标】，则会在当前用户坐标系的（0，0）处显示坐标系图标；否则将在屏幕的左下角显示坐标系图标。

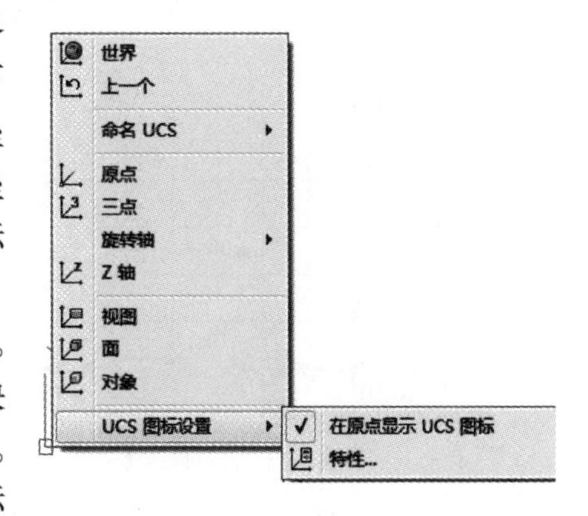

图 2-12　坐标系图标的设置

2.5.2 点的坐标输入

创建精确的图形是设计的重要依据，绘图的关键是精确地给出输入点的坐标，在 AutoCAD 中采用的是绝对直角坐标、相对直角坐标、绝对极坐标、相对极坐标四种确定坐标的方式。

（1）绝对直角坐标。绝对直角坐标是以原点为基点定位所有的点。输入点的（x，y，z）坐标，在二维图形中，z = 0 可省略。比如，用户可以在命令行中输入“10，20”来定义该点相对于原点沿 x 方向移动 10，沿 y 方向移动 20，如图 2-13 所示。

（2）相对直角坐标。相对直角坐标是某点相对于另一特定点的位置，相对直角坐标是把以前一个输入点作为输入坐标值的参考点。输入相对直角坐标时，必须在前面加上“@”字符。如“@10，20”是指该点相对于当前点沿 x 方向移动 10，沿 y 方向移动 20，如图 2-14 所示。

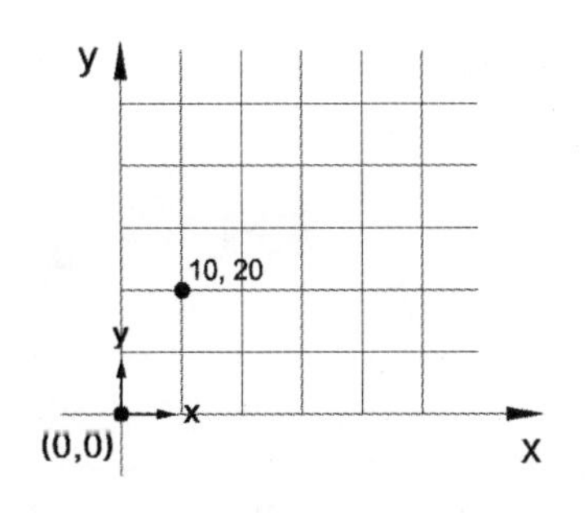

图 2-13　绝对直角坐标

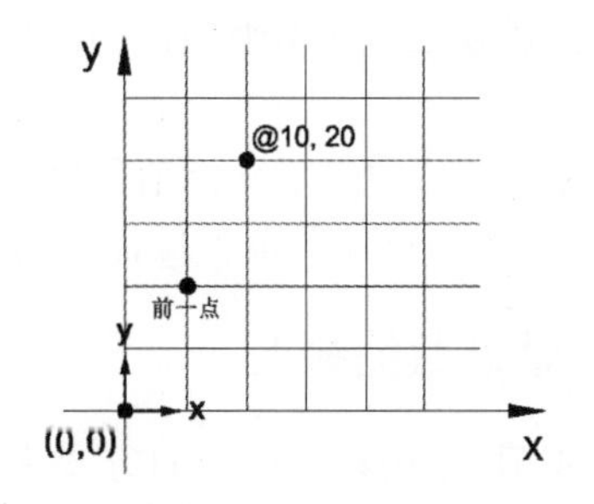

图 2-14　相对直角坐标

（3）绝对极坐标。绝对极坐标是通过相对于原点的距离和角度来定义的，其格式为：距离 < 角度。角度以 X 轴正向为度量基准，逆时针为正，顺时针为负。绝对极坐标以原点为极点。如输入“30 <45”，表示距原点 30，与 X 轴呈 45°的点，如图 2-15 所示。

（4）相对极坐标。相对极坐标是以上一个操作点为极点，其格式为：@ 距离 < 角度。如输入“@ 30 <45”，表示该点距上一点的距离为 30，和上一点的连线与 X 轴呈 45°，如图 2-16 所示。

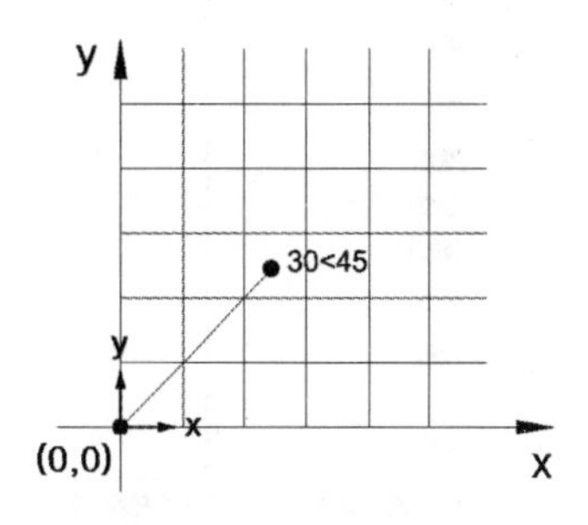

图 2-15　绝对极坐标

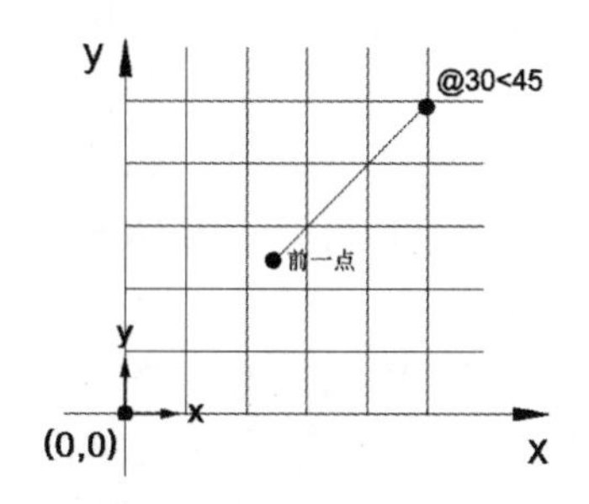

图 2-16　相对极坐标

除上面介绍的方法以外，最方便的输入坐标的方法就是直接距离输入法。在执行命令并指定了第一个点以后，通过移动十字光标指示方向，然后输入相对于第一点的距离，即用相对极坐标的方式确定一个点。这是一种快速指定直线长度的好方法，特别是配合正交或极轴追踪一起使用的时候更为方便。

2.5.3　坐标值的显示

在屏幕底部状态栏左侧显示的是当前十字光标所处位置的坐标值，该坐标值有三种显示状态，如图 2-17 所示。

◆ 绝对坐标状态：显示十字光标所在位置的坐标。

◆ 相对极坐标状态：相对于前一点来指定第二点时可使用此状态。

◆ 绝对坐标冻结状态：颜色变为灰色，仅当指定点时才会更新该点的绝对坐标。

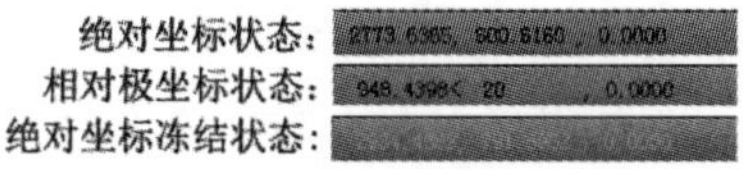

绝对坐标状态：
相对极坐标状态：
绝对坐标冻结状态：

图 2-17　坐标值的显示状态

用户可根据需要在这三种状态之间进行切换，方法如下：

■ 按〈Ctrl + I〉键可在这三种状态之间相互切换。

■ 在状态栏中显示坐标值的区域，单击鼠标可以进行切换。

■ 在状态栏中显示坐标值的区域，单击鼠标右键可弹出快捷菜单，可在菜单中选择所需状态。

2.5.4　动态数据输入

AutoCAD 中用动态输入的方式来输入坐标会更加直观、快捷，可以将其视为直接距离输入的一种扩充。如图 2-18 所示，在需要输入坐标的时候，AutoCAD 会跟随

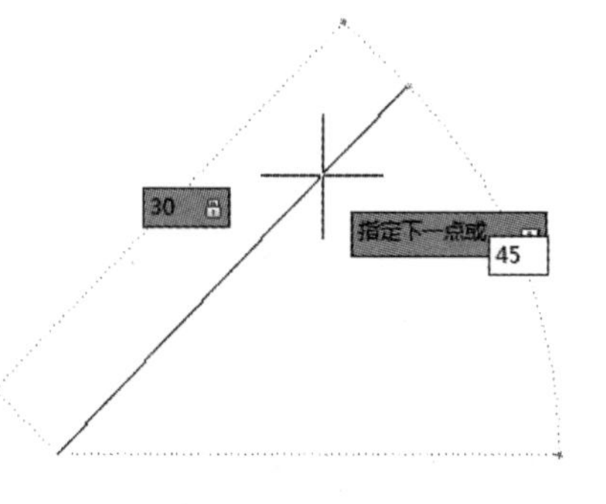

图 2-18　动态数据输入

十字光标显示动态输入框，此时可以直接输入距离值，然后按〈Tab〉键切换到下一个输入框，输入的数值为角度，此法等同于输入相对极坐标值。有关动态输入的设置将在第3章进行详细介绍。

2.6 习题

1. 写出图2-19中P1点、P2点的绝对直角坐标及P2点的相对直角坐标。

2. 写出图2-20中P1点、P2点、P3点的绝对直角坐标及P2点、P3点的相对直角坐标。

3. 写出图2-21中P1点、P2点的绝对极坐标及P2点、P3点、P4点的相对极坐标。

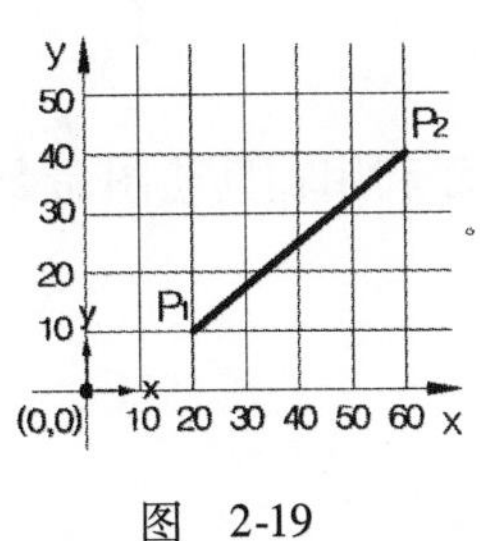

图 2-19

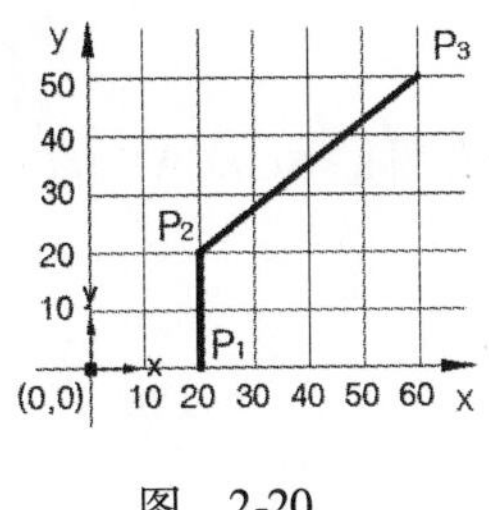

图 2-20

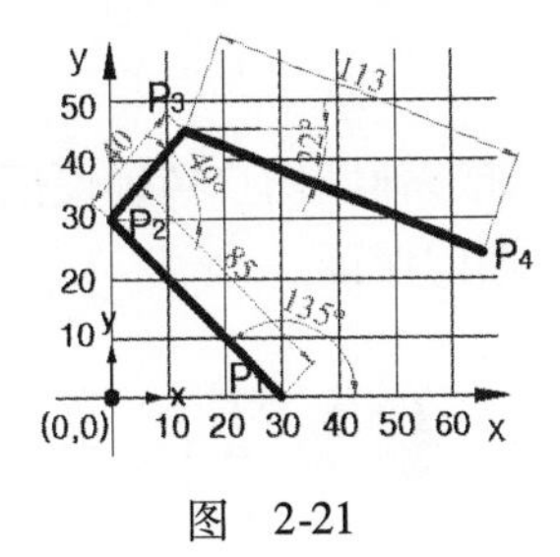

图 2-21

4. 用极坐标输入法画出图2-22。

5. 用直接距离输入法画出图2-23。

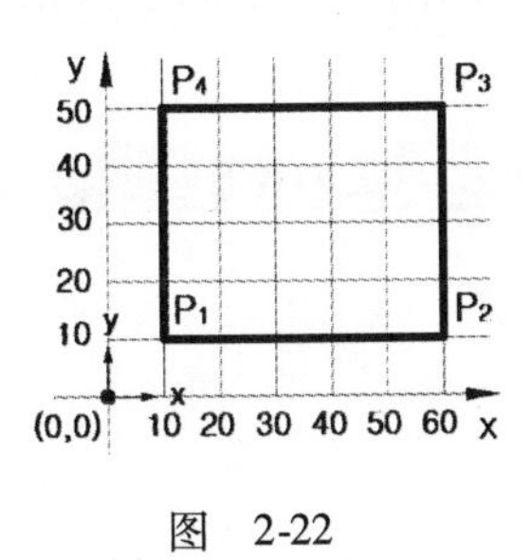

图 2-22

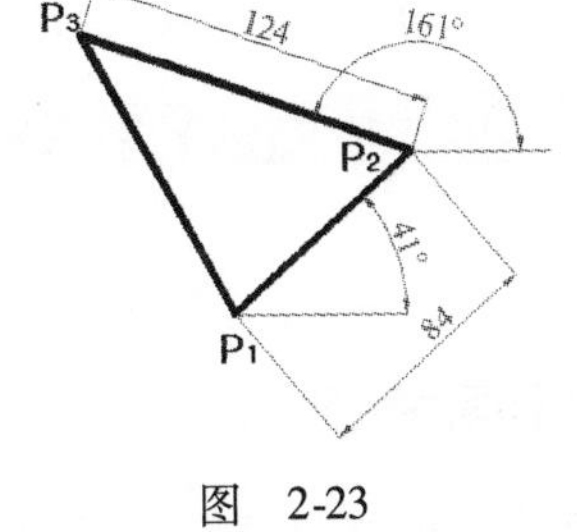

图 2-23

第3章

辅助绘图命令

能够辅助用户精确便捷地进行绘图是 AutoCAD 的一大特点，而利用辅助绘图命令是精确绘图的保证。

3.1 辅助绘图工具

AutoCAD 的精确绘图工具主要显示在状态栏中的左半部分，状态栏位于整个绘图界面的最下端，如图 3-1 所示，状态栏左半部分的左边是当前十字光标所在的坐标数值，右边的按钮是辅助绘图工具。此外，在辅助绘图工具栏上单击鼠标右键还能进行相关设置。下面对状态栏的辅助绘图工具进行详细介绍。

图 3-1　状态栏的辅助绘图工具

3.1.1 栅格和捕捉

（1）栅格。栅格是显示在用户定义的图形界限内的点阵，可在绘图时校正对齐绘图对象，显示对象的位置和距离。栅格类似于一张坐标纸（图 3-2），可以参照栅格进行绘图。

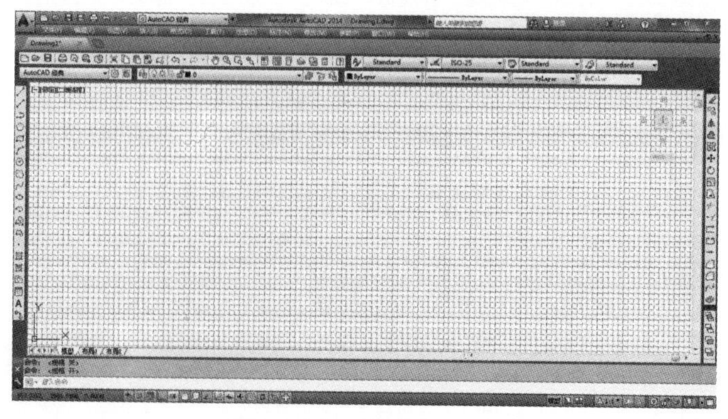

图 3-2　打开栅格显示

栅格以点阵的形式显示在绘图区中，但打印时不显示。在实际绘图中，栅格功能不是很常用，经常被忽视，但如果能够详细了解和使用栅格功能，可以进一步提高绘图效率。栅格显示的开关方法如下：

■ 状态栏：▦。

■ 快捷键：F7。

■ 命令行：grid↙（按〈Enter〉键）。

如果需要，可以对栅格进行设置，栅格设置的方法如下：

■ 在状态栏鼠标右键单击栅格图标，选择“设置”，弹出如图3-3所示的【草图设置】对话框【捕捉和栅格】选项卡；在【捕捉和栅格】选项卡的右半部分勾选“启用栅格”，在“栅格X轴间距”和“栅格Y轴间距”框内可以对栅格的间距进行修改设置。

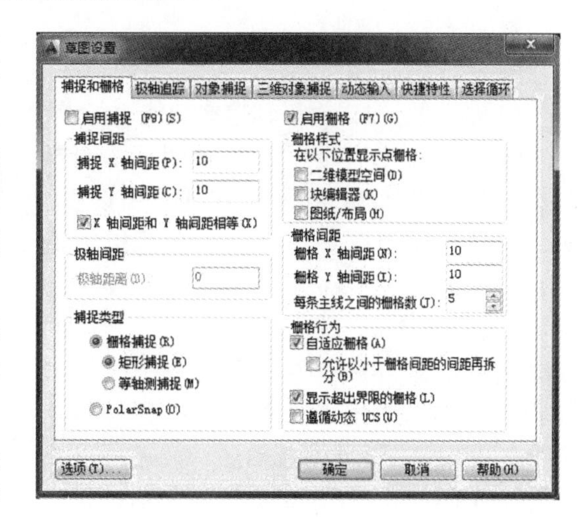

图3-3　【草图设置】对话框【捕捉和栅格】选项卡

在“栅格样式”中，如果勾选“二维模型空间”，栅格则以AutoCAD早期版本的点阵方式来显示。

（2）捕捉。一般情况下，捕捉工具是和栅格一起来使用的。将捕捉工具打开后，在任意绘图命令状态下，光标就能自动“吸附”到栅格点上。开关捕捉工具的方法如下：

■ 状态栏：⊞。

■ 快捷键：F9或Ctrl+B。

■ 命令行：snap↙（按〈Enter〉键）。

如果需要，可以对捕捉功能进行设置，设置的方法如下：

■ 在状态栏，用鼠标右键单击捕捉图标，选择“设置”，弹出如图3-3的【草图设置】对话框【捕捉和栅格】选项卡；在【捕捉和栅格】选项卡的左半部分勾选“启用捕捉”，在“捕捉X轴间距”和“捕捉Y轴间距”框内可以对捕捉的间距进行修改设置。一般情况下，栅格间距被设置成捕捉间距的整数倍，为绘图提供方便。

3.1.2　正交和极轴

正交和极轴是一组相类似的绘图角度跟踪工具。正交是对对象水平和垂直方向上的跟踪，而极轴是对其他角度的跟踪。

（1）正交。当激活正交命令时，光标就会被限定住，只能在水平和垂直方向上移动。开关正交命令的方法如下：

■ 状态栏：∟。

■ 快捷键：F8。

■ 命令行：ortho↙（按〈Enter〉键）。

例如，当我们绘制一个三角形的两个直角短边时，需要打开正交命令，绘制水平和垂直方向的直线。当绘制斜向长边时，则需要关闭正交命令，如图 3-4 所示。

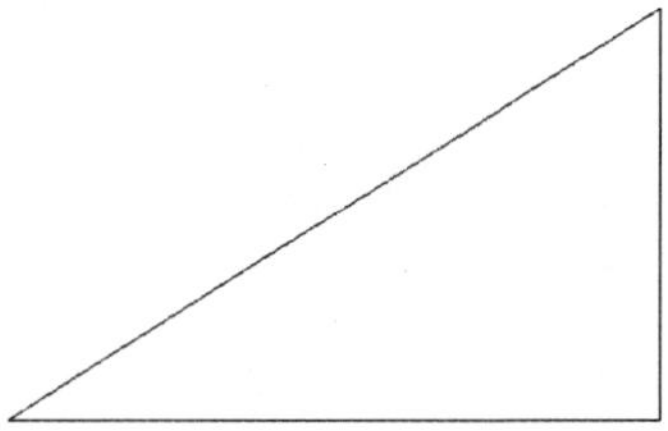

图 3-4　用正交命令绘制三角形

（2）极轴。与正交只能追踪水平和垂直方向的角度不同的是，极轴追踪可以追踪各种角度，为我们绘制任意角度的线提供了方便。极轴追踪的开关方法如下：

■ 状态栏：。

■ 快捷键：F10。

如果需要，可以对极轴追踪功能进行设置，设置的方法如下：

■ 在状态栏右键单击极轴图标，选择“设置”，弹出如图 3-5 所示的【草图设置】对话框【极轴追踪】选项卡。在【极轴追踪】选项卡的左半部分勾选“启用极轴追踪”，在“增量角”下可以选择系统给出的追踪角度，也可以勾选“附加角”，单击【新建】按钮设置定义的角度。

在状态栏右键单击极轴图标，还可以快速选择追踪角度（图 3-6）。在极轴追踪打开状态下，滑动十字光标就能自动“吸附”到选定的极轴追踪角度处，并出现极轴角度文字和绿色延长虚线，这样就能很方便地绘制所需要的角度，如图 3-7 所示。

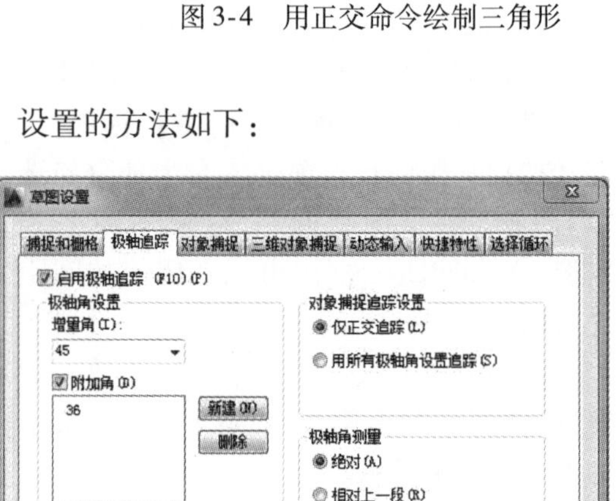

图 3-5　【草图设置】对话框【极轴追踪】选项卡

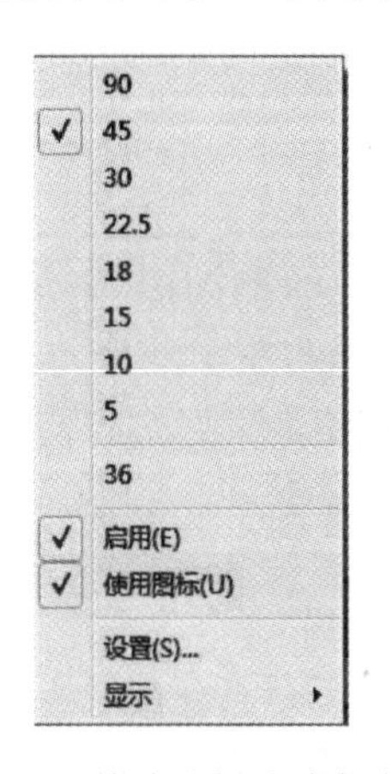

图 3-6　快速选择追踪角度

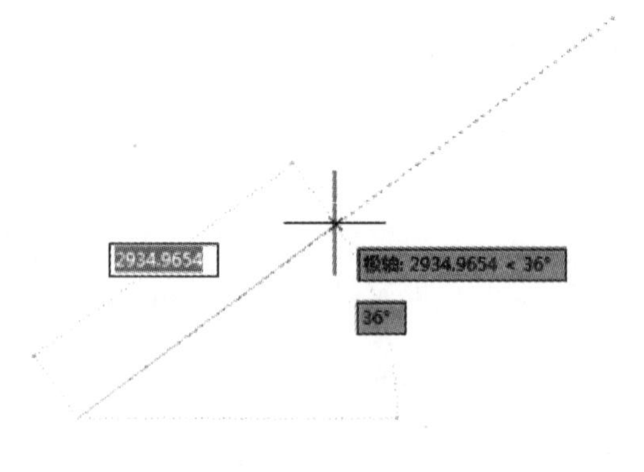

图 3-7　极轴追踪绘图

【极轴追踪】选项卡的右半部分“对象捕捉追踪设置”中如果选定“仅正交追踪”，则只能显示正交方向和设定的附加角方向。如果选定“用所有极轴角设置追踪”，则能显示增量角和附加角设定的所有角度。

“极轴角测量”中如果选定“绝对”，表示相对于当前坐标系来确定极轴追踪角度。如果选定“相对上一段”，则表示将相对于上一个绘制的图形来确定极轴追踪角度。

3.1.3　对象捕捉

【对象捕捉】命令是 AutoCAD 中最基础也是最常用的命令之一，此命令能够确保绘图的精确性。对象捕捉有自动捕捉和单点捕捉两种方式。

（1）自动捕捉。自动捕捉是一种高效便捷的捕捉方式，系统会根据设置对相应的点进行自动捕捉，在实际绘图中最为常用。打开自动捕捉的方法如下：

■ 状态栏：。

■ 快捷键：F3。

■ 命令行：osnap↙（按〈Enter〉键）。

当打开【捕捉】命令的时候，十字光标就会变成对应的图形，可以捕捉对象的端点、中心、圆心和垂足等。用户可以对对象捕捉进行设置。

具体操作手法如下：

■ 在状态栏上右键单击对象捕捉图标，选择“设置”，弹出如图 3-8 所示的【草图设置】对话框【对象捕捉】选项卡。一般情况下，可以单击【全部选择】按钮，常用的捕捉模式就都被勾选了，这样就不必在后面的绘图中反复设置了，当然也可以根据需要只选常用的几种捕捉点。

（2）单点捕捉。单点捕捉是指在绘图过程中选择特定的捕捉点。在选择捕捉点时，单击鼠标右键选择【捕捉代替】，并在菜单中选择需要的捕捉点（图 3-9）。

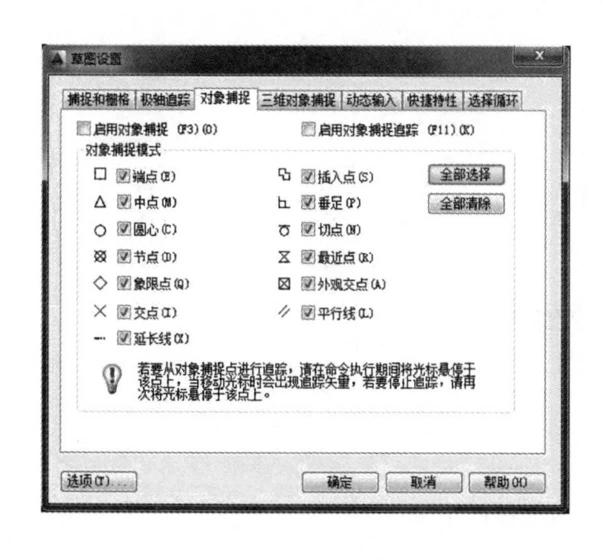

图 3-8　【草图设置】对话框【对象捕捉】选项卡

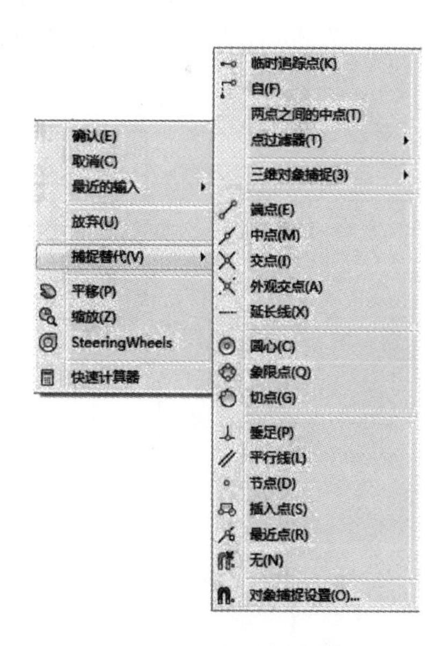

图 3-9　【对象捕捉】菜单

其中【捕捉自】命令是比较常用的一个单点捕捉方式。就是基于现有一个点来确定另一个点。如图 3-10 所示，现有 A 点，要绘制线段 AB，使点 B 在 X 轴正方向距离 A 点 1000，在 Y 轴负方向距离 A 点 500。具体操作如下：

■ 首先选择直线绘制命令，激活对象捕捉命令，捕捉A点，确定直线的一个点，即A点，然后单击鼠标右键选择【捕捉代替】，选择 自(F) 或鼠标右键单击A点后，直接键入“f”，执行【捕捉自】命令，捕捉A点作为基点，并在光标旁边的文本框里输入@1000，-500，就找到了线段AB的第二个点，即B点。

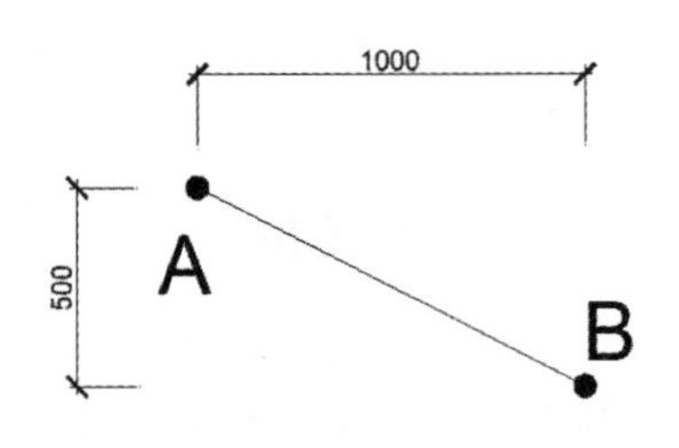

图3-10 【捕捉自】命令确定点

3.1.4 对象追踪

在实际绘图中，有些点是可以通过对象捕捉工具捕捉到的，还有许多点是对象捕捉工具无法捕捉到的，此时只能通过另一种方式，即对象追踪来找到。例如，可以从现有对象的指定角度和距离上确定一个点。对象追踪要和自动对象捕捉联合操作。激活对象追踪的操作方法如下：

■ 状态栏：。

■ 快捷键：F11。

如图3-11所示，现有一个矩形和一个圆形，要想画一条线段连接矩形的中心和圆形的圆心，就可以通过对象追踪命令来完成。

首先，在状态栏用鼠标右键单击【对象捕捉】按钮，选择【草图设置】，勾选“中点”和“圆心”，并按〈F3〉键激活对象捕捉命令；然后按〈F11〉键激活对象追踪，输入直线绘制命令，捕捉矩形两条边的中点（不单击中点），此时在矩形的中心处出现两条绿色的中线，并有交叉线的指示标记，这个点就是矩形的中心，单击这个点并拖向圆，同时捕捉圆的圆心，单击圆心后，形成的线段就是我们需要的目标直线。

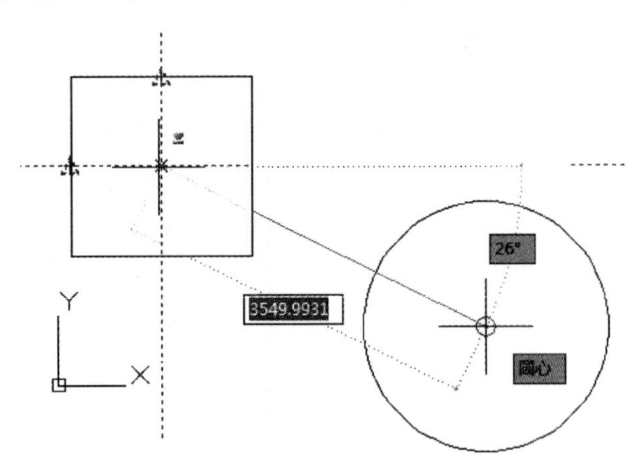

图3-11 对象追踪使用案例

3.1.5 动态输入

动态输入和命令行功能相似，具有提示用户进行命令操作的功能。激活动态输入功能后，光标附近就会显示数值信息。例如，当绘制一个矩形时，矩形的长宽数值就会显示出来，并随着大小和位置的变化而变化。激活动态输入的方法如下：

■ 状态栏：。

■ 快捷键：F12。

动态输入设置的方法如下：

在状态栏上右键单击动态输入图标，选择“设置”，或在命令行输入 dsettings，按〈Enter〉键，弹出如图 3-12 所示的【草图设置】对话框【动态输入】选项卡，有【启用指针输入】、【可能时启用标注输入】和【动态提示】三个选项。

图 3-12　【草图设置】对话框【动态输入】选项卡

当勾选【启用指针输入】复选框时，十字光标附近就会显示为坐标，第一个是绝对直角坐标，第二个是相对极坐标。绘图时可以直接输入坐标值来绘制图形。按〈Tab〉键可以在几个数值文本框内进行切换。例如，要绘制一条长度为 1000、与水平夹角为 45°的斜向直线，在输入【直线】命令后，先鼠标单击确定直线的起点，然后在第一个文本框内输入 1000，然后按〈Tab〉键切换到第二个文本框内输入 45°并按〈Enter〉键，就可以直接绘制出该直线了，如图 3-13 所示。

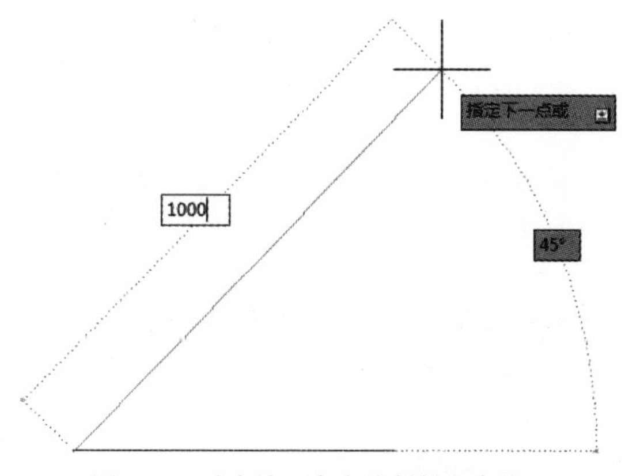

图 3-13　动态输入命令绘制斜向直线

当勾选【可能时启用标注输入】复选框，命令提示输入第二个点时，会显示出距离值以及角度值。同样也可以在文本框里输入距离和角度的数值。

3.2 图形显示控制

AutoCAD 绘图区是一个可以进行缩放的区域。在绘图过程中，绘图者有时需要观察总体图形，有时也需要查看图形的细节部分，因此要满足绘图者的观察需要，就需要平移和缩放显示命令。

3.2.1 图形的平移和缩放

（1）图形的平移。如果将绘图区看作一块“黑板”，那么图形的平移就是利用平移命令将“黑板”在 X 轴和 Y 轴方向上移动，以利于对对象图形细节进行观察和绘图，这种平移并不是对象图形的位移。激活图形平移的方法如下：

■ 菜单栏：【视图】/【平移】/【实时】。

■ 命令行：pan↙（按〈Enter〉键）。

■ 快捷菜单：鼠标右键—平移。

■ 快捷键：p↙（按〈Enter〉键）。

另外，按住鼠标滚轮进行拖动也能实现图形的平移。

（2）图形的缩放。图形的缩放就是对对象图形在观察视图上的放大和缩小，并不改变对象图形本身的大小。AutoCAD 的图形缩放有多种形式，如图 3-14 所示，其中最常用的是窗口缩放、全部显示等。同时，上下滚动鼠标滚轮也可以方便地实现视图的缩放。在实际绘图中通常用鼠标滚轮进行缩放，并选用窗口缩放命令来缩放选定的区域，并可单击鼠标右键，结合图形的平移命令观察图形。

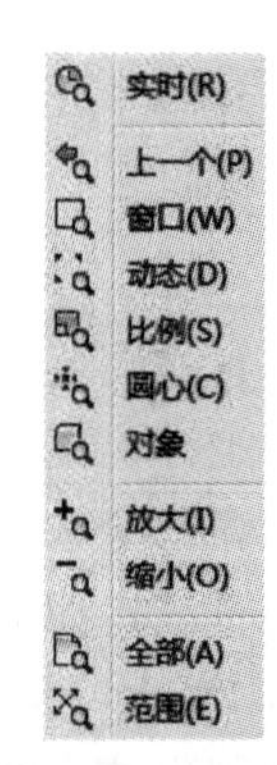

图 3-14 多种缩放形式

激活窗口缩放的方法如下：

■ 菜单栏：视图/缩放。

■ 命令行：zoom↙（按〈Enter〉键）。

■ 快捷键：z↙（按〈Enter〉键）。

执行命令后，根据绘图需要进一步选择缩放的方式。

3.2.2 视图重生成

在图形绘制过程中，经常会发现对象显示不准确的现象，例如绘制一个较小的圆，用视图缩放命令将其放大显示后，该圆会显示为多边形，放大倍数越大，这种现象越明显。

这种现象不会影响图形的打印，但会对屏幕读图产生影响。要解决这个问题，就需要用视图重生成命令，该命令将对对象进行重新计算，从而优化屏幕显示。执行【重生成】命令的方法有：

■ 菜单栏：【视图】/【重生成】。

■ 命令行：regen↙（按〈Enter〉键）。

■ 快捷键：re↙（按〈Enter〉键）。

3.3 对象查询

对象查询功能也可以通过在命令行输入 measuregeom 命令实现，可测量选定对象或点序列的距离、半径、角度、面积和体积。

3.3.1 查询线段的长度

查询线段长度通常有两种方式，一种是两点间距离查询，另一种是线段特性查询。第一种方式是最常用也是最便捷的方式，方法如下：

（1）两点间距离查询。

■ 菜单栏：【工具】/【查询】/【距离】。

■ 工具栏：【测量工具】/ 。

■ 命令行：dist↙（按〈Enter〉键）。

■ 快捷键：di↙（按〈Enter〉键）。

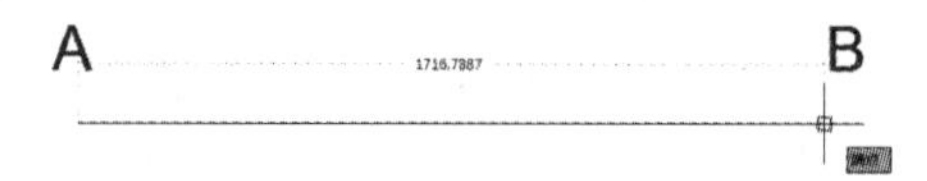

图 3-15 两点间距离查询

如图 3-15 所示，要查询线段 AB 之间的距离，激活距离查询命令，依次捕捉 A 点和 B 点，然后按〈Enter〉键或鼠标右键确定，命令栏内就会出现对象图形中两点间距离的数值。如果开启了动态输入，线段上面同时也会显示距离。

（2）线段特性查询。线段特性查询时，激活要查询的对象线段，通过【对象特性】（快捷键〈Ctrl+1〉或按 ），就能看到线段的长度了，如图 3-16 所示。

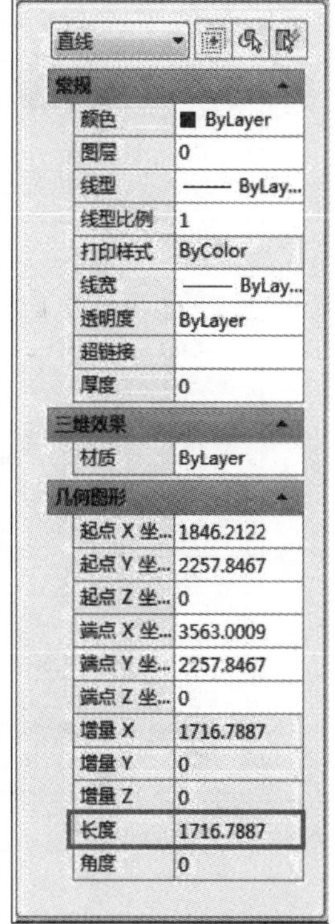

图 3-16 线段特性查询

3.3.2 查询面积和周长

在园林景观设计中，经常需要查询和标注对象的面积。在 AutoCAD 中，查询对象面积的方法主要有序列点面积查询和封闭图形面积查询两种。

（1）序列点面积查询。这种面积查询方法就是利用面积查询工具进行查询。激活【面积查询】命令的操作如下：

■ 下拉菜单：【工具】/【查询】/【面积】。

■ 工具栏：【测量工具】/ 。

■ 命令行：area↙（按〈Enter〉键）。

■ 快捷键：aa↙（按〈Enter〉键）。

激活【面积查询】命令后，根据命令提示，依次捕捉对象的角点，完成后按〈Enter〉键或鼠标右键确定，命令栏内就会出现对象图形的面积和周长数值。如图 3-17 中的矩形，打开对象捕捉，依次捕捉 A、B、C 和 D 四点，然后按〈Enter〉键或鼠标右键确定，就能看到区域（即面积）和周长的精确数值。

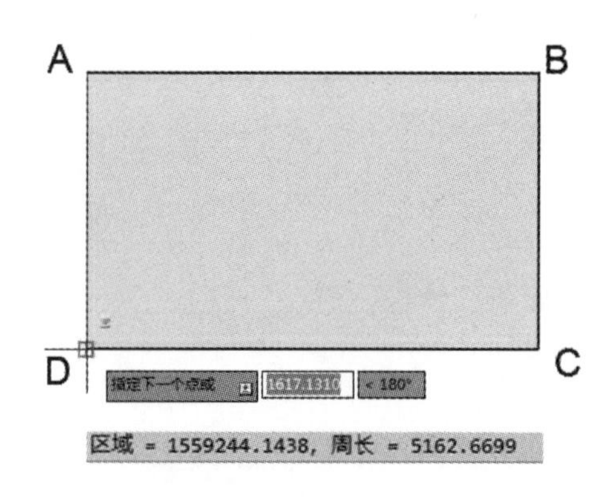

图 3-17　序列点面积查询

（2）封闭图形面积查询。封闭图形面积查询是指 AutoCAD 中的多义线图形，圆形、矩形和云线等绘制而成的封闭图形，直接可以查询对象的面积和周长等信息。封闭图形面积查询在景观工程绘图中颇为常用，如我们经常会利用这一特性查询统计植物种植的面积数据。如图 3-18 所示，用云线绘制灌木丛后，激活图形后通过【对象特性】（快捷键〈Ctrl + 1〉或按▣）就可以看到灌木丛的面积和周长的数值了。

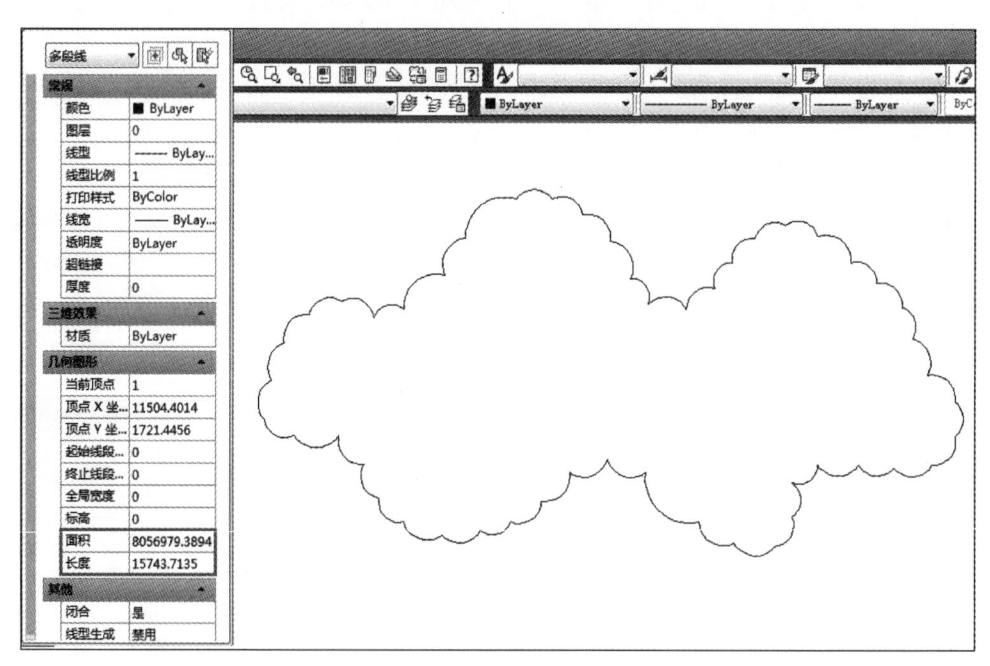

图 3-18　封闭图形面积查询

3.3.3　查询点的坐标

查询点的坐标的操作方法如下：

■ 菜单栏：【工具】/【查询】/【点坐标】。

■ 工具栏：【测量工具】/ ▣。

■ 命令行：id↙（按〈Enter〉键）。

激活命令后，捕捉需要查询的点，就会显示X、Y、Z方向上的点的坐标。如图3-19所示，通过查询，得出圆的圆心点的坐标为X = 1868.8165，Y = 2802.8499，Z = 0.0000。

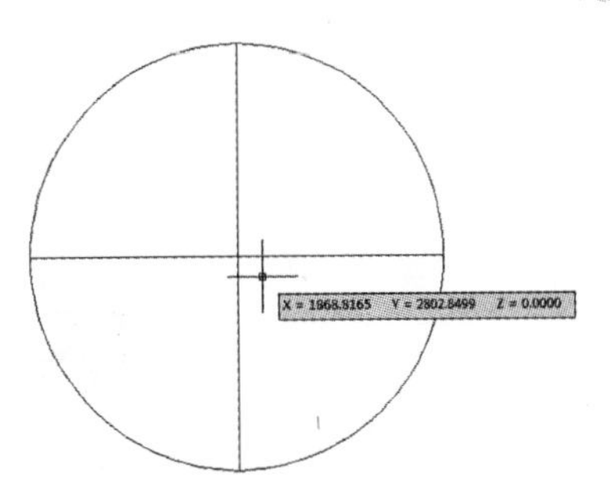

图3-19　点的坐标查询

3.3.4　查询半径

查询半径的操作方法如下：

■ 菜单栏：【工具】/【查询】/【半径】。

■ 工具栏：【测量工具】/ 。

■ 命令行：measuregeom↙（按〈Enter〉键）。

执行命令后，命令行提示如下：

输入选项[距离(D)半径(R)角度(A)面积(AR)体积(V)]〈距离〉:r

//选择半径选项

选择圆弧或圆：//鼠标单击要查询的对象

点选图形对象，就会显示相应的半径数据，如图3-20所示。

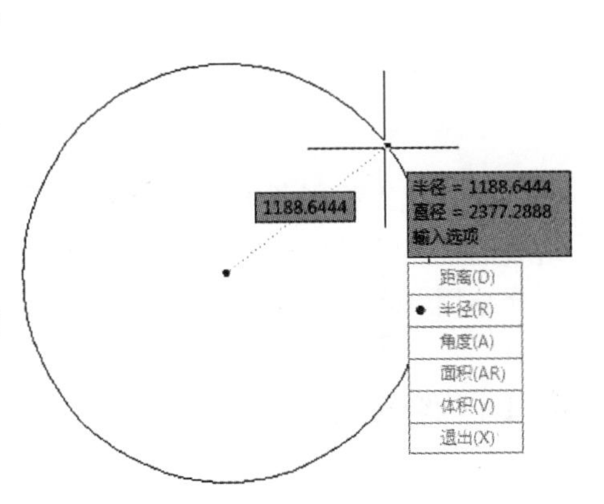

图3-20　半径查询

3.3.5　查询角度

查询角度的操作方法如下：

■ 菜单栏：【工具】/【查询】/【角度】。

■ 工具栏：【测量工具】/ 。

■ 命令行：measuregeom↙（按〈Enter〉键）。

执行此命令后，命令行提示如下：

输入选项[距离(D)半径(R)角度(A)面积(AR)体积(V)]〈距离〉:a

//选择角度选项

选择圆弧、圆、直线或〈指定顶点〉:

//鼠标单击要查询的对象

点选对象，就会显示相应的角度数据，如图3-21所示。

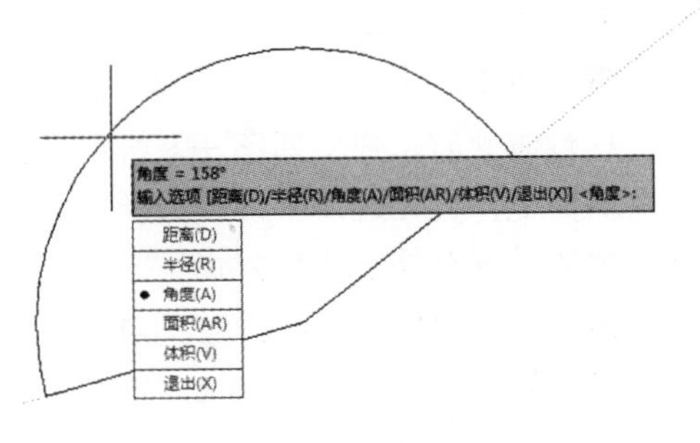

图3-21　查询角度

第4章

基本绘图命令

在景观工程制图中，不管多么复杂的图形，都是通过点、直线、曲线等各种基本图形组成的，熟练掌握这些基本图形的绘制是进行实际工程制图的前提和基础。本章主要向用户介绍用 AutoCAD2014 绘制二维图形时常用的基本绘图命令。

4.1 绘制点

4.1.1 点样式

点在屏幕上可以有多种显示形式，通常在绘制点之前要设置点的样式，使其在屏幕上有明确的显示。具体操作方法有下列两种：

■ 命令行：ddptype↙（按〈Enter〉键）。

■ 菜单栏：【格式】/【点样式】。

执行命令后，弹出如图 4-1 所示【点样式】对话框。在该对话框中，首先选择一种点的样式，然后输入点的尺寸值。尺寸值的设置有如下两种方式：

■ 选【相对于屏幕设置大小】，在【点大小】栏中输入的值是点的尺寸占屏幕尺寸的百分比，对视图进行缩放时，点的显示大小不变。

■ 选【按绝对单位设置大小】，在【点大小】栏中输入的值是点的绝对尺寸，当进行视图缩放时，点的大小也会随之变化。

设置完成后，单击【确定】按钮。

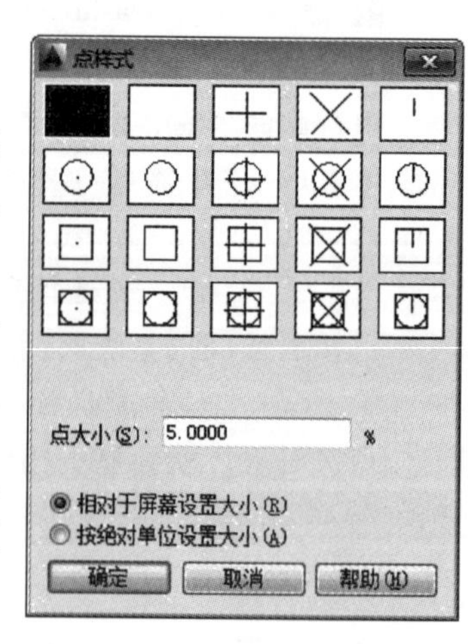

图 4-1 【点样式】对话框

4.1.2 绘制单点和多点

绘制点的操作方法有：

■ 命令行：point↙（按〈Enter〉键）。

■ 菜单栏：【绘图】/【点】/【单点】或【多点】。

■ 工具栏：【绘图】/ 。

执行命令后，在绘图窗口中单击鼠标左键即可绘制点。

4.1.3 定数等分

点一般不单独绘制，会更多地运用于“定数等分”和“定距等分”，即将图形对象按绘图需要进行等分处理。

定数等分是指用点或自定义图形按指定的段数等分对象。执行命令的方法有：

■ 命令行：divide↙（按〈Enter〉键）。

■ 菜单栏：【绘图】/【点】/【定数等分】。

【例 4-1】将已知圆进行七等分。如图 4-2 所示。

命令行输入 divide，按〈Enter〉键，执行命令后，命令行提示如下：

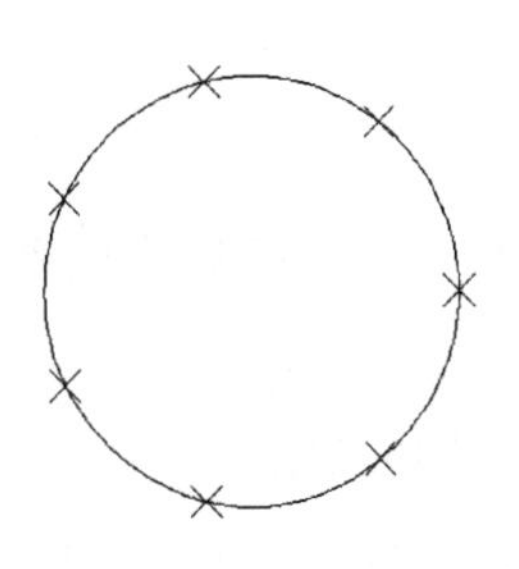

图 4-2 定数等分圆

选择要定数等分的对象：　　　//选择圆

输入线段数目或[块(B)]:7　　//输入 7,按〈Enter〉键,完成绘制

4.1.4 定距等分

定距等分是指用点或自定义图形按指定的长度等分对象。执行命令的方法有：

■ 命令行：measure↙（按〈Enter〉键）。

■ 菜单栏：【绘图】/【点】/【定距等分】。

【例 4-2】将已知直线按 300 的距离等分，如图 4-3 所示。

图 4-3 定距等分直线

执行命令后，命令行提示如下：

选择要定距等分的对象：　　　//选择直线

指定线段长度或[块(B)]:300 //输入距离 300,按〈Enter〉键,完成绘制

4.2 绘制直线、构造线、射线

4.2.1 绘制直线

直线是图形中最基本、最简单、最常用的图形对象。直线的绘制是通过确定直线的起点和终点完成的。执行直线命令的方法有：

■ 命令行：line↙（按〈Enter〉键）。

■ 菜单栏：【绘图】/【直线】。

■ 工具栏：【绘图】/ 。

执行命令后，命令行提示如下：

指定第一个点：　　　　　　//用鼠标单击指定第一点或直接输入点的坐标

指定下一点或[放弃(U)]：//用鼠标单击指定下一点或直接输入点的坐标,或输入距离

指定下一点或[放弃(U)]：//用鼠标单击指定下一点或直接输入点的坐标,或输入距离

指定下一点或[闭合(C)/放弃(U)]:

◆ 闭合。在命令行的提示下，输入 c 并按〈Enter〉键（或直接单击“闭合”选项），表示将绘制的一系列直线的最后一点与第一点连接，形成封闭的图形。

◆ 放弃。在命令行的提示下，输入 u 并按〈Enter〉键（或直接单击“放弃”选项），表示撤销上一步的操作。

如果要绘制水平线或垂直线，可配合使用辅助绘图命令中的【正交】模式；如果要绘制有角度的直线，可配合使用辅助绘图命令中的【极轴追踪】模式，设置极轴角度。

指定直线点的方式可以用鼠标直接单击，也可以输入点的坐标，或者直接输入距离。

4.2.2 绘制构造线

构造线是指在两个方向上无限延伸的直线。构造线是精确绘图的有力工具，通常用作绘图的辅助线。执行构造线命令的方法有：

■ 命令行：xline↙（按〈Enter〉键）。

■ 菜单栏：【绘图】/【构造线】。

■ 工具栏：【绘图】/ ⤢。

执行命令后，命令行提示如下：

指定点或[水平(H)/垂直(V)/角度(A)/二等分(B)/偏移(O)]

◆ 指定点。该选项为系统默认选项，过指定的两点绘制一条构造线。在用鼠标指定第一个通过点后，命令行提示“指定通过点”，这时指定第二点，过第一点和第二点完成了一条构造线的绘制；命令行会继续提示“指定通过点”，一次可以绘制多条构造线，直到按〈Enter〉键结束命令。

◆ 水平。在命令行的提示下，输入 h 并按〈Enter〉键，（或直接单击“水平”选项），则可绘制多条水平方向的构造线。

◆ 垂直。在命令行的提示下，输入 v 并按〈Enter〉键，（或直接单击“垂直”选项），则可绘制多条垂直方向的构造线。

◆ 角度。在命令行的提示下，输入 a 并按〈Enter〉键，（或直接单击“角度”选项），则可绘制多条指定角度的构造线。

◆ 二等分。在命令行的提示下，输入 b 并按〈Enter〉键，（或直接单击“二等分”选项），则可绘制平分指定角的构造线。

◆ 偏移。在命令行的提示下，输入 o 并按〈Enter〉键，（或直接单击“偏移”选项），则可绘制与已知直线偏移一定距离的平行构造线。

4.2.3 绘制射线

射线是指一端固定而另一端无限延伸的直线。射线通常用作绘图的辅助线。执行射线命令的方法有：

■ 命令行：ray↙（按〈Enter〉键）。

■ 菜单栏：【绘图】/【射线】。

执行命令后，命令行提示如下：

指定起点：　//在此提示指定第一点作为射线的起点

指定通过点： //指定第二点作为射线经过点，确定方向，画出射线

指定通过点： //继续指定一点，可再绘制一条以第一点为起点且过该点的射线

重复上面操作可绘制多条射线，直到按〈Enter〉键，结束命令。

4.3 绘制矩形和正多边形

4.3.1 绘制矩形

执行【矩形】命令，根据命令行中不同参数的设置，可以绘制出不同属性的矩形。矩形的绘制是通过确定两个对角点来实现的。执行【矩形】命令的方法有：

■ 命令行：rectang↙（按〈Enter〉键）。

■ 菜单栏：【绘图】/【矩形】。

■ 工具栏：【绘图】/ □。

执行命令后，命令行提示如下：

指定第一个角点或[倒角(C)/标高(E)/圆角(F)/厚度(T)/宽度(W)]：

//鼠标在绘图区域任意位置单击确定第一个角点

指定另一个角点或[面积(A)/尺寸(D)/旋转(R)/]:@100, 60

//输入另一个角点的相对坐标，按〈Enter〉键，结束命令

这样就绘制出一个长100，宽60的普通矩形。

指定两个对角点是系统默认的矩形绘制方法。如果随意绘制一个矩形而不用考虑它的尺寸，可以直接在绘图区域单击鼠标左键并拖动鼠标来绘制。另外，矩形命令中，用于二维绘图的其他备选项分别为：

◆ 倒角。在命令行的提示下，输入c并按〈Enter〉键（或直接单击“倒角”选项），则可绘制一个带倒角的矩形，此时需要指定矩形的两个倒角的距离。

◆ 圆角。在命令行的提示下，输入f并按〈Enter〉键（或直接单击“圆角”选项），则可绘制一个带圆角的矩形，此时需要指定矩形的圆角半径。

◆ 宽度。在命令行的提示下，输入w并按〈Enter〉键（或直接单击“宽度”选项），则可以根据设定的线宽绘制矩形。

◆ 面积。在命令行的提示下，输入a并按〈Enter〉键（或直接单击“面积”选项），则可以通过指定矩形的面积和一个边长来绘制矩形。

◆ 尺寸。在命令行的提示下，输入d并按〈Enter〉键（或直接单击“尺寸”选项），则可通过分别输入矩形的长和宽来绘制矩形。

◆ 旋转。在命令行的提示下，输入r并按〈Enter〉键（或直接单击“旋转”选项），则可绘制一个指定角度的矩形。

【例4-3】绘制一个长70、宽45的倾斜45°的矩形，如图4-4所示。

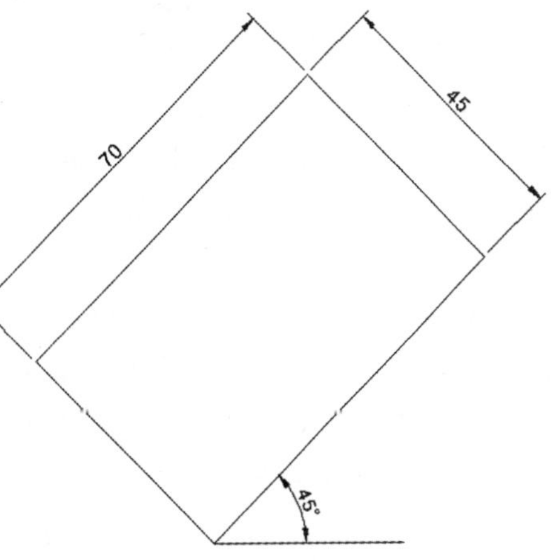

图4-4 绘制旋转矩形

执行 rectang 命令后，命令行提示如下：

指定第一个角点或[倒角(C)/标高(E)/圆角(F)/厚度(T)/宽度(W)]： //鼠标在绘图区单击确定第一个角点

指定另一个角点或[面积(A)/尺寸(D)/旋转(R)/]： //指定旋转角度

指定旋转角度或[拾取点(P)]〈0〉:45 //输入旋转角度45°

指定另一个角点或[面积(A)/尺寸(D)/旋转(R)/]:d //指定尺寸

指定矩形的长度:70 //输入长度70

指定矩形的宽度:45 //输入长度45

指定另一个角点或[面积(A)/尺寸(D)/旋转(R)/]:r //用鼠标单击确定矩形位置

4.3.2 绘制正多边形

执行【正多边形】命令，可以绘制出一个闭合的等边多边形。在 AutoCAD2014 中，可以通过控制多边形的边数（3～1024）以及内接圆或外切圆的半径大小来绘制正多边形。

执行【正多边形】命令的方法有：

■ 命令行：polygon ↙（按〈Enter〉键）。

■ 菜单栏：【绘图】/【正多边形】。

■ 工具栏：【绘图】/ 。

执行命令后，命令行提示如下：

输入侧面数〈4〉:6 //输入正多边形的边数6

指定多边形的中心点或[边(E)]：

◆ 指定正多边形的中心点。通过坐标输入或鼠标在绘图区单击确定正多边形的中心点，命令行继续提示：

输入选项[内接于圆(I)/外切于圆(C)]〈I〉://按〈Enter〉键,括号内为系统默认选项内接于圆

指定圆的半径:100 //输入圆的半径,按〈Enter〉键,结束命令

这样就绘制了一个内接于半径为 100 的圆的正六边形，同样还可以选择“外切于圆(C)”的选项来绘制圆的外切正多边形。

如果在命令行直接输入半径值来确定内接圆和外切圆的半径，在按〈Enter〉键后系统会自动确定正多边形的位置，即正多边形最下面一条边总是处于水平位置。如果想要改变正多边形的摆放位置，可以通过鼠标在屏幕上单击或者使用相对坐标输入半径值，从而确定正多边形的大小和位置。

◆ 指定正多边形的边。该项是用指定正多边形的边长的方法绘制正多边形，输入 E 并按〈Enter〉键，命令行继续提示：

指定边的第一个端点： //鼠标单击指定一点或输入点的坐标值,按〈Enter〉键

指定边的第二个端点： //输入边长值,按〈Enter〉键,结束命令;或输入点的坐标值,按〈Enter〉键,结束命令;或鼠标单击指定第二点,结束命令

最后绘制出按逆时针方向形成的正多边形，这样绘制的正多边形是唯一的。

4.4 绘制圆、圆弧

4.4.1 绘制圆

绘制圆的方法执行有很多，选用哪种方法取决于已知条件。执行【圆】命令的方法有：

■ 命令行：circle↙（按〈Enter〉键）。

■ 菜单栏：【绘图】/【圆】。

■ 工具栏：【绘图】/ 。

选择【绘图】/【圆】菜单，会出现如图4-5所示的下拉菜单，共有六种圆形的绘制方法。

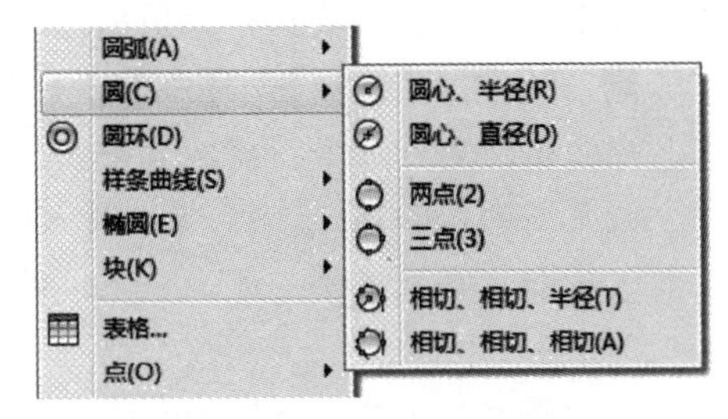

图4-5　圆命令的下拉菜单

◆ 圆心、半径。执行命令后，命令行提示如下：

指定圆的圆心或[三点(3P)/两点(2P)/相切、相切、半径(T)]：

//单击鼠标左键，指定圆心

指定圆的半径或[直径(D)]:50　　//输入圆的半径值，按〈Enter〉键，结束命令

◆ 圆心、直径。执行命令后，命令行提示如下：

指定圆的圆心或[三点(3P)/两点(2P)/相切、相切、半径(T)]：

//单击鼠标左键，指定圆心

指定圆的半径或[直径(D)]〈50〉：d　//输入d，选择直径选项

指定圆的直径〈100〉:100　　//输入圆的直径，按〈Enter〉键，结束命令

◆ 三点。以指定圆周上任意三点的方式绘制圆，执行命令后，命令行提示如下：

指定圆的圆心或[三点(3P)/两点(2P)/相切、相切、半径(T)]：3p

//输入3p并按〈Enter〉键，选择"三点"选项

指定圆上的第一个点：　//输入第一个点的坐标，按〈Enter〉键；或单击鼠标左键

指定圆上的第二个点：　//输入第二个点的坐标，按〈Enter〉键；或单击鼠标左键

指定圆上的第三个点：　//输入第三个点的坐标，按〈Enter〉键；或单击鼠标左键

◆ 两点。以指定圆的直径的两个端点的方式绘制圆。执行命令后，命令行提示如下：

指定圆的圆心或[三点(3P)/两点(2P)/相切、相切、半径(T)]：2p

//输入2p并按〈Enter〉键，选择"两点"选项

指定圆上的第一个点：　//输入第一个点的坐标，按〈Enter〉键；或单击鼠标左键

指定圆上的第二个点：　//输入第二个点的坐标，按〈Enter〉键；或单击鼠标左键

◆ 相切、相切、半径。以指定与圆相切的两个对象和圆半径的方式绘制圆。执行命令后，命令行提示如下：

指定圆的圆心或[三点(3P)/两点(2P)/相切、相切、半径(T)]:t

//输入t并按〈Enter〉键，选择"相切、相切、半径"选项

指定对象与圆的第一个切点：//开启对象捕捉命令，鼠标靠近已知圆的右上部，出现切点符号时单击

指定对象与圆的第二个切点：//鼠标单击右边已知直线

指定圆的半径:50　　　　　　//输入圆的半径,按〈Enter〉键,完成命令

则可绘制出如图4-6所示的圆。需要注意的是，如果输入的半径过小，圆不存在，命令则不能执行。

◆ 相切、相切、相切。以指定与圆相切的三个已知对象的方式绘制圆。这个方法无法用命令行输入，需要执行菜单栏命令：

■ 菜单栏：【绘图】/【圆】/【相切、相切、相切】。

命令执行后，命令行提示如下：

指定圆的圆心或[三点(3P)/两点(2P)/相切、相切、半径(T)]：

_3p 指定圆上的第一个点:_tan 到　　//指定第一个切点,鼠标移动到边一,出现切点符号时,单击左键

指定圆上的第二个点:_tan 到　　//指定第二个切点,鼠标移动到边二,出现切点符号时,单击左键

指定圆上的第三个点:_tan 到　　//指定第三个切点,鼠标移动到边三,出现切点符号时,单击左键

则可绘制出如图4-7所示的三角形的内切圆。

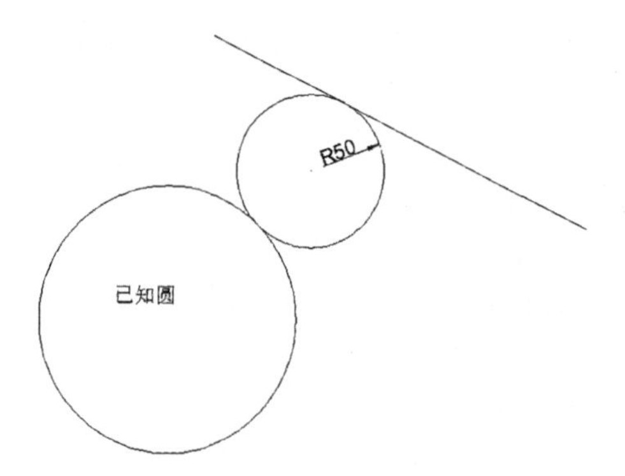

图4-6　用“相切、相切、半径”画圆

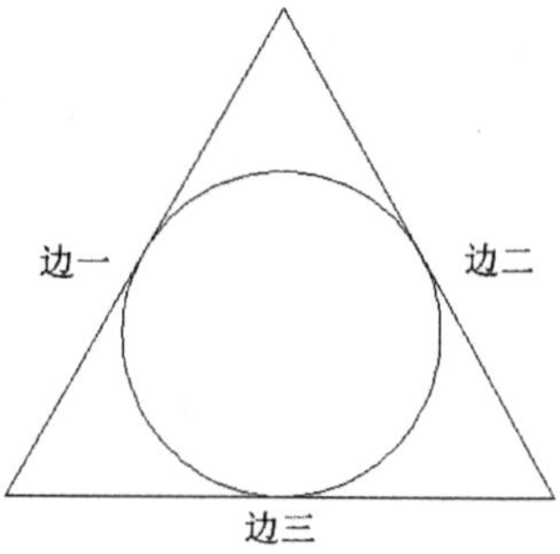

边一
边二
边三

图4-7　用“相切、相切、相切”画圆

4.4.2　绘制圆弧

绘制圆弧的方法很多，选用哪种方法取决于已知条件。执行【圆弧】命令的方法有：

■ 命令行：arc↙（按〈Enter〉键）。

■ 菜单栏：【绘图】/【圆弧】。

■ 工具栏：【绘图】/ 。

选择【绘图】/【圆弧】菜单，会出现如图4-8所示的下拉菜单，共有11种圆弧的绘制方法。这里重点介绍其中几种：

◆ 三点。通过不在直线上的任意三点绘制圆弧。执行【圆弧】命令后，命令行提示如下：

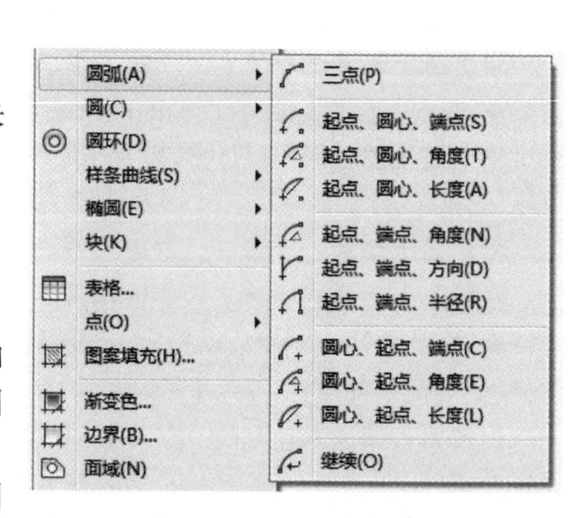

图4-8　圆弧命令的下拉菜单

指定圆弧的起点或[圆心(C)]: //单击鼠标左键或输入坐标值来指定圆弧的起点

指定圆弧的第二个点或[圆心(C)/端点(E)]: //单击鼠标左键或输入坐标值来指定圆弧上的第二个点

指定圆弧的端点: //单击鼠标左键或输入坐标值来指定圆弧的端点

◆ 圆心、起点、端点。执行【圆弧】命令后，命令行提示如下：

指定圆弧的起点或[圆心(C)]: c //输入c并按〈Enter〉键,选择圆心绘制

指定圆弧的圆心: //单击鼠标左键或输入坐标值来指定圆弧的圆心

指定圆弧的起点: //单击鼠标左键或输入坐标值来指定圆弧的起点

指定圆弧的端点或[角度(A)/弦长(L)]: //单击鼠标左键或输入坐标值来指定圆弧的端点

◆ 起点、端点、半径。执行【圆弧】命令后，命令行提示如下：

指定圆弧的起点或[圆心(C)]: //单击鼠标左键或输入坐标值来指定圆弧的起点

指定圆弧的第二个点或[圆心(C)/端点(E)]: e //输入e并按〈Enter〉键,选择端点绘制

指定圆弧的端点: //单击鼠标左键或输入坐标值来指定圆弧的端点

指定圆弧的圆心或[角度(A)/方向(D)/半径(R)]: r //输入r并按〈Enter〉键,选择半径绘制

指定圆弧的半径:300 //输入圆弧半径,按〈Enter〉键,完成绘制

需要注意的是，半径的取值要合理，过大或过小都有可能造成弧线不存在，从而无法完成命令。

◆ 圆心、起点、角度。执行【圆弧】命令后，命令行提示如下：

指定圆弧的起点或[圆心(C)]:c //输入c并按〈Enter〉键,选择圆心绘制

指定圆弧的圆心: //单击鼠标左键或输入坐标值来指定圆弧的圆心

指定圆弧的起点: //单击鼠标左键或输入坐标值来指定圆弧的起点

指定圆弧的端点或[角度(A)/弦长(L)]:a //输入a并按〈Enter〉键,选择角度绘制

指定包含角: 90 //输入角度值,按〈Enter〉键,完成绘制

角度值可以是正数也可以是负数，当输入正值时，由起点按逆时针方向绘制圆弧；反之，按顺时针方向绘制圆弧。

◆ 继续。选择菜单栏：【绘图】/【圆弧】/【继续】，系统将以前面最后一次绘制的线段或圆弧的最后一点作为新圆弧的起点，并以该线段或圆弧的最后一点处的切点方向作

为新圆弧的起始切线方向，再指定一个端点来绘制圆弧。

其余绘制圆弧的方法和上面的几种类似，用户可以自己尝试使用。

4.5 绘制椭圆、椭圆弧

4.5.1 绘制椭圆

执行【椭圆】命令的方法有：

■ 命令行：ellipse↙（按〈Enter〉键）。

■ 菜单栏：【绘图】/【椭圆】。

■ 工具栏：【绘图】/ ⬭。

执行【椭圆】命令后，命令行提示如下：

指定椭圆的轴端点或[圆弧(A)/中心点(C)]：

◆ 指定椭圆的轴端点。通过指定第一条轴的位置和长度以及第二条轴的半长来绘制椭圆。执行命令后，命令行提示如下：

指定椭圆的轴端点或[圆弧(A)/中心点(C)]：//鼠标单击或输入坐标值来指定轴的一个端点

指定轴的另一个端点：　//鼠标单击或输入坐标值来指定轴的另一个端点

指定另一条半轴长度或[旋转(R)]：　//鼠标单击指定长度或直接输入长度值

也可以选择“旋转”选项，然后输入角度值来确定椭圆。

◆ 指定椭圆的中心点。先确定椭圆的中心，然后指定一条轴的端点，再给出另一条轴的半长来绘制椭圆。执行命令后，命令行提示如下：

指定椭圆的轴端点或[圆弧(A)/中心点(C)]：c

//输入 c 并按〈Enter〉键，选择中心点选项

指定椭圆的中心点：　//鼠标单击或输入坐标值来指定椭圆的中心点

指定轴的端点：　//指定轴的端点位置

指定另一条半轴长度或[旋转(R)]：　//鼠标单击指定长度或直接输入长度值

也可以选择“旋转”选项，然后输入角度值来确定椭圆。

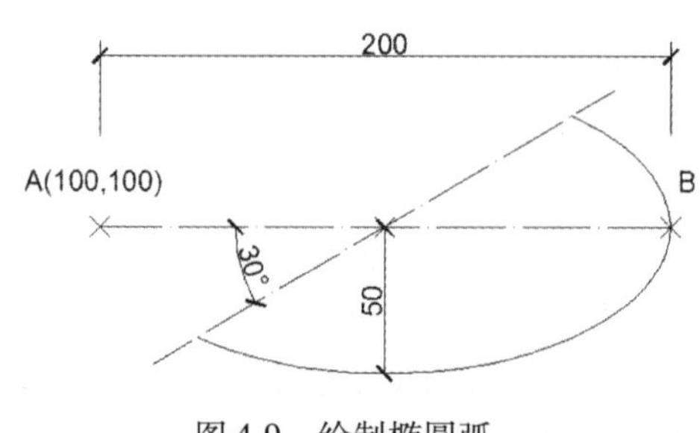

图 4-9　绘制椭圆弧

4.5.2 绘制椭圆弧

绘制椭圆弧和绘制椭圆的方法基本相同。

【例 4-4】 绘制如图 4-9 所示的椭圆弧。

执行【椭圆】命令后，命令行提示如下：

指定椭圆的轴端点或[圆弧(A)/中心点 C)]：a

//输入 a 并按〈Enter〉键，选择圆弧选项

指定椭圆弧的轴端点或[中心点(C)]:100,100
//输入 A 点坐标,按〈Enter〉键
指定轴的另一个端点:300,100 //输入 B 点坐标,按〈Enter〉键(也可直接输入距离)
指定另一条半轴长度或[旋转(R)]:50 //输入另一条半轴长度,按〈Enter〉键
指定起点角度或[参数(P)]:30 //输入起始角度,按〈Enter〉键,从 A 点逆时针旋转为正
指定端点角度或[参数(P)/包含角度(C)]:210
//输入终止角度,按〈Enter〉键,完成绘制

除了通过椭圆命令绘制椭圆弧，也可以直接单击工具栏上的按钮，根据提示进行操作。

4.6 绘制样条曲线

样条曲线是通过若干指定点生成的光滑曲线。在景观工程制图中，可以用样条曲线来绘制自由路径、等高线等。

4.6.1 【样条曲线】命令

执行【样条曲线】命令的方法有：

■ 命令行：spline↙（按〈Enter〉键）。

■ 菜单栏：【绘图】/【样条曲线】。

■ 工具栏：【绘图】/。

执行上述命令后，命令行提示如下：

指定第一个点或[方式(M)/节点(K)/对象(O)]: //鼠标单击指定第一个点
指定下一个点或[起点切向(T)/公差(L)]: //鼠标单击指定第二个点
指定第一个点或[端点相切(T)/公差(L)/放弃(U)]: //鼠标单击指定第三个点
指定第一个点或[端点相切(T)/公差(L)/放弃(U)/闭合(C)]:
//按〈Enter〉键,结束点的输入

样条曲线至少需要输入三个点，当输入最后一点的时候，按〈Enter〉键，结束点的输入。

◆ 方式。在命令行的提示下，输入 m 并按〈Enter〉键（或直接单击“方式”选项），选择绘制样条曲线的方式，确定用拟合点还是控制点。

◆ 节点。在命令行的提示下，输入 k 并按〈Enter〉键（或直接单击“节点”选项），控制样条曲线通过拟合点时的形状。

◆ 对象。在命令行的提示下，输入 o 并按〈Enter〉键（或直接单击“对象”选项），将样条拟合多段线转换成等价的样条曲线并删除多段线。

◆ 起点切向。在命令行的提示下，输入 t 并按〈Enter〉键（或直接单击“起点切向”选项），基于切向创建样条曲线。

◆ 端点相切。在命令行的提示下，输入 t 并按〈Enter〉键（或直接单击“端点相切”选项），停止基于切向创建样条曲线。

◆ 公差。在命令行的提示下，输入 l 并按〈Enter〉键（或直接单击“公差”选项），指定距样条曲线必须经过的指定拟合点的距离。公差应用于除起点和端点外的所有拟合点。

◆ 闭合。在命令行的提示下，输入 c 并按〈Enter〉键（或直接单击“闭合”选项），将最后一点定义为与第一点一致，可以单击鼠标指定切向来闭合样条曲线，也可以按〈Enter〉键闭合样条曲线。

4.6.2 样条曲线的编辑

执行【样条曲线编辑】命令的方法有：

■ 命令行：splinedit↙（按〈Enter〉键）。

■ 菜单栏：【修改】/【对象】/【样条曲线】。

执行编辑命令后，命令行提示如下：

选择样条曲线：　　　　　　　　　　　　　　　　　//鼠标点选对象

输入选项[闭合(C)/合并(J)/拟合数据(F)编辑顶点(E)/转换为多段线(P)/反转(R)/放弃(U)/退出(X)]：

常用的编辑选项有：

◆ 闭合/打开。在命令行的提示下，输入 c 并按〈Enter〉键（或直接单击“闭合”选项）。显示“闭合”还是“打开”，具体取决于选定的样条曲线是开放的还是闭合的。开放的样条曲线有两个端点，而闭合的样条曲线则形成了一个环。

◆ 闭合：通过定义与第一个点重合的最后一个点，闭合开放的样条曲线。默认情况下，闭合的样条曲线是周期性的，沿整个曲线保持曲率连续性。

◆ 打开：通过删除最初创建样条曲线时指定的第一个和最后一个点之间的最终曲线段，可打开闭合的样条曲线。

◆ 合并。在命令行的提示下，输入 j 并按〈Enter〉键（或直接击“合并”选项），将选定的样条曲线与其他样条曲线、直线、多段线和圆弧在重合端单处合并，以形成一个较大的样条曲线。

◆ 拟合数据。在命令行的提示下，输入 f 并按〈Enter〉键（或直接单击“拟合数据”选项），用于编辑样条曲线所通过的某些特殊的点。选择该选项时，绘制样条曲线的所有输入点（控制点）均已夹点显示。

◆ 编辑顶点。在命令行的提示下，输入 e 并按〈Enter〉键（或直接单击“编辑顶点”选项），精密调整样条曲线。

◆ 转换为多段线。在命令行的提示下，输入 p 并按〈Enter〉键（或直接单击“转换为多段线”选项），可以将样条曲线转换成多段线。精度值决定生成的多段线与样条曲线的接近程度。有效值为 0 ~99 的任意整数。需要注意的是较高的精度值会降低性能。

◆ 反转。在命令行的提示下，输入 r 并按〈Enter〉键（或直接单击“反转”选项），可以反转样条曲线的方向。此选项主要适用于第三方应用程序。

4.7 绘制云线

【云线】命令可以创建由连续圆弧组成的多段线以构成云形线。在景观设计中，常用云线命令绘制灌木平面图。

执行【云线】命令的方法有：

■ 命令行：revcloud↙（按〈Enter〉键）。

■ 菜单栏：【绘图】/【修订云线】。

■ 工具栏：【绘图】/ 。

执行命令后，命令行提示如下：

最小弧长:15　　最大弧长:35　样式:普通　　//显示系统当前云线设置信息

指定起点或[弧长(A)/对象(O)/样式(S)]:

◆ 指定起点。鼠标单击指定起点，命令行继续提示如下：

沿云线路径引导十字光标…：　　//移动十字光标，在十字光标经过的路线上自动生成云线，按〈Enter〉键，随时可中止并结束命令

当十字光标移回起点时，云线会自动闭合并结束命令，命令行提示如下：

修订云线完成。

◆ 指定弧长。输入 a 并按〈Enter〉键（或直接单击“弧长”选项），可以设置云线的弧长，命令行提示如下：

指定最小弧长〈15〉:　　//输入最小弧长值并按〈Enter〉键

指定最大弧长〈35〉:　　//输入最大弧长值并按〈Enter〉键

指定起点或[弧长(A)/对象(O)/样式(S)]:

◆ 指定对象。输入 o 并按〈Enter〉键，可将指定的封闭的图形转换为云线，命令行提示如下：

选择对象:　　//鼠标点取对象

反转方向[是(Y)/否(N)]〈否〉:　//是(Y)表示圆弧方向向内;否(N)表示圆弧方向向外

修订云线完成。

◆ 指定样式。用于选择绘制云线的圆弧样式，分普通和手绘两种，默认情况下系统使用普通样式。

【例 4-5】绘制灌木绿篱平面图，如图 4-10 所示。

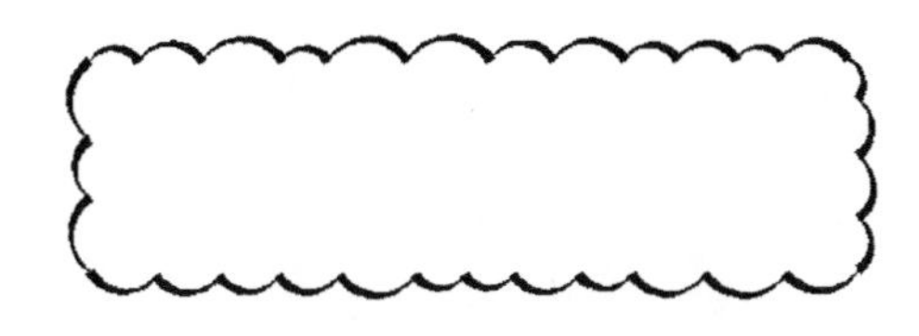

图 4-10　绘制绿篱

执行【云线】命令后，命令行提示如下：

最小弧长:15　　最大弧长:35　样式:普通　　//显示系统当前云线设置信息

指定起点或[弧长(A)/对象(O)/样式(S)]:S //输入 s 并按〈Enter〉键,选择样式选项
选择圆弧样式[普通(N)/手绘(C)]:C //输入 c 并按〈Enter〉键,选择手绘样式
指定起点或[弧长(A)/对象(O)/样式(S)]:O //输入 o 并按〈Enter〉键,选择样式选项
选择对象: //鼠标点取矩形
反转方向[是(Y)/否(N)]〈否〉: //输入 n 或直接按〈Enter〉键
修订云线完成。

4.8 习题

1. 利用【圆】、【构造线】、【矩形】命令绘制图 4-11。
2. 利用【直线】、【圆弧】等命令绘制图 4-12。
3. 利用【圆弧】命令绘制图 4-13。
4. 利用【圆】、【多边形】、【极轴追踪】、【直线】等命令绘制图 4-14。
5. 利用【圆】命令绘制图 4-15。

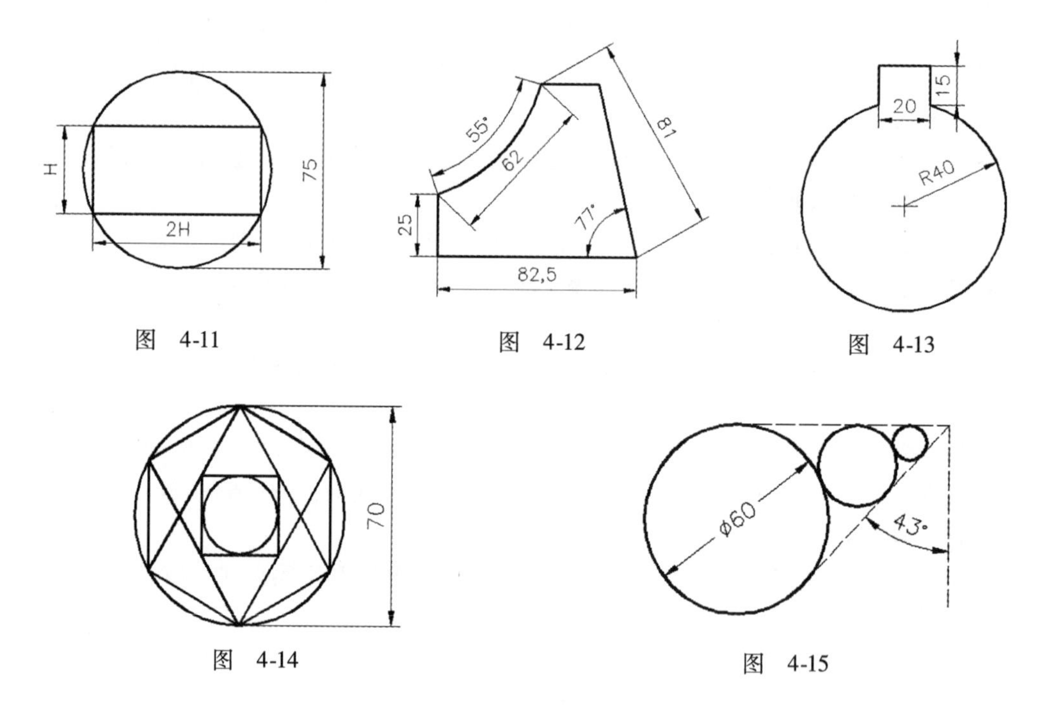

图 4-11

图 4-12

图 4-13

图 4-14

图 4-15

第5章

基本编辑命令

使用前面章节介绍的基本绘图命令，只能绘制一些基本图形对象和简单图形。要绘制出复杂的图形，用户还需要借助图形修改与编辑命令。AutoCAD 同样向用户提供了高效的编辑命令，可以在瞬间完成一些复杂的工作。因此，掌握基本的修改与编辑命令，对于绘制各种景观工程图纸都是非常有用的。

5.1　对象选择

对某一个图形进行编辑操作之前，首先要选定该对象。在 AutoCAD 中，用亮显虚线表示所选择的对象。选择对象的方式有很多，最常用的是点选、窗选和交叉窗选三种。

5.1.1　点选方式

当执行了某个编辑命令，命令行出现“选择对象:”提示时，十字光标变为拾取框，将拾取框移动到对象上，并单击左键，这时对象变为虚线，表示对象被选中。使用该方法，每次只可以选择一个对象，适合拾取少量、分散的对象，在选取大量集中的对象的时候不宜使用。

5.1.2　窗选方式

窗选是通过指定对角点定义一个矩形区域来选择对象。首先单击鼠标左键确定第一个角点（A 点），然后向右下或右上角拉伸窗口，窗口边框为实线，确定矩形区域后单击左键（B 点），则位于窗口内的全部对象被选中，与窗口边界相交的对象不会被选择，如图 5-1 所示。

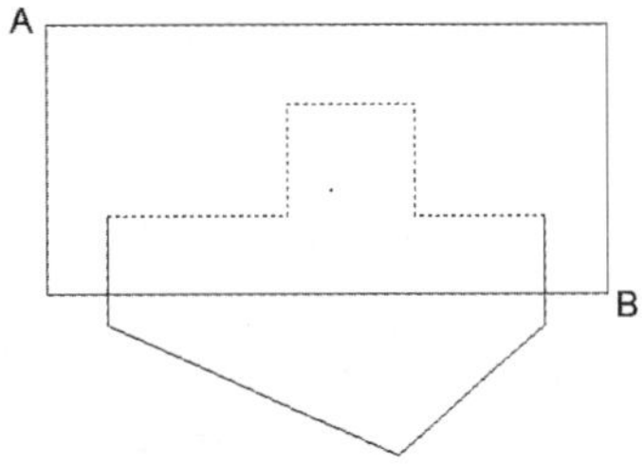

图 5-1　窗选效果

5.1.3　交叉窗选方式

交叉窗选也是通过指定对角点定义一个矩形区域来选择对象，但是矩形区域的定义不同于窗选。先确定第一个角点（B 点），然后向左上或左下拉伸窗口，窗口边框为虚线，确定矩形区域后单击左键（A 点），则位于窗口内以及与窗口边界相交的全部对象均被选中，如图5-2所示。

在绘图过程中，有时会有若干条线重叠在一起，这时如果要选择其中一条，可先按下〈Ctrl〉键不放，用鼠标在重叠对象上单击，这时其中一个对象会以虚线表示；放开〈Ctrl〉键，用鼠标在周围空白区域单击，随着单击的进行，重叠的对象会循环以虚线显示，当欲选对象被虚线表示时，按〈Enter〉键，则该对象被选中。

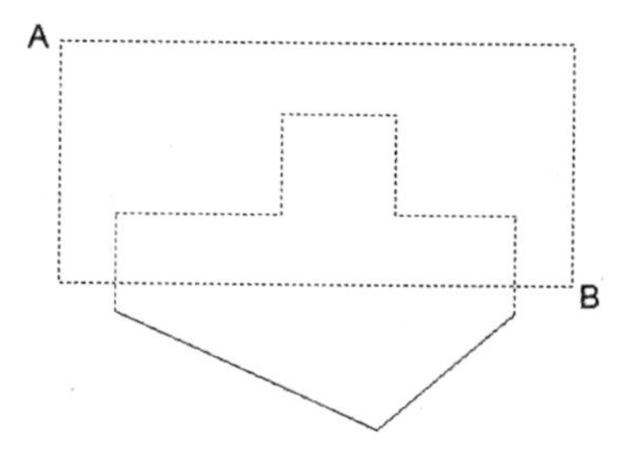

图5-2　交叉窗选效果

在创建选择集的过程中，有时会误选不想选择的对象，这就需要使用减选方式将不想选择的对象从选择集中删除，具体操作方法是：按住〈Shift〉键不放，单击想要取消选择的对象，就可以将其从当前选择集中删除了。

5.2　【删除】命令

执行【删除】命令的方法有：

■ 命令行：erase↙（按〈Enter〉键）。

■ 菜单栏：【修改】/【删除】。

■ 工具栏：【修改】/ 。

执行命令后，命令行提示如下：

选择对象：　　　　　　　　//选择要删除的对象

选择对象：　　　　　　　　//继续选择对象或按〈Enter〉键结束选择

删除图形也可以先选择对象，后按〈Del〉键来完成。

5.3　【复制】命令与【阵列】命令

在绘制景观工程图纸的过程中，经常会遇到图形中有多个相同的对象，例如建筑立面的窗户、园林中的相同植物等。在CAD中，复制命令可以帮助我们复制一个或多个相同的图形对象，并放置到指定的位置，这样可以大大提高绘图效率，免去了手工绘图中的大量重复劳动。

5.3.1　【复制】命令

执行【复制】命令的方法有：

■ 命令行：copy↙（按〈Enter〉键）。

■ 菜单栏：【修改】/【复制】。

■ 工具栏：【修改】/ 。

执行命令后，命令行提示如下：

选择对象：找到1个　　　　　　　　//选择要复制的对象

选择对象：　　　　　　　　　　　//按〈Enter〉键结束选择

当前设置:复制模式 = 多个　　　　　　　　//显示多重复制
指定基点或[位移(D)/模式(O)]〈位移〉:　　//指定一点作为复制基点
指定第二点或[阵列(A)]〈使用第一个点作为位移〉:
　　　　　　　　　　　　　　　　　　　　//指定欲复制到的一点或输入坐标值
指定第二点或[阵列(A)/退出(E)/放弃(U)]〈退出〉:
　　　　　　　　　　　　　　　　　　　　//继续复制或按〈Enter〉键,结束命令

◆ 位移：使用坐标指定相对距离和方向。

指定的两点定义一个矢量，指示复制对象的放置离原位置的距离以及放置的方向。如果在“指定第二个点”提示下按〈Enter〉键，则第一个点将被默认为是相对 X，Y，Z 位移。例如，如果指定基点为 2，3，并在下一个提示下按〈Enter〉键，对象将被复制到距其当前位置在 X 方向上 2 个单位，在 Y 方向上 3 个单位的位置。

◆ 模式：选择复制的模式是单一还是多个。

◇ 单个：创建选定对象的单个副本，并结束命令。

◇ 多个：创建选定对象的多个副本，按〈Enter〉键结束命令。选择“多个”模式，在命令执行期间，将 COPY 命令设定为自动重复。

◆ 阵列：指定在线性阵列中排列的副本数量。

◇ 要在阵列中排列的项目数：指定阵列中的项目数，包括原始选择集。

◇ 第二点：确定阵列相对于基点的距离和方向。默认情况下，阵列中的第一个副本将放置在指定的位移。其余的副本使用相同的增量位移放置在超出该点的线性阵列中。

◇ 布满：在阵列中指定的位移放置最终副本，其他副本则布满原始选择集和最终副本之间的线性阵列。

【例 5-1】利用复制命令绘制如图 5-3 所示的楼梯段。

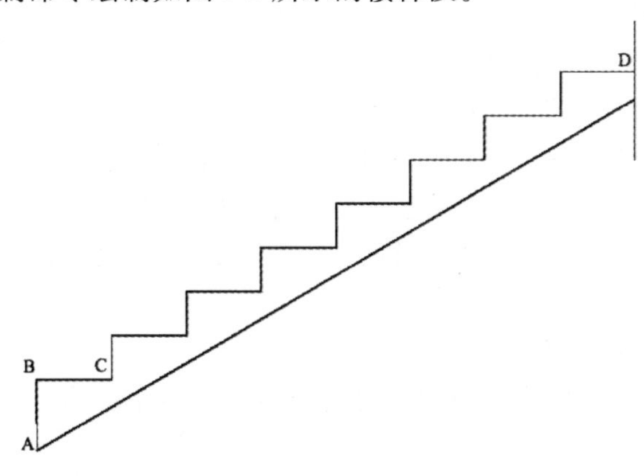

图 5-3　楼梯段

◆ 步骤一：执行【直线】命令，绘制如图 5-4 所示的一级台阶，踏步宽为 280，踢面高为 160。

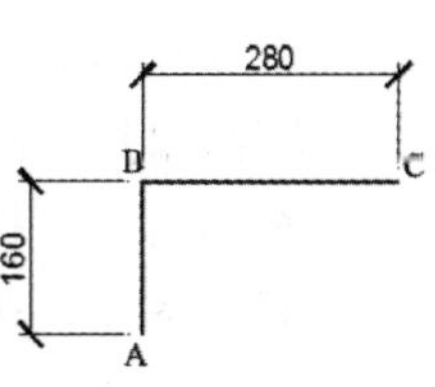

图 5-4　一级台阶

◆ 步骤二：执行【复制】命令，命令行提示如下：

选择对象:找到 2 个　　　　　　　　//选择线段 AB、BC
选择对象:　　　　　　　　　　　　//按〈Enter〉键结束选择
当前设置:复制模式 = 多个　　　　　//显示多重复制

指定基点或[位移(D)/模式(O)]〈位移〉://开启对象捕捉,捕捉 A 点为基点
指定第二点或[阵列(A)/退出(E)/放弃(U)]〈退出〉:
//捕捉 C 点为复制的第二个点,依次类推,
复制出 7 个台阶,按〈Enter〉键,结束命令

◆ 步骤三:执行【直线】命令,打开对象捕捉,连接楼梯的端点 A、D,并将此直线垂直向下移动 100,即得到如图 5-3 所示的楼梯段。

5.3.2 【阵列】命令

【阵列】命令是复制的另一种形式,可以呈矩形或环形布局进行复制,也可以沿路径复制。

执行【阵列】命令的方法有:

■ 命令行:array↙(按〈Enter〉键)。

■ 菜单栏:【修改】/【阵列】。

■ 工具栏:【修改】/ 。

执行【阵列】命令后,命令行提示如下:

选择对象:找到 1 个　　　　　　　　//选择要复制的对象
选择对象:　　　　　　　　　　　　//按〈Enter〉键结束选择
输入阵列类型或[矩形(R)/路径(PA)/极轴(PO)]〈矩形〉:

◆ 矩形阵列

如果选择矩形阵列,输入 R 并按〈Enter〉键,也可以在开始执行命令的时候选择工具栏的按钮。命令行提示如下:

类型 = 矩形　关联 = 是
选择夹点以编辑阵列或[关联(AS)/基点(B)/计数(COU)/间距(S)/列数(COL)/行数(R)/层数(L)/退出(X)]〈退出〉:

◇ 关联:指定是否创建关联阵列对象。选择“是”即创建单个阵列对象中的阵列项目,类似于块。使用关联阵列,可以通过编辑特性和源对象在整个阵列中快速传递更改;选择“否”即创建阵列项目作为独立对象,更改一个项目不影响其他项目。

◇ 基点:指定阵列的基点。

◇ 计数:指定行数和列数。

◇ 间距:指定列之间的距离和行之间的距离。需要注意的是,指定的间距应包括要排列的对象的长度。

◇ 列数:使用非零整数指定列数。如果要向左添加列,需要将列间距指定为负值。

◇ 行数:使用非零整数指定行数。如果只指定了一行,则必须指定多列,反之亦然。如果要向下添加行,需要将行间距指定为负值。

【例 5-2】绘制如图 5-5 所示的石板铺装。

◆ 步骤一:执行【矩形】命令,根据尺寸绘制出铺装区域的外框及一块石板的矩形。

◆ 步骤二:执行【阵列】命令,命令行提示如下:

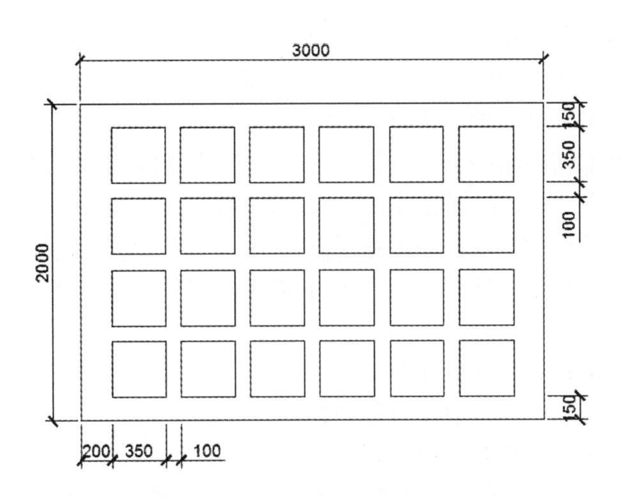

图 5-5 石板铺装

选择对象:找到 1 个 //选择矩形
选择对象: //按〈Enter〉键结束选择
输入阵列类型或[矩形(R)/路径(PA)/极轴(PO)]〈矩形〉:r
//选择矩形阵列
类型 = 矩形 关联 = 是
选择夹点以编辑阵列或[关联(AS)/基点(B)/计数(COU)/间距(S)/列数(COL)/行数(R)/层数(L)/退出(X)]〈退出〉: //选择行数,按〈Enter〉键
输入行数或[表达式(E)]〈3〉:4 //输入行数,按〈Enter〉键
指定行数之间的距离或[总计(T)/表达式(E)]:450
//输入距离
指定行数之间的标高增量或[表达式(E)]〈0〉:
//按〈Enter〉键默认
选择夹点以编辑阵列或[关联(AS)/基点(B)/计数(COU)/间距(S)/列数(COL)/行数(R)/层数(L)/退出(X)]〈退出〉:col //选择列数,按〈Enter〉键
输入列数或[表达式(E)]〈4〉:4 //输入列数,按〈Enter〉键
指定列数之间的距离或[总计(T)/表达式(E)]:450
//输入距离,按〈Enter〉键
选择夹点以编辑阵列或[关联(AS)/基点(B)/计数(COU)/间距(S)/列数(COL)/行数(R)/层数(L)/退出(X)]〈退出〉: //按〈Enter〉键,结束命令

◆ 路径阵列

路径阵列可以沿路径均匀分布对象副本，路径可以是直线、多段线、样条曲线、圆弧、圆或椭圆。如果选择路径阵列，输入 PA 并按〈Enter〉键，也可以在开始执行命令的时候选择工具栏的按钮。命令行提示如下：

类型 = 路径 关联 = 是
选择对象: //选择要阵列的对象,按〈Enter〉键
选择路径曲线: //选择路径对象

选择夹点以编辑阵列或[关联(AS)/方法(M)/基点(B)/切向(T)/项目(I)/行数(R)/层数(L)/对齐项目(A)/方向(Z)/退出(X)]〈退出〉:

◇ 关联：同矩形阵列中的“关联”。

◇ 方法：控制如何沿路径分布项目。“定数等分”将指定数量的项目沿路径的长度均匀分布；“定距等分”以指定的间距沿路径分布项目。

◇ 基点：指定阵列的基点，使得路径阵列中的项目相对于基点放置。

◇ 切向：指定阵列中的项目如何相对于路径的起始方向对齐。通过指定切向矢量的两个点来完成。

◇ 项目：指定项目数或项目间距离。

◇ 行数：指定阵列中的行数以及行间距。

◇ 对齐项目：指定是否对齐每个项目以与路径的方向相切。

◇ Z方向：控制是否保持项目的原始Z方向或沿三维路径自然倾斜项目。

【例5-3】 绘制如图5-6c所示的汀步。

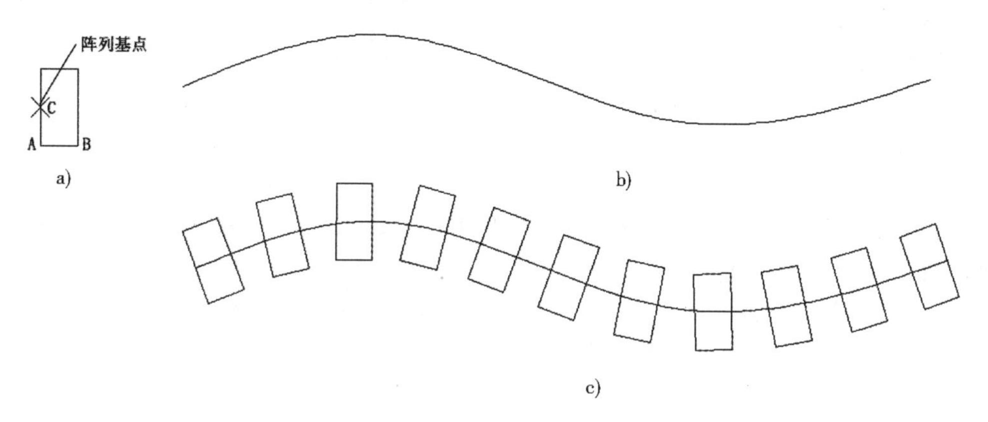

图5-6 路径阵列绘制汀步

a）绘制矩形条石 b）创建路径 c）路径阵列

◆ 步骤一：绘制条石图形

执行【矩形】命令，绘制尺寸为300×600的矩形，这就是一块条石踏步。如图5-6a所示。

◆ 步骤二：创建路径

执行【样条曲线】命令，绘制一条代表园路的样条曲线，如图5-6b所示。

◆ 步骤三：路径阵列

执行【路径阵列】命令，命令行提示如下：

选择对象: //选择矩形,按〈Enter〉键

选择路径曲线: //选择样条曲线

选择夹点以编辑阵列或[关联(AS)/方法(M)/基点(B)/切向(T)/项目(I)/行(R)/层(L)/对齐项目(A)/方向(Z)/退出(X)]〈退出〉:m //选择方法选项,按〈Enter〉键

输入路径方法[定数等分(D)/等距等分(M)〈定距等分〉:

//按〈Enter〉键,选择默认定距等分

选择夹点以编辑阵列或[关联(AS)/方法(M)/基点(B)/切向(T)/项目(I)/行(R)/层

(L)/对齐项目(A)/方向(Z)/退出(X)]〈退出〉:b　　//选择基点选项,按〈Enter〉键

指定基点或[关键点(K)]〈路径曲线的终点〉:　　//捕捉矩形的中点C点作为基点

选择夹点以编辑阵列或[关联(AS)/方法(M)/基点(B)/切向(T)/项目(I)/行(R)/层(L)/对齐项目(A)/方向(Z)/退出(X)]〈退出〉:t　　//选择切向选项,按〈Enter〉键

指定切向矢量的第一个点或[法线(N)]:　　//捕捉A点

指定切向矢量的第二个点:　　//捕捉B点

选择夹点以编辑阵列或[关联(AS)/方法(M)/基点(B)/切向(T)/项目(I)/行(R)/层(L)/对齐项目(A)/方向(Z)/退出(X)]〈退出〉:l　　//选择项目选项,按〈Enter〉键

指定沿路径的项目之间的距离或[表达式(E)]〈50〉:600

//输入项目间距,按〈Enter〉键

指定项目数或[填写完整路径(F)表达式(E)]〈13〉:

//按〈Enter〉键

最后删除样条曲线，完成绘制。

◆ 极轴阵列

如果选择环形阵列（极轴阵列），输入 po 并按〈Enter〉键，也可以在开始执行命令的时候选择工具栏的按钮。命令行提示如下：

指定阵列的中心点或[基点(B)/旋转轴(A)]:　　//鼠标单击指定中心点

选择夹点以编辑阵列或[关联(AS)/基点(B)/项目(I)/项目间角度(A)/填充角度(F)/行(R)/层(L)/旋转项目(ROT)/退出(X)]〈退出〉:

◇ 项目：指定输入阵列项目数。

◇ 项目间角度：指定各项目之间的夹角。

◇ 填充角度：指定项目填充的角度，可以是正值也可以是负值。正值表示将沿逆时针方向环形阵列对象，负值表示将沿顺时针方向环形阵列对象。

◇ 旋转项目：用于确定环形阵列对象时对象是否绕其基点进行旋转。如图 5-7 所示。

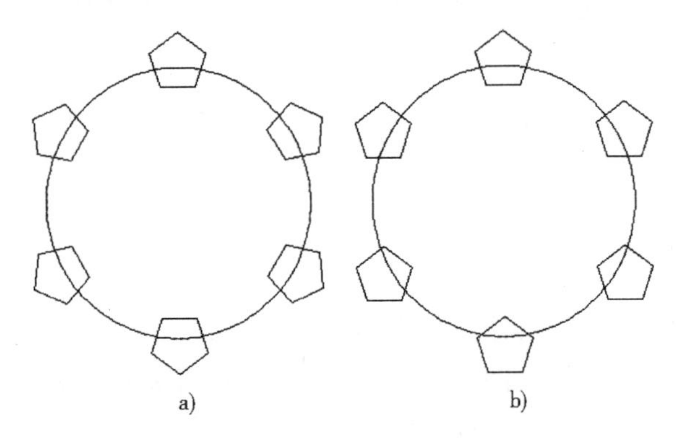

图 5-7　旋转项目

a）阵列对象绕基点旋转　b）阵列对象不绕基点旋转

【例 5-4】 绘制如图 5-8c 所示的植物图例。

◆ 步骤一：执行【圆】命令，绘制一个辅助圆，半径值根据植物的冠幅半径确定。如图 5-8a 所示。

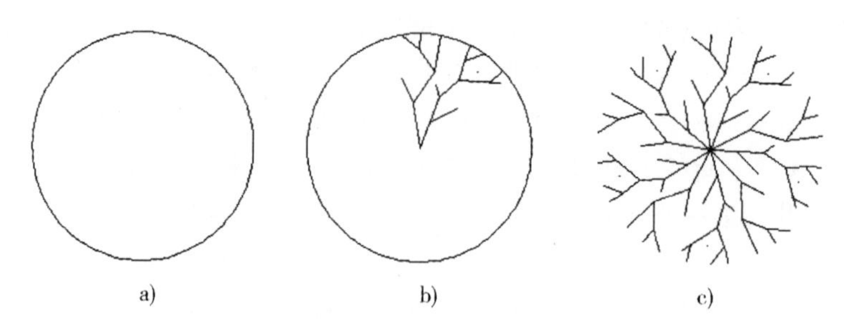

图5-8　绘制植物图例
a）绘制圆　b）绘制枝干　c）极轴阵列

◆ 步骤二：执行【直线】命令，绘制枝干，如图5-8b所示。

◆ 步骤三：执行【阵列】命令，命令行提示如下：

选择对象:指定对角点:找到17个　　//选择所有直线段
选择对象:　　//按〈Enter〉键结束选择
输入阵列类型或[矩形(R)/路径(PA)/极轴(PO)]〈矩形〉:po
　　//选择环形阵列,按〈Enter〉键
类型=极轴　关联=是
指定阵列的中心点或[基点(B)/旋转轴(A)]:　　//鼠标捕捉圆心为中心点
选择夹点以编辑阵列或[关联(AS)/基点(B)/项目(I)/项目间角度(A)/填充角度(F)/行(R)/层(L)/旋转项目(ROT)/退出(X)]〈退出〉:i　//选择项目选项,按〈Enter〉键
输入阵列中的项目数或[表达式(E)]〈6〉:5　　//输入项目数,按〈Enter〉键
选择夹点以编辑阵列或[关联(AS)/基点(B)/项目(I)/项目间角度(A)/填充角度(F)/行(R)/层(L)/旋转项目(ROT)/退出(X)]〈退出〉:　//按〈Enter〉键,结束命令

选择辅助圆，单击〈Del〉键将其删除，该图例绘制完成。

阵列完成的图形都以可编辑的块的形式存在，便于修改和调整，也可以用【分解】命令将其分解。

5.4　【移动】命令与【旋转】命令

5.4.1　【移动】命令

在绘制景观工程图纸的过程中，经常会遇到要对图形的位置、方位进行修改的情况，可以利用移动命令来改变图形之间的位置和距离。执行【移动】命令的方法有：

■ 命令行：move↙（按〈Enter〉键）。

■ 菜单栏：【修改】/【移动】。

■ 工具栏：【修改】/ 。

执行命令后，命令行提示如下：

选择对象:找到1个　　//选择要移动的对象
选择对象:　　//按〈Enter〉键结束选择

指定基点或[位移(D)]〈位移〉：　　　　　　　　　　　//指定移动基点或选择位移

指定第二点或〈使用第一个点作为位移〉：

◆ 两点法：指定基点和第二个点来移动对象。

◆ 位移法：在出现“指定第二个点或〈使用第一个点作为位移〉：”提示时按〈Enter〉键，选择括号内的默认值，系统将会以第一个点的坐标值作为对象移动的位移。

移动命令通常与对象捕捉和对象追踪共同使用，可以快速、准确地将对象移动到指定的位置。

5.4.2 【旋转】命令

利用【旋转】命令可以使对象绕指定的旋转中心旋转一定的角度，从而改变对象的方向。执行【旋转】命令的方法有：

■ 命令行：rotate↙（按〈Enter〉键）。

■ 菜单栏：【修改】/【旋转】。

■ 工具栏：【修改】/ 。

执行命令后，命令行提示如下：

UCS 当前的正角方向：　ANGDIR = 逆时针　ANGBASE = 0　//显示系统信息

选择对象：找到 1 个对象　　　　　　　　　　　　//选择要旋转的对象

选择对象：　　　　　　　　　　　　　　　　　　//按〈Enter〉键结束选择

指定基点：　　　　　　　　　　　　　　　　　　//指定旋转中心

指定旋转角度或[复制(C)/参照(R)]〈0〉：

◆ 旋转角度：直接输入旋转的角度值，输入正值将逆时针旋转，输入负值将顺时针旋转。

◆ 复制：在旋转对象的同时保留原对象。

◆ 参照：将对象从指定的角度旋转到新的绝对角度。

【例 5-5】 使用旋转命令将图 5-9 中的矩形旋转，使 BC 边与 AD 边平行。

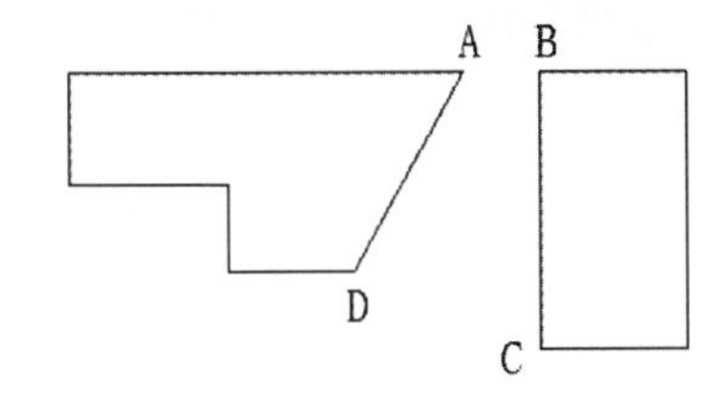

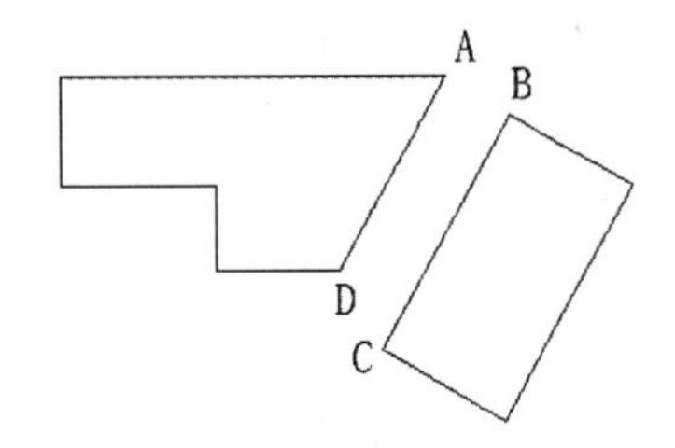

图 5-9　参照旋转

执行【旋转】命令，命令行提示如下：

选择对象：找到 1 个对象　　　　　　　　　　//选择要旋转的矩形

选择对象：　　　　　　　　　　　　　　　　//按〈Enter〉键结束选择

指定基点：〈对象捕捉 开〉　　　　　　　　　//开启对象捕捉，鼠标左键单击 A 点，指定 A 点为旋转中心

指定旋转角度或[复制(C)/参照(R)]〈0〉：r　//选择角度参照选项

指定参照角〈0〉:　　　　　　　　　　　　　//捕捉 B 点
指定第二点:　　　　　　　　　　　　　　　//捕捉 C 点
指定新角度或[点(P)]〈0〉:　　　　　　　　//捕捉 D 点

除上述的操作方法外，还可以用拖动光标的方法旋转对象，具体方法为：选择对象并指定基点后，从基点到当前光标的位置会出现一条连线，选择的对象会随着连线与水平方向夹角的变化而旋转，单击鼠标左键确定旋转结果。

5.5 【镜像】命令与【偏移】命令

5.5.1 【镜像】命令

【镜像】命令可以沿着一根对称中轴线（镜像线）对称复制图形对象。在景观工程制图中，有很多图形都属于对称图形，如道路的横断面、亭子立面、砌体基础等，因此可以利用【镜像】命令来提高绘图效率。执行【镜像】命令的方法有：

■ 命令行：mirror↙（按〈Enter〉键）。

■ 菜单栏：【修改】/【镜像】。

■ 工具栏：【修改】/ 。

执行命令后，命令行提示如下：

选择对象:找到 1 个对象　　　　　　　　　//选择要镜像的对象
选择对象:　　　　　　　　　　　　　　　　//按〈Enter〉键结束选择
指定镜像线的第一点:指定镜像线的第二点:　//指定两点确定镜像线
要删除源对象吗?[是(Y)/否(N)]〈N〉:　　//选择是否删除源对象

镜像时可以删除源对象也可以不删除源对象。不删除源对象即生成对称图形，删除源对象相当于将源对象绕镜像线旋转180°。

在 AutoCAD 中，可以通过系统变量 Mirrtext 的值来控制文本镜像的效果。当该变量的值为 0 时，文本对象镜像后的效果为正，可识读，如图 5-10a 所示；当该变量的值为 1 时，文本对象参与镜像，即镜像效果为反，如图 5-10b 所示。

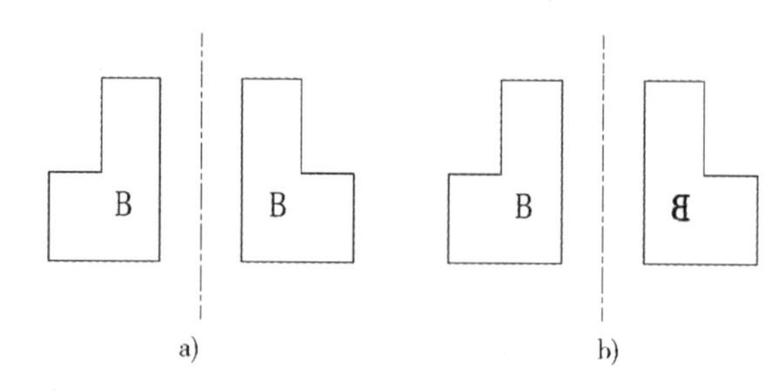

图 5-10　文本对象镜像效果
a）Mirrtext 变量值为 0　b）Mirrtext 变量值为 1

5.5.2 【偏移】命令

【偏移】命令是一个可以连续执行的复制命令，是将源对象按照指定的距离或者指定的通过点进行复制。【偏移】命令经常用来绘制直线的平行线、圆弧等曲线的等距曲线、同心圆、同心矩形等。

执行【偏移】命令的方法有：

■ 命令行：offset↙（按〈Enter〉键）。

■ 菜单栏：【修改】/【偏移】。

■ 工具栏：【修改】/ 。

执行命令后，命令行提示如下：

当前设置：删除源 = 否　图层 = 源　OFFSETGAPTYPE = 0//显示系统信息

指定偏移距离或[通过(T)/删除(E)/图层(L)]〈200〉：//输入偏移距离

选择要偏移的对象或[退出(E)/放弃(U)]〈退出〉：//单击选取要偏移的对象

指定要偏移的那一侧上的点或[退出(E)/多个(M)/放弃(U)]〈退出〉：

//鼠标移至要偏移的一侧，然后单击

选择要偏移的对象或[退出(E)/放弃(U)]〈退出〉：//继续选择要偏移的对象或按〈Enter〉键，结束命令

◆ 通过：创建通过指定点的对象。

◆ 删除：偏移源对象后将其删除。

◆ 图层：确定将偏移对象创建在当前图层上还是源对象所在的图层上。

◆ 退出：退出偏移命令。

◆ 多个：输入“多个”偏移模式，这将使用当前偏移距离重复进行偏移操作。

◆ 放弃：恢复前一个偏移。

在使用【偏移】命令时，只能用点选的方式进行选择，且一次只能选择一个对象进行偏移，因此在对多边形或多条折线组成的图形进行偏移时，必须使用多边形、矩形、多段线绘图命令生成，因为它们生成的图形被视为单个对象，有利于【偏移】命令的使用。

5.6 【修剪】命令与【延伸】命令

5.6.1 【修剪】命令

【修剪】命令可以准确地剪切掉选定对象超出指定边界的部分，是绘图中最常用的命令之一。

执行【修剪】命令的方法有：

■ 命令行：trim↙（按〈Enter〉键）。

■ 菜单栏：【修改】/【修剪】。

■ 工具栏：【修改】/ 。

执行命令后，命令行提示如下：

当前设置：投影 = UCS，边 = 无

选择剪切边…　//显示系统信息

选择对象或〈全部选择〉:找到 1 个　　//选择剪切边

选择对象:　　//继续选择剪切边或按〈Enter〉键结束选择

选择要修剪的对象或按住〈Shift〉键选择要延伸的对象或[栏选(F)/窗交(C)/投影(P)/边(E)/删除(R)/放弃(U)]:　　//选择需要修剪的对象

选择要修剪的对象或按住〈Shift〉键选择要延伸的对象或[栏选(F)/窗交(C)/投影(P)/边(E)/删除(R)/放弃(U)]:　　//继续选择需要修剪的对象或按〈Enter〉键结束命令

执行修剪命令的过程中，需要用户选择两种对象。首先选择作为剪切边的对象，可以使用任意一种选择方式来选择，继而选择需要修剪的对象，这时要选择被剪切对象需要剪掉的一侧，如果按住〈Shift〉键单击选择的对象，可以将该对象延伸到指定的边界，即由【修剪】命令切换到【延伸】命令。

◆ 栏选：可以采用栏选的方式选择被剪切的对象，如图 5-11 所示。

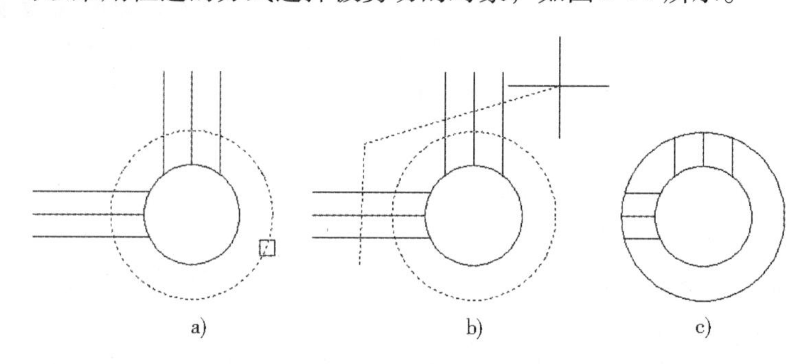

图 5-11　栏选方式修剪对象

a）选择剪切边　b）栏选需要修剪的对象　c）修剪结果

◆ 窗交：可以采用窗交的方式选择被剪切的对象。

◆ 投影：设置在选择修剪对象的时候使用的投影模式。

◆ 边：当修剪的对象与剪切边没有交点时，可以使用该选项对没有交点（但延长线相交）的对象进行隐含修剪设置。命令行提示的延伸模式有“不延伸”和“延伸”两种，“不延伸”表示不能进行隐含修剪，该项为系统默认选项；“延伸”表示可以进行隐含修剪。

◆ 删除：切换到删除命令，继续选择的对象将被整体删除。

◆ 放弃：取消最后一次修剪操作。

5.6.2　【延伸】命令

【延伸】命令可以将图形对象延长到指定的边界，执行【延伸】命令的方法有：

■ 命令行：extend↙（按〈Enter〉键）。

■ 菜单栏：【修改】/【延伸】。

■ 工具栏：【修改】/ --/。

执行命令后，命令行提示如下：

当前设置:投影 = UCS,边 = 无

选择边界的边…

选择对象或〈全部选择〉：找到 1 个　　//选择边界

选择对象：　　//继续选择或按〈Enter〉键结束选择

选择要延伸的对象或按住〈Shift〉键选择要修剪的对象或[栏选(F)/窗交(C)/投影(P)/边(E)/放弃(U)]：　　//选择需要延伸的对象

【延伸】命令与【修剪】命令相类似，在执行命令的过程中也需要选择两种对象，首先选择作为边界的对象，可以使用任意一种选择方式来选择，继而选择需要延伸的对象。

5.7 【缩放】命令

【缩放】命令可以将图形对象按指定比例因子进行放大或缩小，它只改变图形对象的大小而不改变图形的形状，即图形对象在 X、Y、Z 方向的缩放比例是相同的。

执行【缩放】命令的方法有：

■ 命令行：scale↙（按〈Enter〉键）。

■ 菜单栏：【修改】/【缩放】。

■ 工具栏：【修改】/ 。

执行命令后，命令行提示如下：

选择对象：找到 1 个　　//选择要缩放的对象

选择对象：　　//按〈Enter〉键结束选择

指定基点：　　//鼠标左键单击指定一点作为缩放中心

指定比例因子或[复制(C)/参照(R)]〈1.000〉：

◆ 比例缩放：比例缩放就是在命令行提示“指定比例因子”时，直接输入想要缩放的比例因子。比例因子大于 1 时，图形放大；比例因子小于 1 时，图形缩小。

◆ 复制缩放：选择复制缩放可以在缩放对象的同时保留源对象。

◆ 参照缩放：参照缩放就是将对象以参考的方式进行缩放。

【例 5-6】使用【缩放】命令将图 5-12a 中小矩形的 AB 边放大到和大矩形的 AC 边重合。

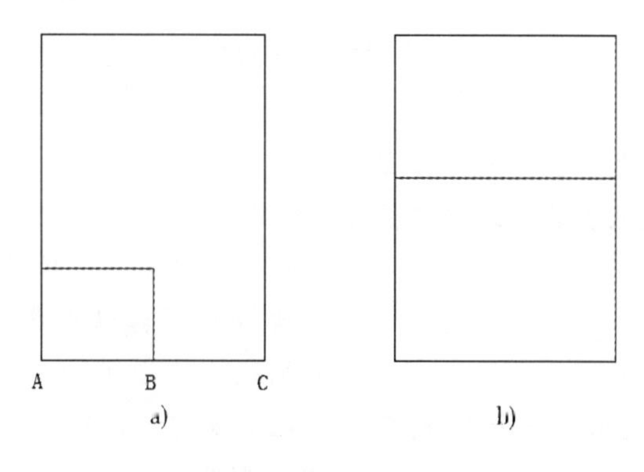

图 5-12　参照缩放

a）缩放前　b）缩放后

命令行输入 scale 并按〈Enter〉键，执行【缩放】命令，命令行提示如下：

选择对象:找到 1 个　　　　//选择要缩放的矩形
选择对象:　　　　//按〈Enter〉键结束选择
指定基点:　　　　//捕捉 A 点作为缩放基点
指定比例因子或[复制(C)/参照(R)]〈1.000〉:r　　　　//选择参照复制选项
指定参照长度〈1〉:指定第二点:　　　　//先捕捉 A 点,再捕捉 B 点
指定新长度或[点(P)]:　　　　//捕捉 C 点,结束命令

缩放结果如图 5-12b 所示。

5.8 【拉伸】命令与【拉长】命令

5.8.1 【拉伸】命令

【拉伸】命令可以拉伸或缩短图形对象中选定的部分，没有选定的部分保持不变。

执行【拉伸】命令的方法有：

■ 命令行：stretch↙（按〈Enter〉键）。

■ 菜单栏：【修改】/【拉伸】。

■ 工具栏：【修改】/ 。

【例 5-7】 使用【拉伸】命令将图 5-13a 中窗户的窗高由 1500 拉伸至 1800。

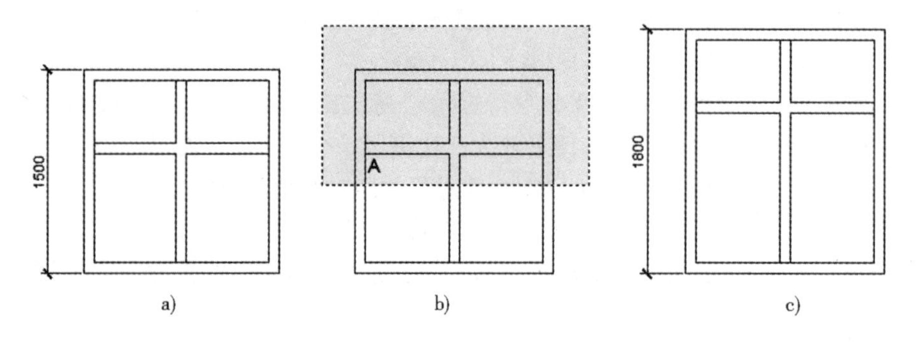

图 5-13　拉伸窗高

a）拉伸前　b）交叉窗选对象　c）拉伸后

执行【拉伸】命令后，命令行提示如下：

使用交叉窗口或交叉多边形选择要拉伸的对象…
选择对象:指定对角点:找到 10 个　　　　//使用交叉窗口选择对象,如图 5-13b 所示
选择对象:　　　　//按〈Enter〉键结束选择
指定基点或[位移(D)]〈位移〉:　　　　//捕捉 A 点单击
指定第二个点或〈使用第一个点作为位移〉:〈正交 开〉300
　　　　//打开正交模式,光标向上移动,输入拉伸长度并按〈Enter〉键

拉伸结果如图 5-13c 所示。

5.8.2 【拉长】命令

【拉长】命令可用来改变直线或弧线的长度。

执行【拉长】命令的方法有：

■ 命令行：lengthen ↙（按〈Enter〉键）。

■ 菜单栏：【修改】/【拉长】。

执行命令后，命令行提示如下：

选择对象或[增量(DE)/百分数(P)/全部(T)/动态(DY)]：
//选择要拉长的对象

当前长度： //系统显示对象当前长度信息

拉伸长度的方式有四种：

1. 增量

输入de并按〈Enter〉键，命令行提示如下：

选择对象或[增量(DE)/百分数(P)/全部(T)/动态(DY)]:de
//选择增量选项,按〈Enter〉键

输入长度增量或[角度(A)]〈100.000〉： //输入长度增量或角度增量

选择要修改的对象或[放弃(U)]： //选择要拉长的对象

2. 百分数

输入p并按〈Enter〉键，命令行提示如下：

选择对象或[增量(DE)/百分数(P)/全部(T)/动态(DY)]:p
//选择百分数选项,按〈Enter〉键

输入长度百分数〈100.000〉： //输入百分比值

选择要修改的对象或[放弃(U)]： //选择要拉长的对象

百分数是指拉长后对象的长度与原先长度的百分比值，当百分数大于100时，对象被拉长；当百分数小于100时，对象被缩短。

3. 全部

输入t并按〈Enter〉键，命令行提示如下：

选择对象或[增量(DE)/百分数(P)/全部(T)/动态(DY)]:t
//选择全部选项,按〈Enter〉键

输入总长度或[角度(A)]〈100.000〉： //输入拉长后的总长度或角度

选择要修改的对象或[放弃(U)]： //选择要拉长的对象

4. 动态

输入dy并按〈Enter〉键,命令行提示如下：

选择对象或［增量（DE）/百分数（P）/全部（T）/动态（DY）]：dy
//选择动态选项，按〈Enter〉键

选择要修改的对象或［放弃（U)]： //选择要拉长的对象

指定新端点： //用鼠标确定需要拉长的长度或角度

5.9 【倒角】命令与【圆角】命令

5.9.1 【倒角】命令

【倒角】命令是为两个不平行的对象的边加倒角。

执行【倒角】命令的方法有：

■ 命令行：chamfer↙（按〈Enter〉键）。

■ 菜单栏：【修改】/【倒角】。

■ 工具栏：【修改】/ 。

执行命令后，命令行提示如下：

("修剪"模式)当前倒角距离 1 =0.0000,距离 2 =0.0000:
//显示当前倒角模式

选择第一条直线或[放弃(U)/多段线(P)/距离(D)/角度(A)/修剪(T)/方式(E)/多个(M)]: //选择要倒角的第一条边

选择第二条直线或按住〈Shift〉键选择直线以应用角点或[距离(D)/角度(A)/方法(M)]: //选择要倒角的第二条边

◆ 放弃：放弃倒角操作。

◆ 多段线：该选项可以对整个用多段线或矩形、正多边形命令绘制的图形执行倒角命令。

◆ 距离：指定倒角的两个距离。

◆ 角度：通过输入第一个倒角长度和倒角的角度来确定倒角的大小。

◆ 修剪：用来设置执行倒角命令时是否使用修剪模式。如果选择不修剪，则会保留原先的角尖。

◆ 方式：控制倒角的方式，有"距离"和"角度"两个选项。

◆ 多个：可以连续进行多次相同设置的倒角处理。

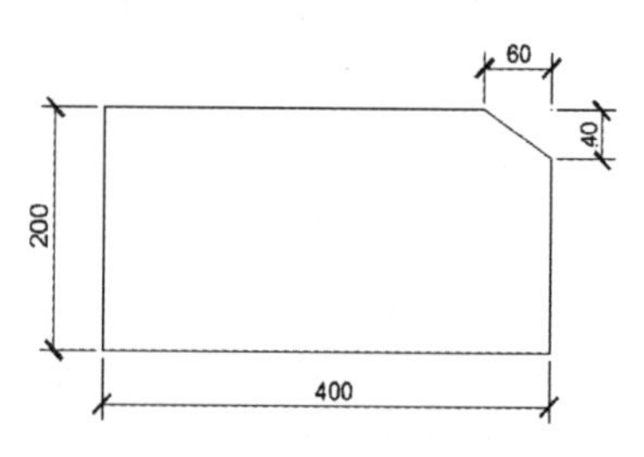

图 5-14 矩形倒角

【例 5-8】 使用【倒角】命令将矩形右上角形成 60×40 的倒角，如图 5-14 所示。

执行【倒角】命令后，命令行提示如下：

("修剪"模式)当前倒角距离 1 =0.0000,距离 2 =0.0000:
//显示当前倒角模式

选择第一条直线或[放弃(U)/多段线(P)/距离(D)/角度(A)/修剪(T)/方式(E)/多个(M)]:d //选择距离选项,按〈Enter〉键

输入第一个倒角距离〈0.0000〉:60 //输入第一个倒角距离,按〈Enter〉键

输入第二个倒角距离〈60.0000〉:40 //输入第二个倒角距离,按〈Enter〉键

选择第一条直线或[放弃(U)/多段线(P)/距离(D)/角度(A)/修剪(T)/方式(E)/多个(M)]: //选择矩形上方直线

选择第二条直线或按住〈Shift〉键选择直线以应用角点或[距离(D)/角度(A)/方法(M)]:
//选择矩形右侧直线

完成对图 5-14 的矩形倒角。

5.9.2 【圆角】命令

【圆角】命令可以用指定半径的圆弧将两个对象圆滑地连接起来。这些对象可以是圆弧、圆、椭圆弧、直线、多段线、射线、样条曲线或构造线，但是多段线与圆弧、多段线与样条曲线之间不能直接圆角，需要先将多段线用【分解】命令分解后才能圆角。

执行【圆角】命令的方法有：

■ 命令行：fillet↙（按〈Enter〉键）。

■ 菜单栏：【修改】/【圆角】。

■ 工具栏：【修改】/ 。

执行命令后，命令行提示如下：

```
当前设置:模式=修剪,半径=0.0000        //显示系统当前的模式和圆角半径
选择第一个对象或[放弃(U)/多段线(P)/半径(R)/修剪(T)/多个(M)]:
选择第二个对象或按住〈shift〉键以应用角点或[半径(R)]:
                                        //选择要倒圆角的第二条边
```

◆ 放弃：放弃圆角操作。

◆ 多段线：该选项可以对整个用多段线或矩形、正多边形命令绘制的图形执行圆角命令。

◆ 半径：指定圆角半径。

◆ 修剪：用来设置执行圆角命令时是否使用修剪模式。

◆ 多个：可以连续进行多次相同设置的圆角处理。

【**例 5-9**】使用【圆角】命令绘制如图 5-15b 所示的十字路口。

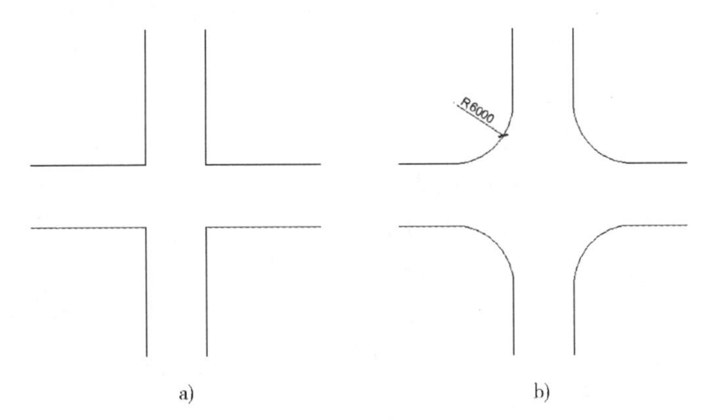

图 5-15 绘制十字路口

a）绘制十字 b）倒圆角

◆ 步骤一：先用【直线】、【偏移】及【修剪】命令绘制如图 5-15a 所示的十字图形。

◆ 步骤二：执行【圆角】命令，命令行提示如下：

```
当前设置:模式=修剪,半径=0.0000        //显示系统当前的模式和圆角半径
选择第一个对象或[放弃(U)/多段线(P)/半径(R)/修剪(T)/多个(M)]:r
                                        //选择半径选项,按〈Enter〉键
```

指定圆角半径〈50.0000〉:6000　　　　　　//输入圆角半径值
选择第一个对象或[放弃(U)/多段线(P)/半径(R)/修剪(T)/多个(M)]:m
　　　　　　　　　　　　　　　　　　　　//选择多个选项,按〈Enter〉键
选择第一个对象或[放弃(U)/多段线(P)/半径(R)/修剪(T)/多个(M)]:
　　　　　　　　　　　　　　　　　　　　//依次选择每一个直角边

完成十字路口的绘制。

5.10 【对齐】命令

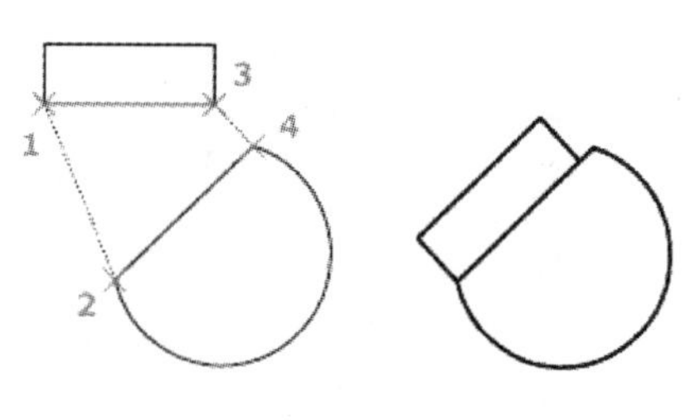

图5-16　对齐命令

【对齐】命令可以在二维空间和三维空间中将对象与其他对象对齐。该命令可以通过指定一对、两对或三对源点和目标点，自动移动、旋转或倾斜选定的对象，将它们与其他对象上的点对齐。

此命令仅可在命令行使用：

■ 命令行：align↙（按〈Enter〉键）。

【例5-10】将矩形长边与下方图形的直线边对齐，如图5-16所示。

执行【对齐】命令后，命令行提示如下：

选择对象：　　　　　　　　　　　　　　//选择矩形,按〈Enter〉键结束选择
指定第一个源点：　　　　　　　　　　　//捕捉点取点1
指定第一个目标点：　　　　　　　　　　//捕捉点取点2
指定第二个源点：　　　　　　　　　　　//捕捉点取点3
指定第二个目标点：　　　　　　　　　　//捕捉点取点4
指定第三个源点或〈继续〉：　　　　　　//按〈Enter〉键
是否基于对齐点缩放对象？[是(Y)/否(N)]〈否〉//按〈Enter〉键

当只选择一对源点和目标点时，选定对象将在二维空间或三维空间从源点1移动到目标点2；当选择两对点时，可以移动、旋转和缩放选定对象，以便与其他对象对齐。

第一对源点和目标点是定义对齐的基点（1，2），第二对点是定义旋转的角度（3，4）。在输入了第二对点后，系统会给出缩放对象的提示。以第一目标点和第二目标点（2，4）之间的距离作为缩放对象的参考长度。只有使用两对点对齐对象时才能使用缩放。当选择三对点时，选定对象可在三维空间移动和旋转，使之与其他对象对齐。

5.11 【打断】命令、【合并】命令和【分解】命令

5.11.1 【打断】命令

【打断】命令分为“打断”和“打断于点”两种。

执行【打断】命令的方法有：

■ 命令行：break↙（按〈Enter〉键）。

■ 菜单栏：【修改】/【打断】。

■ 工具栏：【修改】/ （打断）或 （打断于点）。

（1）【打断】命令

【打断】命令可以删除对象上指定两点之间的部分，如图5-17所示。

1 2

图5-17 打断命令

执行命令后，命令行提示如下：

选择对象： //选择要打断的对象

指定第二个打断点或[第一点(F)]：

◆ 指定第二个打断点：直接指定一点，此时系统会把该点作为第二个打断点，选择对象时的拾取点默认为第一个打断点。

◆ 第一点：输入f并按〈Enter〉键，重新指定第一打断点，命令行提示如下：

指定第一个打断点： //拾取第一个打断点

指定第二个打断点： //拾取第二个打断点

此时，第一个打断点与第二个打断点之间的部分将被删除。

（2）【打断于点】命令

【打断于点】命令是指在对象上指定一点，从而将对象在此点拆分为两部分。执行命令后，命令行提示如下：

选择对象： //选择要打断的对象

指定第二个打断点或[第一点(F)]:f //系统自动执行“第一点”选项

指定第二个打断点： //拾取打断点

指定第二个打断点:@ //系统自动忽略此提示

此时，对象在打断点被拆分为两个部分。此命令的有效对象包括直线、开放的多段线和圆弧，但不能在一点打断闭合对象，例如圆。

5.11.2 【合并】命令

【合并】命令可以将某一图形上的两个部分连接起来。

执行【合并】命令的方法有：

■ 命令行：join↙（按〈Enter〉键）。

■ 菜单栏：【修改】/【合并】。

■ 工具栏：【修改】/ 。

执行命令后，命令行提示如下：

选择源对象或要一次合并的多个对象： //选择要合并的对象

选择要合并的对象： //继续选择要合并的对象或按〈Enter〉键结束命令

5.11.3 【分解】命令

对于矩形、多边形、块等组合对象，有时需要对其中的单个对象进行编辑，这时可以使用【分解】命令将其分解。

执行【分解】命令的方法有：

■ 命令行：explode↙（按〈Enter〉键）。
■ 菜单栏：【修改】/【分解】。
■ 工具栏：【修改】/ 。
执行命令后，命令行提示如下：
选择对象：　　　　　　//选择要分解的对象
选择对象：找到 1 个　//继续选择要分解的对象或按〈Enter〉键结束命令
例如对矩形执行分解后，矩形由原来的一个整体对象分解为组成它的四条直线对象。

5.12　对象编辑

在对图形对象进行编辑时，还可以对图形对象本身的某些特性进行编辑。

5.12.1　夹点编辑

如果在未执行命令的情况下，单击选中的某图形对象，那么被选中的图形对象会以虚线显示，而且被选中的图形的特征点（如端点、圆心、象限点等）将显示为蓝色的小方框，如图 5-18 所示，这样的小方框被称为夹点。

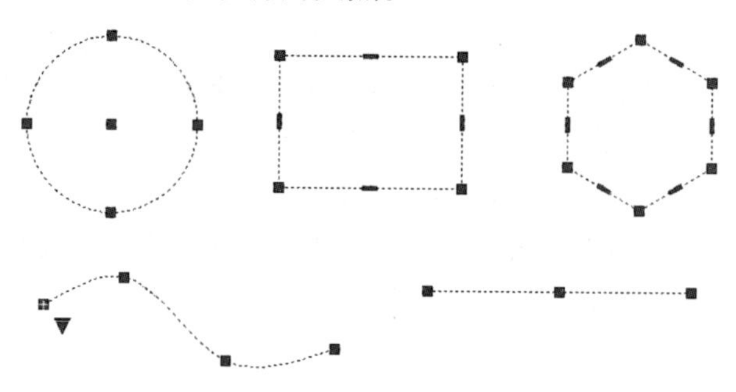

图 5-18　常见图形的夹点

当光标移动到一个夹点上单击时，该夹点变为红色，表示被激活，它会吸附在光标上随其一起移动，对象也会随之变形或移动。用户可以以被激活的夹点为基点，对图形对象执行拉伸、平移、复制、缩放等基本修改命令，从而完成对夹点的编辑。

夹点编辑是一种灵活的编辑方式，不同的对象其夹点功能不同。在被激活的夹点上单击鼠标右键，弹出如图 5-19 所示的快捷菜单，可以从中选择需要的命令进行操作。

◆ 拉伸（拉长）：拉伸是夹点编辑的默认操作，激活夹点后可以直接拖动鼠标，或者输入点的坐标来确定夹点的新位置。拉长则只能在水平或垂直方向上操作。

◆ 移动：可以将对象从当前位置移动到新位置，还可以进行多次复制。执行此命令除了可以从夹点快捷菜单中选择，还可以在命令行直接按〈Enter〉键，即可快速切换到移动命令。

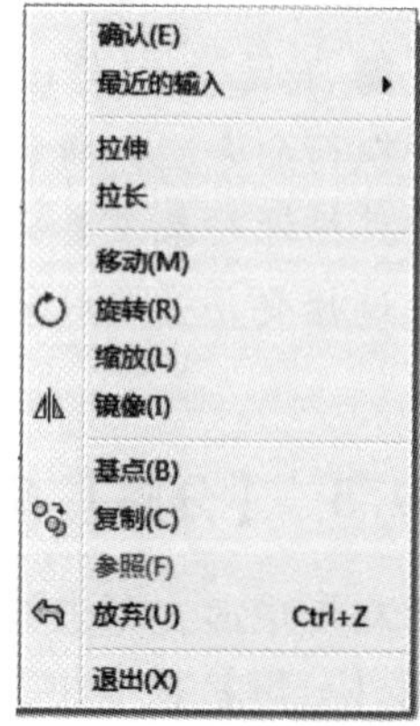

图 5-19　夹点编辑快捷菜单

◆ 旋转：可以将对象绕基点进行旋转，还可以进行多次旋转复制。执行此命令除了可以从夹点快捷菜单中选择，还可以在命令行直接按〈Enter〉键两次，即可快速切换到旋转命令。

◆ 缩放：可以将对象相对于基点进行缩放，同时也可以进行多次复制。执行此命令除了可以从夹点快捷菜单中选择，还可以在命令行直接按〈Enter〉键三次，即可快速切换到缩放命令。

◆ 镜像：可以将对象按指定的镜像线进行翻转，同时也可以进行多次复制。执行此命令除了可以从夹点快捷菜单中选择，还可以在命令行直接按〈Enter〉键四次，即可快速切换到镜像命令。

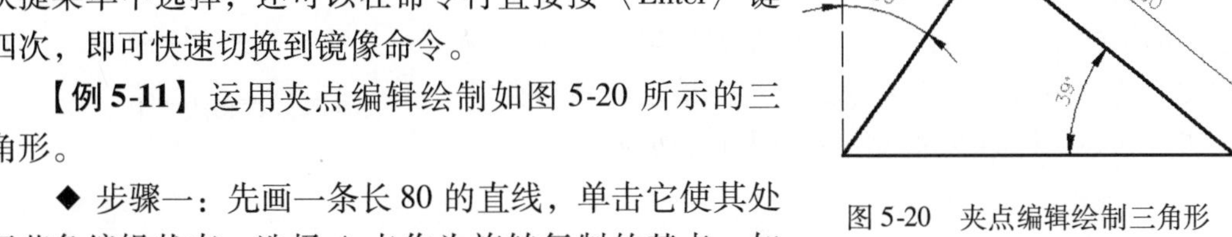

图 5-20 夹点编辑绘制三角形

【例 5-11】运用夹点编辑绘制如图 5-20 所示的三角形。

◆ 步骤一：先画一条长 80 的直线，单击它使其处于蓝色编辑状态，选择 A 点作为旋转复制的基点，如图 5-21a 所示。

◆ 步骤二：连续按〈Enter〉键两次，切换到“旋转”模式，命令行提示如下：

指定移动点或[基点(B)/复制(C)/放弃(U)/退出(X)]:c　　//选择复制选项
指定旋转角度或[基点(B)/复制(C)/放弃(U)/退出(X)]:-39　//输入旋转角度

绘制结果如图 5-21b 所示。

◆ 步骤三：从 B 点画一条直线下来，如图 5-21c 所示。

◆ 步骤四：操作方法与步骤二相同，以 B 为基点旋转复制出另一条直线，旋转角度为 -36°，如图 5-21d 所示。

◆ 步骤五：使用【延伸】命令延伸直线，如图 5-21e 所示，然后修剪、删除多余线段。

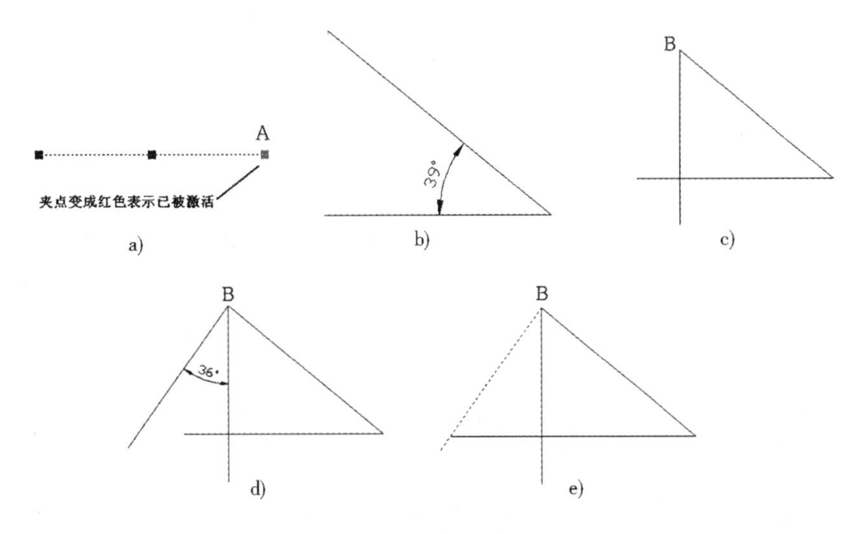

图 5-21 绘图步骤

另外还有一些图形对象，如矩形与多边形，除了夹点可以编辑，其边线中点也可以进行编辑，会以蓝色短线显示，将光标移至中点，蓝色变为红色，并自动显示如图 5-22 所示的快捷命令。

◆ 拉伸：与前面的拉伸命令相同。

◆ 添加顶点：可以增加一个顶点并指定顶点的位置，如图5-23所示。

◆ 转换为圆弧：可以将直线段转换为弧线，如图5-24所示。

除此之外，样条曲线的夹点编辑也有自身的特点，样条曲线的功能夹点有两种：一种是拟合点，如图5-25a所示；一种是控制点，如图5-25b所示。与使用拟合点编辑样条曲线相比，使用控制点编辑样条曲线可以更好地控制曲线较小部分的重塑。单击三角形夹点，可以在显示控制点和拟合点之间进行切换。

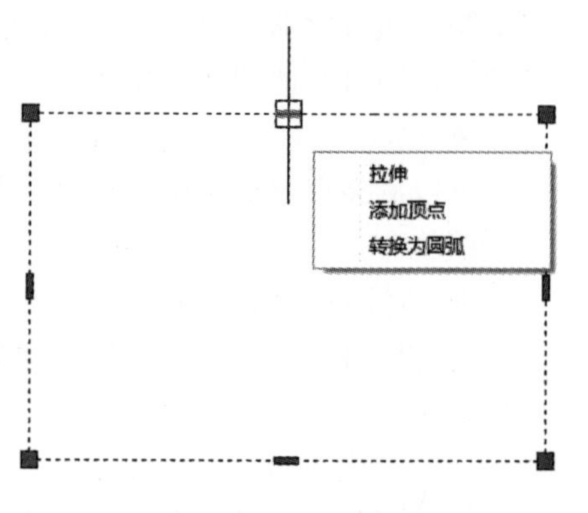

图5-22　编辑边线中点

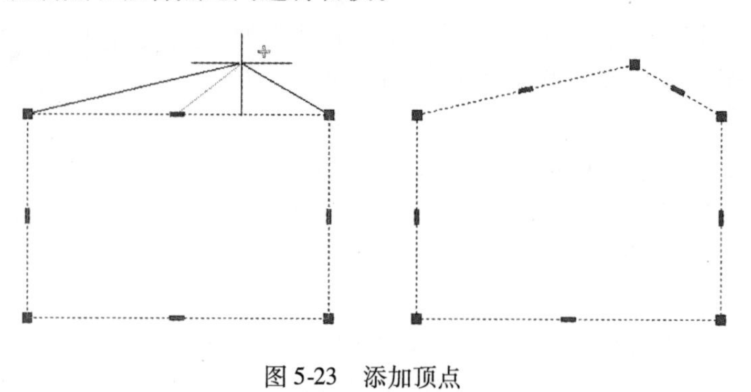

图5-23　添加顶点

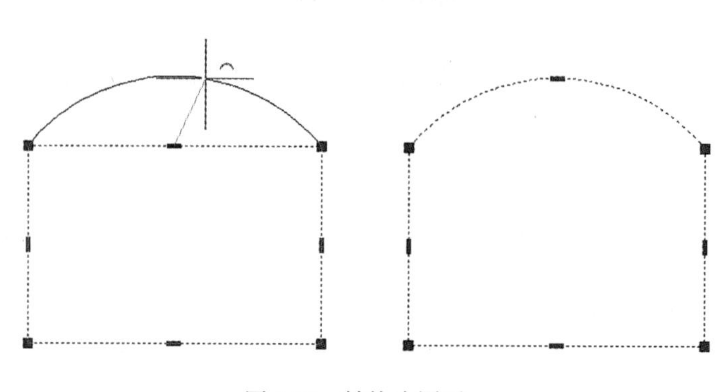

图5-24　转换为圆弧

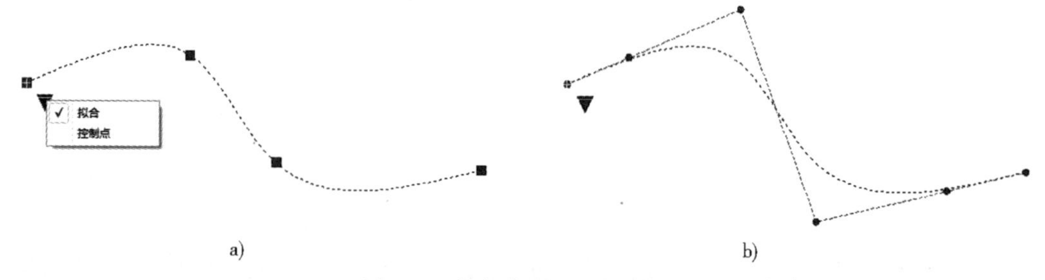

图5-25　样条曲线的夹点编辑

a）拟合点　b）控制点

5.12.2 对象特性

（1）【对象特性】工具栏。利用【对象特性】工具栏，可以快捷地对当前图层上的图形对象的颜色、线型、线宽、打印样式进行设置和修改，【对象特性】工具栏如图 5-26 所示。

图 5-26 【对象特性】工具栏

通常情况下，在【对象特性】工具栏的四个列表框中，系统默认采用随层（Bylayer）控制选项，即在某一图层绘制图形对象时，图形对象的特性采用该图层设置的特性。利用【对象特性】工具栏可以随时改变当前图形对象的特性，而不使用当前图层的特性。但是并不建议用户在【对象特性】工具栏中对图形对象进行过多修改，这样不利于图层对象的统一管理。

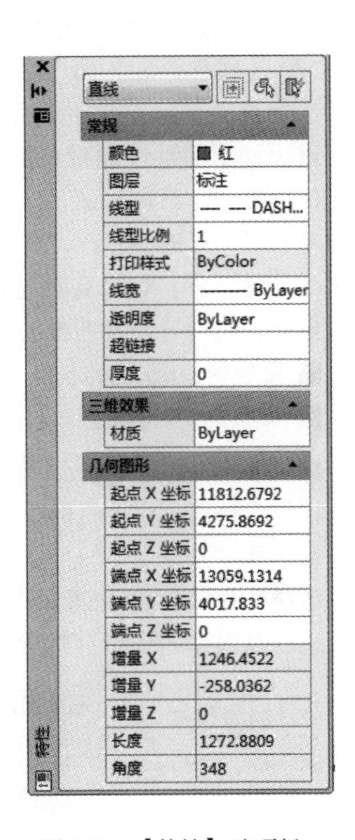

图 5-27 【特性】选项板

（2）【特性】选项板。所有图形、文字和尺寸都称作对象，这些对象所具有的图层、颜色、线型、线宽、大小等属性都称作对象的特性。用户可以通过如图 5-27 所示的【特性】选项板来显示选定对象的特性并修改任何可以更改的特性。

执行【特性】选项板的方法有：

■ 命令行：properties↙（按〈Enter〉键）。

■ 菜单栏：【修改】/【特性】。

■ 工具栏：【标准】/ 。

除了上述方法，还可以双击对象，即可弹出【快捷特性】选项板，显示对象常用的特性，供用户查阅或更改。

如果选择单个对象，【特性】选项板显示的内容为所选对象的特性信息，包括常规、几何图形或文字等内容。如果选择的是多个对象，在【特性】选项板上方的下拉列表中会显示所选对象的个数和对象类型，如图 5-28 所示，选择需要显示的对象，此时选项板中显示的才是该单个对象的特性信息。

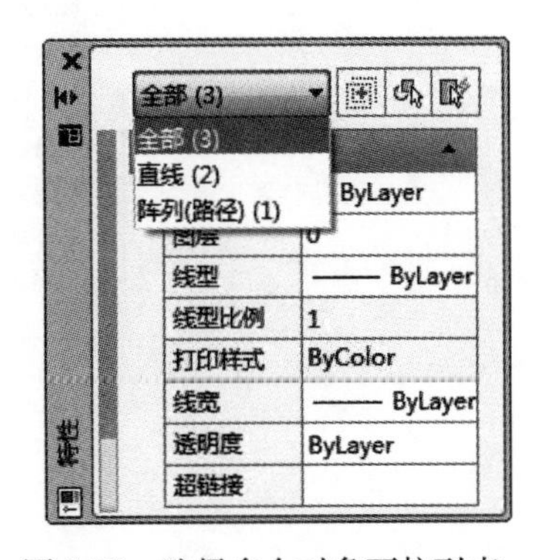

图 5-28 选择多个对象下拉列表

【特性】选项板的右上角有三个功能按钮，它们分别具有下述功能：

◆ 按钮：用来切换 PICKADD 系统变量的值，单击按钮，按钮图形变成 时，只能一次选择一个对象；再单击按钮，变成时，可以一次选择多个对象。

◆ 按钮：用来选择对象，按〈Enter〉键可以结束选择。

◆ 按钮：用来快速选择对象。单击该按钮，弹出如图5-29所示的【快速选择】对话框。可以根据对象的类型、特性进行批量选择。

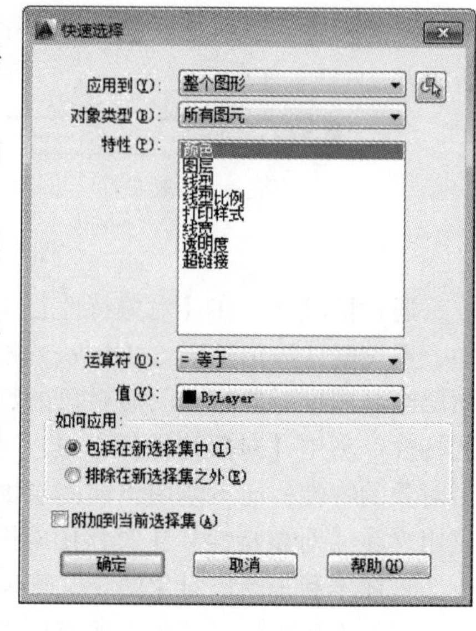

图5-29 【快速选择】对话框

在【特性】选项板中，特性名称右侧的列表框如果以白色显示，表示该特性可修改；如果以灰色显示，则不可修改。在完成特性修改操作以后，修改将立即生效，用户会发现绘图区域里对象随之发生的变化。

（3）【特性匹配】命令。将一个对象的某些或所有特性复制到其他对象上，称之为对象特性的匹配。可以进行复制的特性类型包括颜色、图层、线型、线型比例、线宽、打印样式等。这样，用户在修改对象特性时，就不必逐一修改，可以借用已有对象的特性，使用【特性匹配】命令将其特性全部或部分复制到指定对象上。执行【特性匹配】命令的方法有：

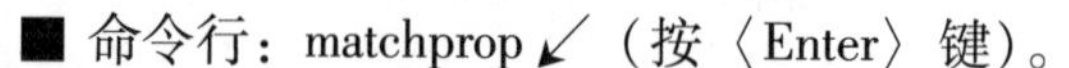

■ 命令行：matchprop↙（按〈Enter〉键）。

■ 菜单栏：【修改】/【特性匹配】。

■ 工具栏：【标准】/ 。

执行命令后，命令行提示如下：

选择源对象：　　　　　　　　　　//选择源对象

选择目标对象或[设置(S)]：　　　　//选择目标对象

也可以选择“设置”选项，通过【特性设置】选项板进行设置，如图5-30所示。

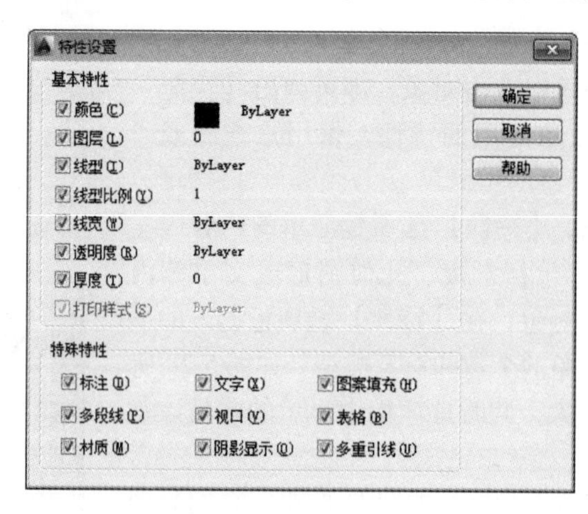

图5-30 【特性设置】选项板

5.13 综合例题

【例 5-12】综合运用基本绘图命令和编辑命令绘制如图 5-31 所示的装饰花格。

◆ 步骤一：绘制辅助图形。命令行输入 polygon 按〈Enter〉键，执行【正多边形】命令，执行命令后，命令行提示如下：

输入侧面数〈4〉:3　　　　　　　　　　//输入正多边形的边数 3

指定多边形的中心点或[边(E)]:e　//选择边选项

指定边的第一个端点：　　　　　　　　//鼠标单击指定一点

指定边的第二个端点:100　　　　　　 //输入边长值,按〈Enter〉键结束命令

绘制完成一个边长为 100 的正三角形，如图 5-32a 所示。

图 5-31　装饰花格

◆ 步骤二：绘制辅助线。命令行输入 line，按〈Enter〉键，

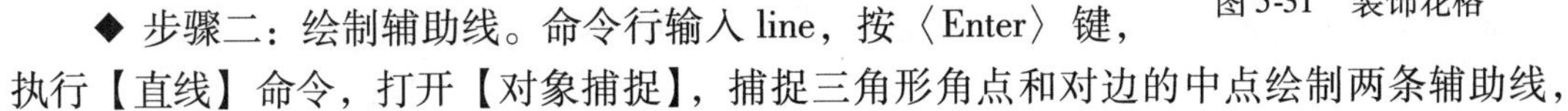

执行【直线】命令，打开【对象捕捉】，捕捉三角形角点和对边的中点绘制两条辅助线，如图 5-32b 所示。

◆ 步骤三：绘制圆弧。命令行输入 arc，按〈Enter〉键，执行【圆弧】命令，采用三点画弧的方法绘制三条弧线，如图 5-32c 所示。

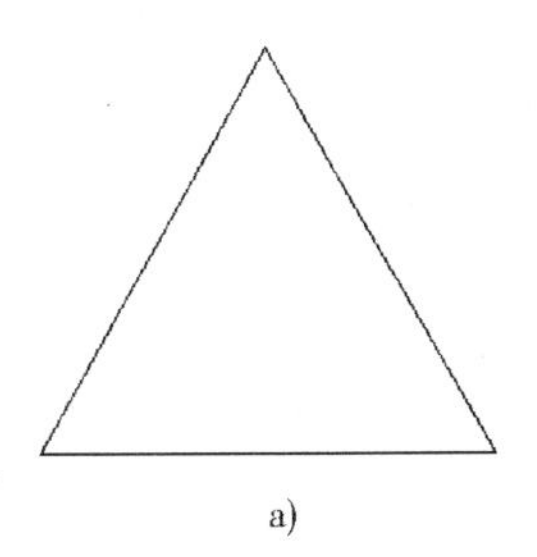

a)

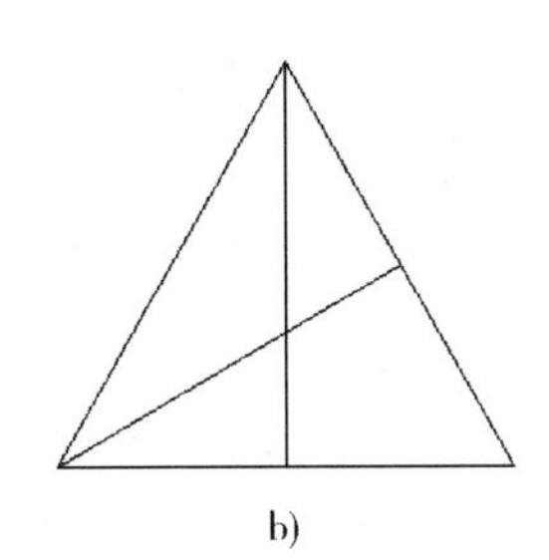

b)

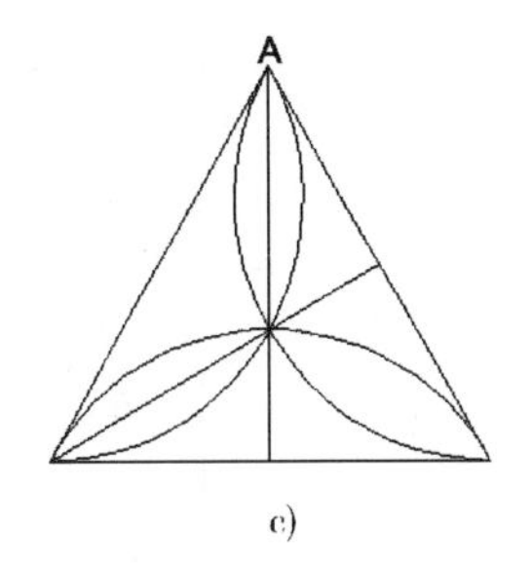

c)

图 5-32　花格绘制步骤

◆ 步骤四：删除辅助线，命令行输入 array，执行【极轴】命令，命令行提示如下：

选择对象：　　　　　　　　　　　　//点选三条弧线,按〈Enter〉键结束选择

输入阵列类型[矩形(R)/路径(PA)/极轴(PO)]:po　//选择极轴阵列

指定阵列的中心点或[基点(B)/旋转轴(A)]：　　　//鼠标单击 A 点作为阵列中心

选择夹点以编辑阵列或[关联(AS)/基点(B)/项目(I)/项目间角度(A)/填充角度(F)/行(R)/层(L)/旋转项目(ROT)/退出(X)]〈退出〉:f //选择填充角度选项

指定填充角度(+=逆时针、-=顺时针)或[表达式(EX)]〈360〉:

//按〈Enter〉键,选择默认 360°

选择夹点以编辑阵列或[关联(AS)/基点(B)/项目(I)/项目间角度(A)/填充角度(F)/行(R)/层(L)/旋转项目(ROT)/退出(X)]〈退出〉:i //选择项目选项

输入阵列中的项目数或[表达式(EX)]〈8〉:6　　　//输入阵列项目数,按〈Enter〉键

选择夹点以编辑阵列或[关联(AS)/基点(B)/项目(I)/项目间角度(A)/填充角度

(F)/行(R)/层(L)/旋转项目(ROT)/退出(X)]〈退出〉: //按〈Enter〉键,结束命令

此时阵列完成6个花瓣纹样。

◆ 步骤五:执行【正多边形】命令,命令行提示如下:

输入侧面数〈4〉:6 //输入正多边形的边数6,按〈Enter〉键
指定多边形的中心点或[边(E)]:e //选择边选项,按〈Enter〉键
指定边的第一个端点: //捕捉左下方花瓣的角点
指定边的第二个端点: //捕捉右下方花瓣的角点

此时绘制完成正六边形的外框。

◆ 步骤六:命令行输入 offset,按〈Enter〉键,执行【偏移】命令,命令行提示如下:

当前设置:删除源=否 图层=源 OFFSETGAPTYPE=0 //显示系统默认信息
指定偏移距离或[通过(T)/删除(E)/图层(L)]〈200〉:10 //输入偏移距离
选择要偏移的对象,或[退出(E)/放弃(U)]〈退出〉: //选择正六边形
指定要偏移的那一侧上的点或[退出(E)/多个(M)/放弃(U)]〈退出〉:
//鼠标移至六边形外侧单击
选择要偏移的对象或[退出(E)/放弃(U)]〈退出〉: //按〈Enter〉键,结束命令

绘制结果如图5-31所示。

【例5-13】使用【修剪】命令绘制如图5-33所示的花池。

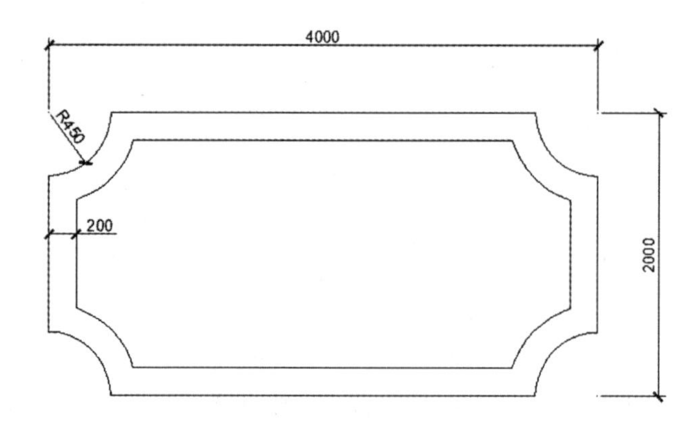

图5-33 花池

◆ 步骤一:绘制矩形,命令行输入 rectang,按〈Enter〉键,执行【矩形】命令,执行命令后,命令行提示如下:

指定第一个角点或[倒角(C)/标高(E)/圆角(F)/厚度(T)/宽度(W)]:
//鼠标在绘图区域任意位置单击确定第一个角点
指定另一个角点或[面积(A)/尺寸(D)/旋转(R)/]:@4000, 2000
//输入另一个角点的相对坐标,按〈Enter〉键,结束命令

绘制结果如图5-34a所示。

◆ 步骤二:绘制圆,命令行输入 circle,按〈Enter〉键,执行【圆】命令,执行命令后,命令行提示如下:

指定圆的圆心或[三点(3P)/两点(2P)/相切、相切、半径(T)]:
//捕捉矩形左上角点,指定圆心

指定圆的半径或[直径(D)]: 450　　//输入圆的半径值,按〈Enter〉键,结束命令

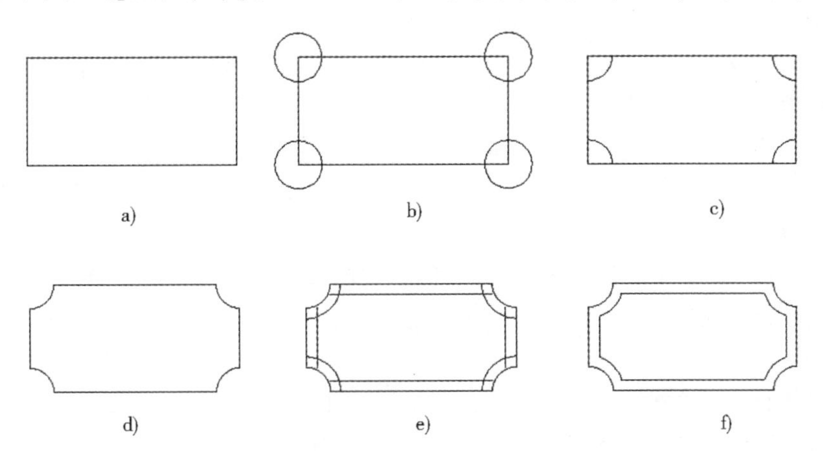

图 5-34　花池绘制步骤

a) 绘制矩形　b) 绘制圆　c) 修剪圆　d) 修剪矩形　e) 偏移　f) 修剪多余线段

命令行输入 copy, 按〈Enter〉键, 执行【复制】命令, 执行命令后, 命令行提示如下:

选择对象:找到 1 个　　//选择圆

选择对象:　　//按〈Enter〉键结束选择

当前设置:复制模式 = 多个　　//显示多重复制

指定基点或[位移(D)/模式(O)]〈位移〉:　　//打开对象捕捉,捕捉圆心为基点

指定第二点或[阵列(A)]〈使用第一个点作为位移〉: //捕捉矩形右上角点

指定第二点或[阵列(A)/退出(E)/放弃(U)]〈退出〉://捕捉矩形右下角点

指定第二点或[阵列(A)/退出(E)/放弃(U)]〈退出〉://捕捉矩形左下角点,按〈Enter〉键,结束命令

绘制结果如图 5-34b 所示。

◆ 步骤三: 命令行输入 trim, 按〈Enter〉键, 执行【修剪】命令, 命令行提示如下:

当前设置:投影 = UCS,边 = 无

选择剪切边…

选择对象或〈全部选择〉:找到 1 个　//选择矩形

选择对象:　　//按〈Enter〉键,结束选择

选择要修剪的对象,或按住〈shift〉键选择要延伸的对象,或

[栏选(F)/窗交(C)/投影(P)/边(E)/删除(R)/放弃(U)]:

//依次拾取矩形外的圆,按〈Enter〉键,结束命令

剪切结果如图 5-34c 所示。

按〈Enter〉键, 重复【修剪】命令, 命令行提示如下:

当前设置:投影 = UCS,边 = 无

选择剪切边…

选择对象或〈全部选择〉:找到 4 个　//交叉窗选四个角上的圆弧

选择对象:　　//按〈Enter〉键,结束选择

选择要修剪的对象,或按住〈shift〉键选择要延伸的对象,或
[栏选(F)/窗交(C)/投影(P)/边(E)/删除(R)/放弃(U)]:
//依次拾取矩形的四个角,按〈Enter〉键,结束命令

剪切结果如图5-34d所示。

这个步骤也可以一次性选择全部对象，互为剪切参照，依次拾取需要修剪的部分。

◆ 步骤四：绘制花坛边，命令行输入offset，按〈Enter〉键，执行【偏移】命令，命令行提示如下：

当前设置:删除源=否 图层=源 OFFSETGAPTYPE=0 //显示系统默认信息
指定偏移距离或[通过(T)/删除(E)/图层(L)]〈200〉:200
//输入偏移距离
选择要偏移的对象或[退出(E)/放弃(U)]〈退出〉: //选择左边直线段
指定要偏移的那一侧上的点或[退出(E)/多个(M)/放弃(U)]〈退出〉:
//鼠标移至闭合区域内单击
选择要偏移的对象或[退出(E)/放弃(U)]〈退出〉: //选择左上角圆弧
指定要偏移的那一侧上的点或[退出(E)/多个(M)/放弃(U)]〈退出〉:
//鼠标移至闭合区域内单击
选择要偏移的对象或[退出(E)/放弃(U)]〈退出〉: //选择正上方直线段
指定要偏移的那一侧上的点或[退出(E)/多个(M)/放弃(U)]〈退出〉:
//鼠标移至闭合区域内单击
选择要偏移的对象或[退出(E)/放弃(U)]〈退出〉: //选择右上角圆弧
指定要偏移的那一侧上的点或[退出(E)/多个(M)/放弃(U)]〈退出〉:
//鼠标移至闭合区域内单击
选择要偏移的对象或[退出(E)/放弃(U)]〈退出〉: //选择右侧直线段
指定要偏移的那一侧上的点或[退出(E)/多个(M)/放弃(U)]〈退出〉:
//鼠标移至闭合区域内单击
选择要偏移的对象或[退出(E)/放弃(U)]〈退出〉: //选择右下角圆弧
指定要偏移的那一侧上的点或[退出(E)/多个(M)/放弃(U)]〈退出〉:
//鼠标移至闭合区域内单击
选择要偏移的对象或[退出(E)/放弃(U)]〈退出〉: //选择正下方直线段
指定要偏移的那一侧上的点或[退出(E)/多个(M)/放弃(U)]〈退出〉:
//鼠标移至闭合区域内单击
选择要偏移的对象或[退出(E)/放弃(U)]〈退出〉: //选择左下角圆弧
指定要偏移的那一侧上的点或[退出(E)/多个(M)/放弃(U)]〈退出〉:
//鼠标移至闭合区域内单击,
按〈Enter〉键,结束命令

偏移结果如图5-34e所示。

◆ 步骤五：再次执行【修剪】命令，命令行提示如下：

当前设置:投影=UCS,边=无
选择剪切边…

选择对象或〈全部选择〉: //按〈Enter〉键,默认全部选择

选择要修剪的对象或按住〈shift〉键选择要延伸的对象或[栏选(F)/窗交(C)/投影(P)/边(E)/删除(R)/放弃(U)]: //依次拾取需要修剪的多余线条,按〈Enter〉键,结束命令

修剪结果如图 5-34f 所示，完成花坛的绘制。

5.14 习题

1. 利用【阵列】等命令绘制如图 5-35 所示的图形。
2. 利用【偏移】、【阵列】等命令绘制如图 5-36 所示的图形。
3. 利用【圆角】等命令绘制如图 5-37 所示的图形。
4. 利用【多边形】、【圆】等命令绘制如图 5-38 所示的图形。
5. 利用【镜像】、【偏移】等命令绘制如图 5-39 所示的图形。
6. 利用【旋转复制】命令绘制如图 5-40 所示的图形。
7. 综合运用绘图和【编辑】命令绘制如图 5-41 所示的地面花砖。

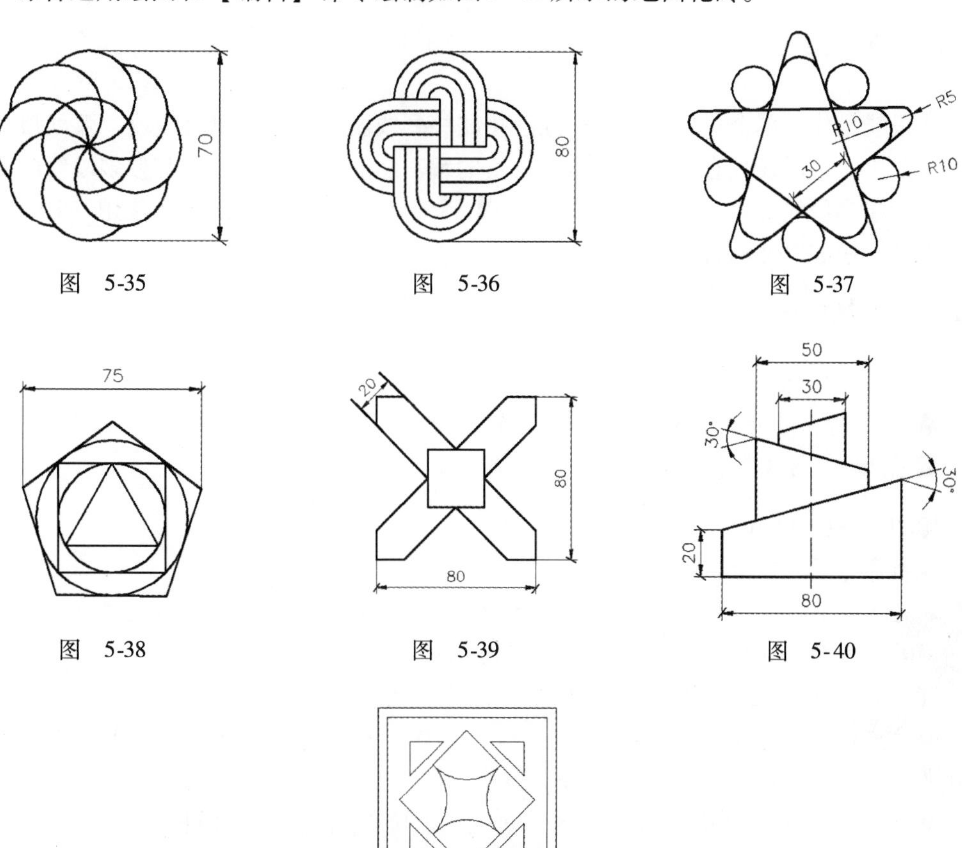

图 5-35 图 5-36 图 5-37

图 5-38 图 5-39 图 5-40

图 5-41

第6章

高级绘图命令

在绘制景观工程图时，除了运用基本的绘图命令，有时候还需要使用高级绘图命令来绘制相对复杂的图形。高级绘图命令包括多段线、多线、对象约束、图案填充等命令。

6.1 多段线

多段线是作为单个对象创建的相互连接的序列线段，可以创建直线段、弧线段或两者的组合线段。多段线具有单个直线所不具备的编辑功能。例如，可以调整多段线的宽度和曲率。创建多段线之后，可以使用【PEDIT】命令对其进行编辑，或者使用【EXPLODE】命令将其转换成单独的直线段和弧线段。

6.1.1 【多段线】命令

执行【多段线】命令的方法有：

■ 命令行：pline↙（按〈Enter〉键）。

■ 菜单栏：【绘图】/【多段线】。

■ 工具栏：【绘图】/ 。

执行命令后，命令行提示如下：

指定起点：　　　　　　//单击鼠标左键或输入坐标值来指定多段线起点

当前线宽为0.0000　　//显示系统当前线宽

指定下一点或[圆弧(A)/半宽(H)/长度(L)/放弃(U)/宽度(W)]：

◆ 指定下一点：该选项直接指定一点，绘制一条线段，再继续指定下一点，绘制若干线段，直到按〈Enter〉键结束命令。

◆ 圆弧：输入a并按〈Enter〉键，进入绘制圆弧选项，命令行提示如下：

指定圆弧的端点或[角度(A)/圆心(CE)/闭合(C)/方向(D)/半宽(H)/直线(L)/半径(R)/第二个点(S)/放弃(U)/宽度(W)]：

◇ 角度：指定圆弧的角度。

◇ 圆心：指定圆弧的圆心。

◇ 闭合：用圆弧连接多段线的起点和终点。

◇ 方向：取消直线与圆弧的相切关系，指定圆弧起点的切线方向。

◇ 直线：切换到直线绘制。

◇ 半径：指定圆弧的半径。

◇ 第二个点：采用三点画弧，指定圆弧上的第二个点。

◆ 半宽：输入 h 并按〈Enter〉键，指定多段线的半宽宽度。

◆ 长度：输入 L 并按〈Enter〉键，则沿上一段的方向绘制指定长度的直线，可完成从圆弧到直线的切换。

◆ 放弃：输入 u 并按〈Enter〉键，则放弃前一点的输入。

◆ 宽度：输入 w 并按〈Enter〉键，指定多段线的宽度。

起点、端点的宽度可以等宽，也可以不等宽。

在 AutoCAD 中，一般图形的线宽是通过图层或者对象颜色来控制的，但是对于线宽变化或特殊线宽的图形，如箭头、地坪线或复杂图形，就可以方便地利用【多段线】命令来实现。

【例 6-1】 利用【多段线】命令，绘制如图 6-1 所示的钢筋弯钩。

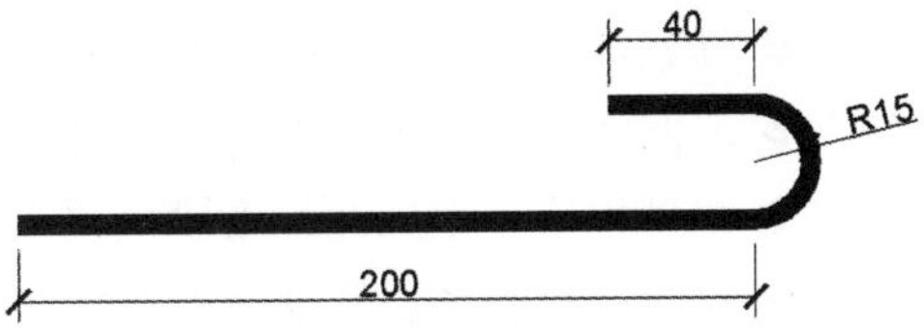

40
R15
200

图 6-1 绘制钢筋弯钩

执行多段线命令后，命令行提示如下：

指定起点：　　　　　　　//鼠标在绘图区任意指定一点

当前线宽为 0.0000　　　　//显示系统当前线宽

指定下一点或[圆弧(A)/半宽(H)/长度(L)/放弃(U)/宽度(W)]：w

　　　　　　　　　　　　//输入 w,按〈Enter〉键,选择宽度选项

指定起点宽度〈0.0000〉:5　//输入起点线宽,按〈Enter〉键

指定端点宽度〈5.0000〉：　//按〈Enter〉键,取默认线宽

指定下一点或[圆弧(A)/半宽(H)/长度(L)/放弃(U)/宽度(W)]:〈正交　开〉200

　　　　　　　　　　　　//打开【正交】模式,输入钢筋直线长度,按〈Enter〉键

指定下一点或[圆弧(A)/半宽(H)/长度(L)/放弃(U)/宽度(W)]:a

　　　　　　　　　　　　//输入 a,按〈Enter〉键,选择圆弧选项

指定圆弧的端点或[角度(A)/圆心(CE)/闭合(C)/方向(D)/半宽(H)/直线(L)/半径(R)/第二个点(S)/放弃(U)/宽度(W)]:30

　　　　　　　　　　　　//鼠标上移,输入圆弧端点到起点的距离值,按〈Enter〉键

指定圆弧的端点或[角度(A)/圆心(CE)/闭合(C)/方向(D)/半宽(H)/直线(L)/半径(R)/第二个点(S)/放弃(U)/宽度(W)]:l

　　　　　　　　　　　　//输入 l,按〈Enter〉键,选择直线选项

指定下一点或[圆弧(A)/半宽(H)/长度(L)/放弃(U)/宽度(W)]:40

　　　　　　　　　　　　//输入钢筋弯钩末端直线长度值,按〈Enter〉键,完成绘制

6.1.2 多段线的编辑

执行【多段线编辑】命令的方法有：

■ 命令行：pedit 或 mpedit↙（按〈Enter〉键）。

■ 菜单栏：【修改】/【对象】/【多段线】。

■ 工具栏：【修改Ⅱ】/ 。

执行编辑命令后，命令行提示如下：

选择多段线或[多条(M)]：//单击鼠标选择需要编辑的多段线

输入选项[闭合(C)/合并(J)/宽度(W)/编辑顶点(E)/拟合(F)/样条曲线(S)/非曲线化(D)/线型生成(L)/反转(R)/放弃(U)]：

◆ 闭合：将一条多段线的终点与起点用与终点同类型的线连成闭合图形。

◆ 合并：将端点相连的若干条多段线合并为一条。

◆ 宽度：修改一条多段线的共同宽度。

◆ 编辑顶点：对多段线的顶点进行编辑。

◆ 拟合：创建圆弧拟合多段线，即由连接每对顶点的圆弧组成的平滑曲线。

◆ 样条曲线：将多段线修改为光滑曲线。

◆ 非曲线化：删除由拟合或样条曲线插入的其他顶点并拉直所有多段线线段。

◆ 线型生成：生成经过多段线顶点的连续图案的线型。

◆ 反转：反转多段线顶点的顺序。

◆ 放弃：返回 pedit 的起始处。

【Pedit】命令，不仅可以用来编辑多段线，还可以编辑非多段线。如果选择的对象为样条曲线、直线或圆弧，则将显示以下提示：

选定的对象不是多段线

是否将其转换为多段线？〈Y〉：

如果输入 y，则对象被转换为可编辑的单段二维多段线。将选定的样条曲线转换为多段线之前，将显示以下提示：

指定精度〈10〉：　　　　//输入新的精度值

PLINECONVERTMODE 系统变量可决定是使用线性线段还是使用圆弧段绘制多段线。如果 PEDITACCEPT 系统变量设置为 1，将不显示该提示，选定对象将自动转换为多段线。

6.2 多线

多线命令可以用来绘制多条互相平行的直线或折线（1～16 条），其中每一条平行线都称为一个元素，这些平行线之间的间距和数目都是可以调整的。在景观工程图纸中，多线命令主要用来绘制建筑的墙体。

6.2.1 多线样式

在绘制多线之前，需要设置多线样式，单击下拉菜单选择【格式】/【多线样式】，则打开【多线样式】对话框，如图 6-2 所示。

(1) 多线样式对话框

◆【样式】列表框：显示已经加载的多线样式。

◆【置为当前】按钮：在样式列表框里选择要使用的多线样式后，单击该按钮，则将

图 6-2 【多线样式】对话框

其设置为当前样式。

◆【新建】按钮：单击该按钮，可以打开【创建新的多线样式】对话框，来创建新的多线样式。

◆【重命名】按钮：将已创建的多线样式重新命名，但是不能重命名 STANDARD 样式。

◆【删除】按钮：删除样式列表中选中的多线样式。

◆【加载】按钮：单击该按钮，打开【加载多线样式】对话框，如图 6-3 所示，可以从中选取多线样式加载。

◆【保存】按钮：将当前的多线样式保存为一个多线文件（＊. mln）。

（2）新建多线样式。在如图 6-2 所示的【多线样式】对话框中，单击【新建】按钮，则出现【创建新的多线样式】对话框，如图 6-4 所示。在【新样式名】处输入新样式的名称，单击【继续】按钮，则出现【新建多线样式】对话框，如图 6-5 所示。

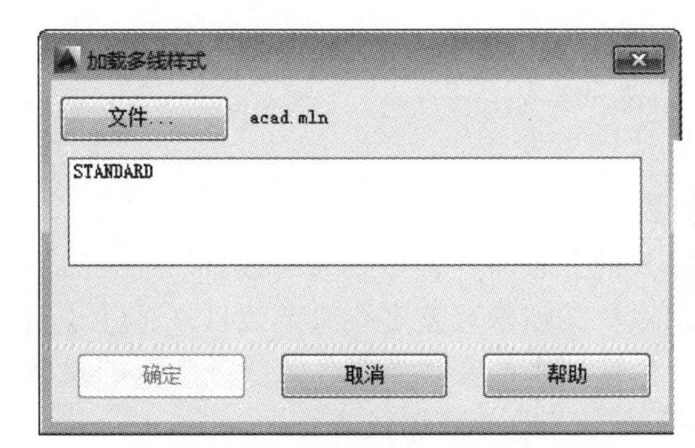

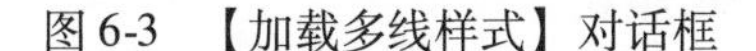

图 6-3 【加载多线样式】对话框

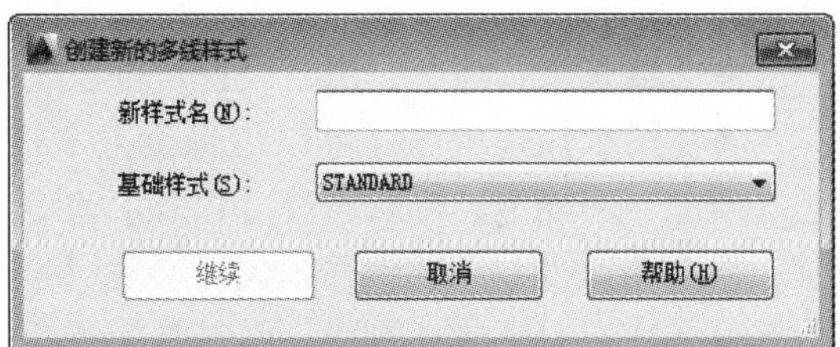

图 6-4 【创建新的多线样式】对话框

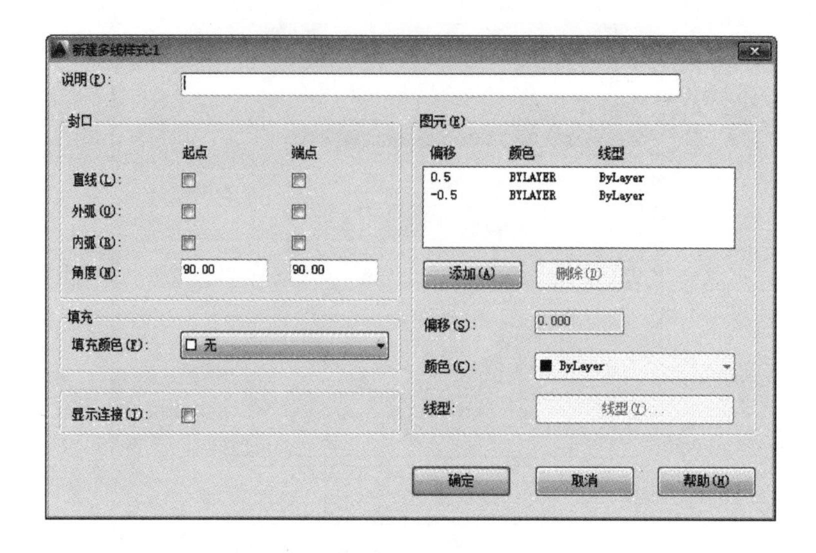

图 6-5 【新建多线样式】对话框

◆【说明】文本框：可以输入多线样式的文字说明。

◆【封口】选项区域：用于控制多线起点和端点处的样式，如图 6-6 所示。

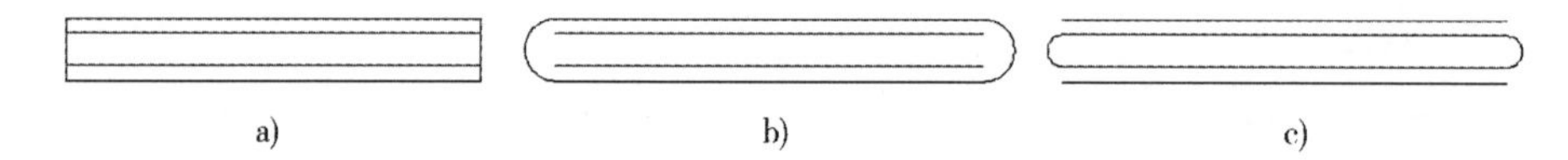

图 6-6 不同封口效果对比

a）两端直线封口 b）两端外弧封口 c）两端内弧封口

◆【显示连接】复选框：用于设置在多线的拐角处是否显示连接线，如图 6-7 所示。

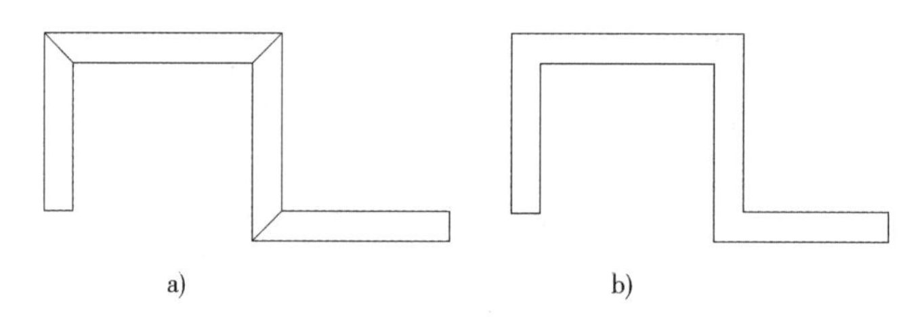

图 6-7 显示连接效果对比

a）显示连接 b）不显示连接

◆【填充】选项区：用于设置是否填充多线的背景。

◆【图元】选项区：可以用来设置多线样式的元素特性，如线条的数目、线条的颜色、线型、间隔等。可以通过【添加】和【删除】按钮来调整多线线条数目，通过【偏移】选项来改变线条的偏移距离，通过【颜色】选项来改变线条颜色。线条默认的线型为连续实线，要想改变线型，可以单击【线型】按钮来选择或加载线型。

通过对该对话框的设置，可以建立自己需要的多线样式。

6.2.2 绘制多线

执行【多线】命令的方法有：

■命令行：mline↙（按〈Enter〉键）。

■菜单栏：【绘图】/【多线】。

执行【多线】命令后，命令行提示如下：

当前设置:对正 = 上,比例 =20.00,样式 = STANTARD //显示系统当前多线设置信息
指定起点或[对正(J)/比例(S)/样式(ST)]:

◆ 指定起点：单击鼠标或输入坐标值指定多线的起点，继续提示如下：

指定下一点: //指定多线的端点
指定下一点或[放弃(U)]: //指定下一点
指定下一点或[闭合(C)/放弃(U)]: //继续指定下一点;输入 c 并按〈Enter〉键,将在该点与起点闭合多线;输入 u 并按〈Enter〉键,放弃上一个点的输入;按〈Enter〉键,结束命令

◆ 对正：指定光标中心与多线的对正位置，使用该项时，输入 j 并按〈Enter〉键，命令行继续提示如下：

输入对正类型[上(T)/无(Z)/下(B)]〈上〉:

◇ 上：表示光标中心与最上面的线对正。

◇ 无：表示光标中心与中间的线对正。

◇ 下：表示光标中心与最下面的线对正。

◆ 比例：设定绘制多线时将样式放大的倍数。使用该项时，输入 s 并按〈Enter〉键，命令行继续提示如下：

输入多线比例〈20〉: //输入新的比例值
当前设置:对正 = 上,比例 = 新值,样式 = STANTARD //显示系统当前多线设置信息
指定起点或[对正(J)/比例(S)/样式(ST)]:

◆ 样式：设定绘制多线时要使用的样式。使用该项时，输入 st 并按〈Enter〉键，命令行继续提示如下：

输入多线样式名或[?]: //输入要使用的样式名;输入? 时,则会打开文本窗口,列出该文件全部的多线样式

6.2.3 编辑多线

【多线编辑】命令是专用于多线对象的编辑命令，执行的方法有：

■ 命令行：mledit↙（按〈Enter〉键）。

■ 菜单栏：【修改】/【对象】/【多线】。

可以打开【多线编辑工具】对话框，如图 6-8 所示。

当对多线进行编辑时，单击图 6-8 中的某个工具选项，命令行提示如下：

选择第一条多线: //鼠标单击选择第一条多线
选择第二条多线: //鼠标单击选择第二条多线

选择多线的顺序不同，其结果也不尽相同，用户可自行尝试使用。

【例 6-2】利用【多线】命令，绘制建筑墙体，如图 6-9 所示。外墙厚度为 240，内墙厚度为 120。

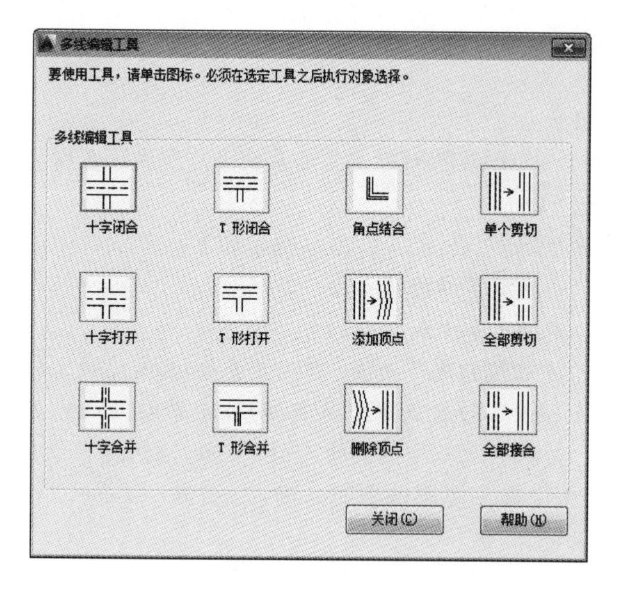

图 6-8 【多线编辑工具】对话框

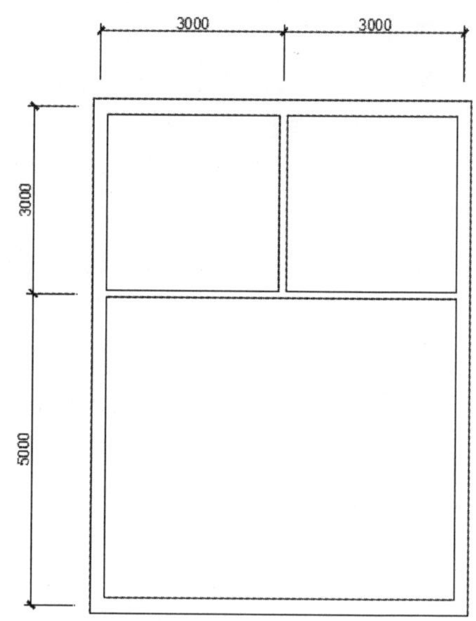

图 6-9 多线绘制墙体

◆ 步骤一：设置图层和线型，如图 6-10 所示。

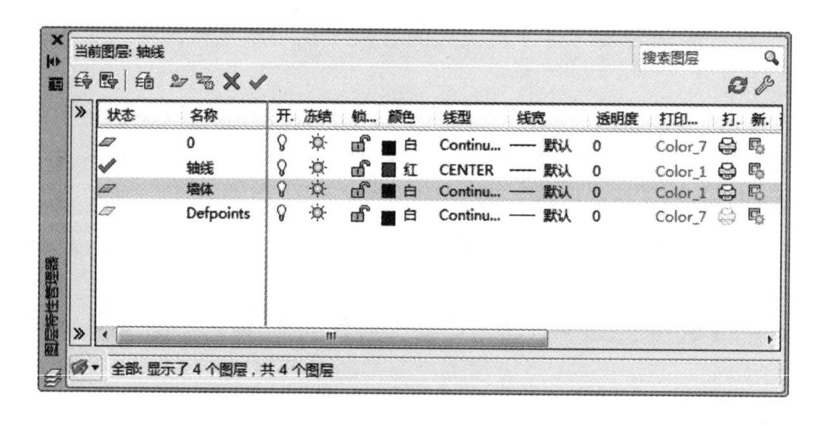

图 6-10 图层和线型设置

◆ 步骤二：设置墙体多线样式。

执行【多线样式】对话框，单击【新建】按钮，出现【创建新的多线样式】对话框，如图 6-4 所示，在新样式名处输入 240，单击【继续】按钮，在【新建多线样式】对话框中进行设置，如图 6-11 所示。单击【确定】按钮，完成外墙多线样式的设置。

继续新建多线样式，样式名为 120，在【新建多线样式】对话框中，将偏移距离设置为 60 和 −60，然后单击【确定】按钮，完成内墙多线样式的设置。

◆ 步骤三：绘制定位轴线。

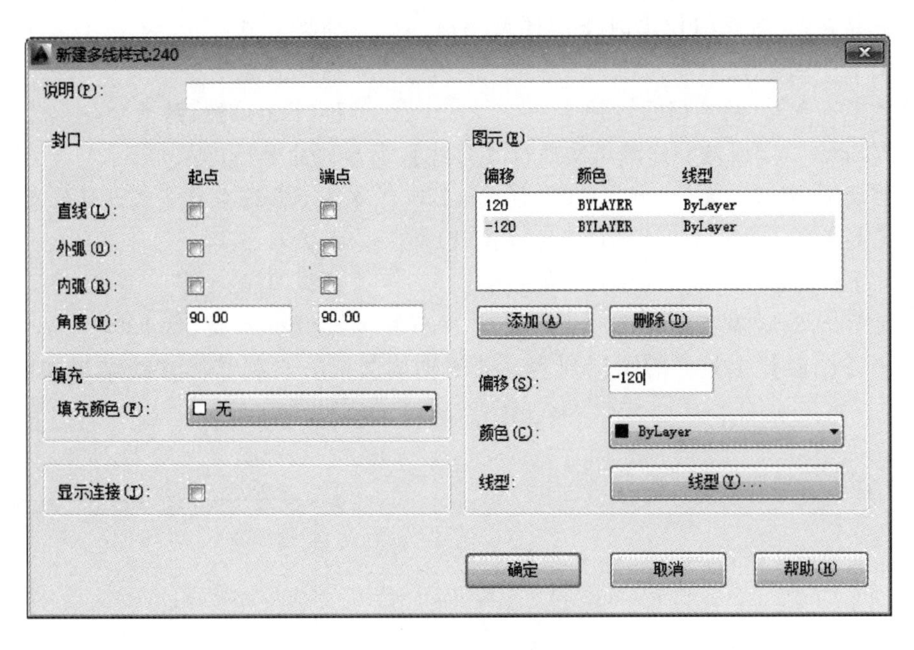

图 6-11 墙体多线样式设置

将轴线图层设置为当前图层，运用【直线】、【偏移】命令绘制如图 6-12 所示的定位轴线。

◆ 步骤四：绘制墙体多线。

将墙体图层设置为当前图层，执行【多线】命令，命令行提示如下：

当前设置:对正 = 上,比例 = 20.00,样式 = STANTARD //显示系统当前多线设置信息

指定起点或[对正(J)/比例(S)/样式(ST)]:j //输入 j,按〈Enter〉键,修改对正方式

输入对正类型[上(T)/无(Z)/下(B)]〈上〉:z //输入 z,按〈Enter〉键,使光标位于多线的正中

指定起点或[对正(J)/比例(S)/样式(ST)]:s //输入 s,按〈Enter〉键,修改比例

输入多线比例〈20〉:1 //输入新比例,按〈Enter〉键

指定起点或[对正(J)/比例(S)/样式(ST)]:st //输入 st,按〈Enter〉键,选择多线样式

输入多线样式名或[?]:240 //输入多线样式名,按〈Enter〉键

指定起点或[对正(J)/比例(S)/样式(ST)]: //打开【对象捕捉】功能,捕捉 A 点

指定下一点: //捕捉 B 点

指定下一点或[放弃(U)]: //捕捉 C 点

指定下一点或[闭合(C)/放弃(U)]: //捕捉 D 点

指定下一点或[闭合(C)/放弃(U)]:c //输入 c,按〈Enter〉键,闭合多线

按〈Enter〉键或按空格键再次执行【多线】命令，命令行提示如下：

当前设置:对正 = 无,比例 = 1.00,样式 = 240 //显示系统当前多线设置信息

指定起点或[对正(J)/比例(S)/样式(ST)]:st //输入 st,按〈Enter〉键,选择多线样式

输入多线样式名或[?]:120 //输入多线样式名,按〈Enter〉键

指定起点或[对正(J)/比例(S)/样式(ST)]：　//捕捉 E 点
指定下一点：　//捕捉 F 点
指定下一点或[放弃(U)]：　//按〈Enter〉键，结束命令

按〈Enter〉键或按空格键再次执行【多线】命令，命令行提示如下：

当前设置：对正 = 无，比例 = 1.00，样式 = 120　//显示系统当前多线设置信息
指定起点或[对正(J)/比例(S)/样式(ST)]：　//捕捉 G 点
指定下一点：　//捕捉 H 点
指定下一点或[放弃(U)]：　//按〈Enter〉键，结束命令

单击【图层】工具栏的图层列表，关闭轴线图层，绘制墙体多线结果如图 6-13 所示。

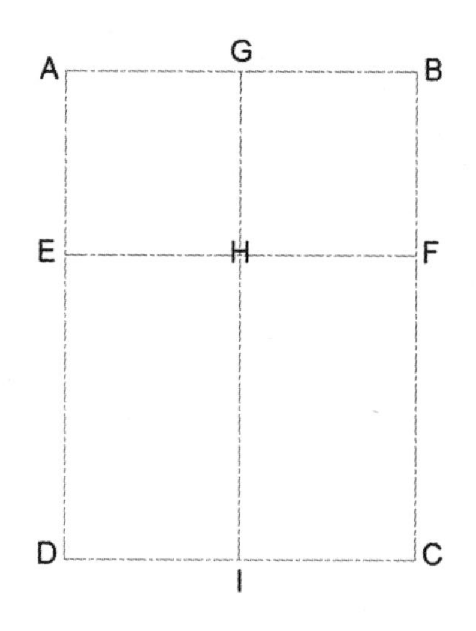

图 6-12　绘制定位轴线

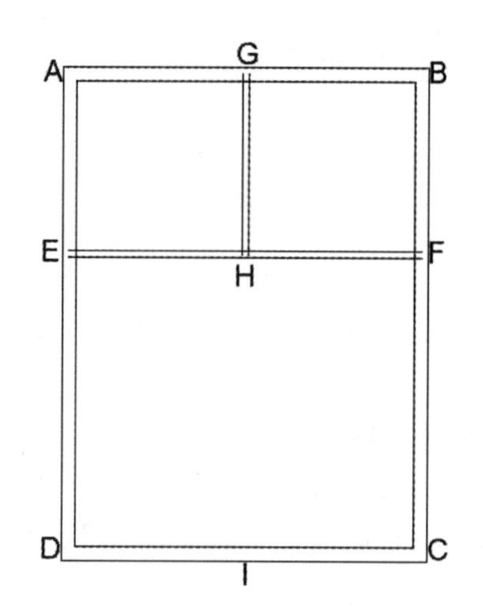

图 6-13　绘制墙体多线

单击【修改】菜单中【对象】子菜单里的【多线】，打开【多线编辑工具】对话框，单击【T 形打开】工具，按【确定】按钮，命令行提示如下：

选择第一条多线：　//鼠标单击 GH
选择第二条多线：　//鼠标单击 AB，完成 G 处编辑
选择第一条多线或[放弃(U)]：　//鼠标单击 GH
选择第二条多线：　//鼠标单击 EF，完成 H 处编辑
选择第一条多线或[放弃(U)]：　//鼠标单击 EF
选择第二条多线：　//鼠标单击 AD，完成 E 处编辑
选择第一条多线或[放弃(U)]：　//鼠标单击 EF
选择第二条多线：　//鼠标单击 BC，完成 F 处编辑
选择第一条多线或[放弃(U)]：　//按〈Enter〉键，结束命令

编辑完成建筑墙体，如图 6-9 所示。

多线的编辑除了可以运用多线编辑命令，也可以用【分解】命令将多线进行分解，然后执行【修剪】命令，修剪掉多余的线条。

6.3 对象约束

为了精确控制图形对象，从 AutoCAD2010 的版本起新增了“参数化图形”的概念。通过参数化图形，用户可以为二维几何图形添加约束。对象约束有两种类型：几何约束和尺寸约束。

6.3.1 几何约束

几何约束可以使对象之间或对象上的点之间满足某种关系（如共线、相切、同心、平行、垂直等关系）。

图 6-14 【几何约束】工具栏

执行【几何约束】命令的方法有：

■ 命令行：geomconstraint↙（按〈Enter〉键）。

■ 工具栏：【几何约束】（图 6-14）。

■ 菜单栏：【参数】/【几何约束】（图 6-15）。

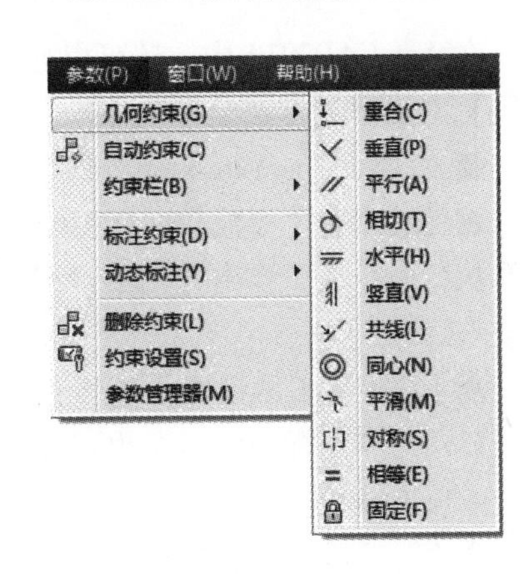

图 6-15 【几何约束】子菜单

在执行各种【几何约束】命令时，十字光标变成方形拾取框，并在光标旁边显示约束类型图标，执行完命令后，在建立几何约束的图形对象旁边出现约束图标。

通常可以对图形中的每个对象建立一个或多个约束，也可以使用【复制】命令、【阵列】和【镜像】等命令复制几何图形及其所有关联约束，并且在之后的图形编辑过程中，几何约束将会被保留。

【例 6-3】 在图 6-16a 所示的两条直线间建立“平行”几何关系。

执行【平行约束】命令后，命令行提示如下：

GCPARALLEL 选择第一个对象：　　　　//选择水平直线

结果如图 6-16b 所示。

选择第二个对象：　　　　//在端点 1 附近选择另一条直线

结果如图 6-16c 所示。

将几何约束运用于一堆对象时，选择对象的顺序以及选择每个对象的位置都可能影响对象彼此间的放置位置。对于例 6-3，在选择第二条直线时，如果在端点 2 附近选择，结果则如图 6-16d 所示。

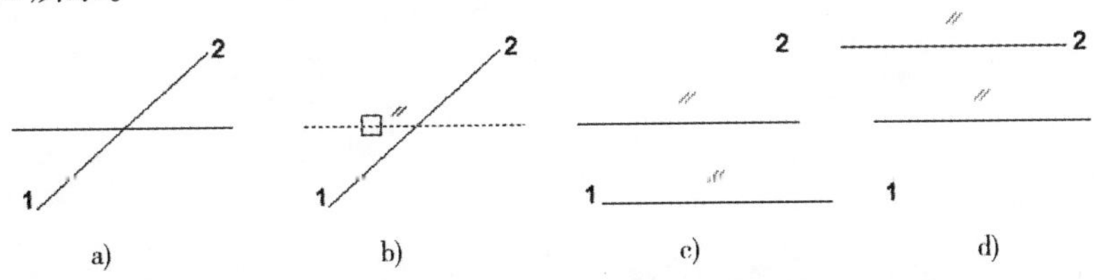

图 6-16 对两条直线建立“平行”几何关系

a) 几何约束前 b) 选择对象 c) 几何约束后 d) 不同位置的选择

各种对象及其有效约束点见表6-1。

表6-1　对象及其有效约束点

对　　象	有效约束点
直线	端点、中点
圆弧	中心点、端点、中点
样条曲线	端点
椭圆、圆	中心点
多段线	直线的端点、中点和圆弧对象的中心点
块、外部参照、文字、多行文字、属性	插入点

在AutoCAD2014中，还可以通过【约束设置】来对几何约束进行设置。调用【约束设置】对话框的方法是：

■ 命令行：constraintsettings ↙（按〈Enter〉键）。

■ 菜单栏：【参数】/【约束设置】。

执行命令后，弹出【约束设置】对话框，如图6-17所示。在对话框中选择【几何】选项卡。

◆【约束栏显示设置】选区：通过勾选各个几何约束前面相应的选框来选择绘制区域是否显示约束图标。同时，也可以单击【全部选择】按钮来显示所有全部类型的约束图标，或单击【全部清除】按钮来隐藏全部类型的约束图标。

◆【约束栏透明度】选区：通过滑动该选区滑块的位置或编辑前面编辑框中的数字来确定绘图区域显示约束图标的透明度。

◆【将约束应用于选定对象后显示约束栏】复选框：勾选该复选框表示手动应用约束后或使用几何约束命令时显示约束图标。

另外，还可以通过【约束设置】对话框中的【自动约束】选项卡（图6-18），将公差范围内的图形对象自动设置为相关约束。

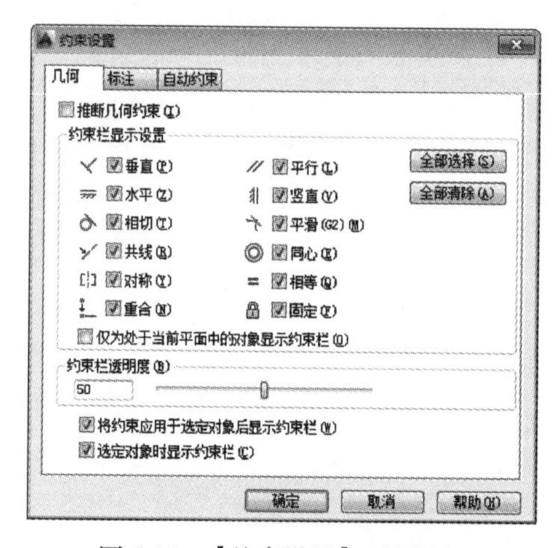

图6-17　【约束设置】对话框

图6-18　【自动约束】选项卡

【例 6-4】利用几何约束绘制如图 6-19a 所示的相切的圆。

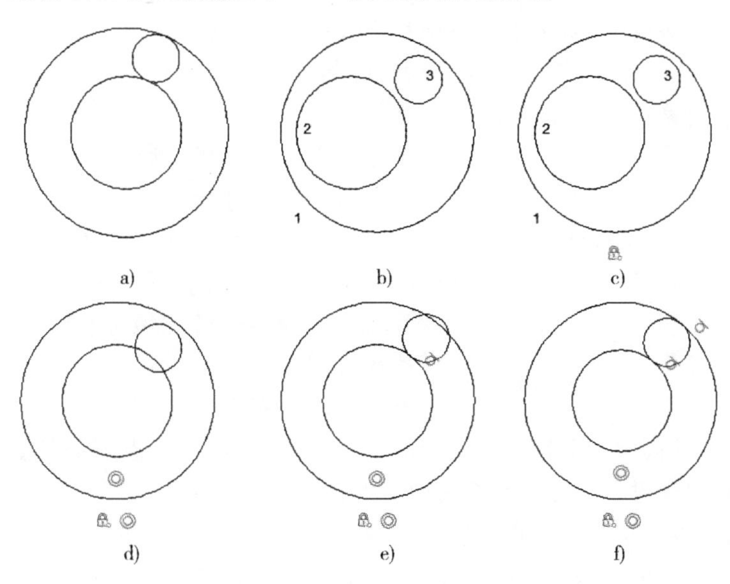

图 6-19 用【几何约束】绘制相切圆
a）目标图形 b）步骤一 c）步骤二 d）步骤三 e）步骤四 f）步骤五

命令:circle 指定圆的圆心或[三点(3P)/两点(2P)/相切、相切、半径(T)]:
//执行【圆】命令,单击鼠标指定圆心
指定圆的半径或[直径(D)]〈50〉://随便指定圆 1 的半径,按〈Enter〉键,重复【圆】命令
circle 指定圆的圆心或[三点(3P)/两点(2P)/相切、相切、半径(T)]:
//在圆 1 内单击鼠标指定圆 2 的圆心
指定圆的半径或[直径(D)]〈556.9582〉:
//随便指定圆 2 的半径,按〈Enter〉键,重复【圆】命令
circle 指定圆的圆心或[三点(3P)/两点(2P)/相切、相切、半径(T)]:
//在圆 1 内单击鼠标指定圆 3 的圆心
指定圆的半径或[直径(D)]〈236.7448〉:
//随便指定圆 3 的半径,绘制结果如图 6-19b 所示
命令:geomconstraint //执行【几何约束】命令
输入约束类型[水平(H)/竖直(V)/垂直(P)/平行(PA)/相切(T)/平滑(SM)/重合(C)/同心(CON)/共线(COL)/对称(S)/相等(E)/固定(F)]〈相切〉:f
//执行【固定约束】
选择点或[对象(O)]〈对象〉: //选择圆 1,按〈Enter〉键,绘制结果如图 6-19c 所示
命令:geomconstraint //执行【几何约束】命令
输入约束类型[水平(H)/竖直(V)/垂直(P)/平行(PA)/相切(T)/平滑(SM)/重合(C)/同心(CON)/共线(COL)/对称(S)/相等(E)/固定(F)]〈固定〉:con//执行【同心约束】
选择第一个对象: //选择圆 2
选择第二个对象: //选择圆 1,如图 6-19d 所示
命令:geomconstraint //执行【几何约束】命令

输入约束类型[水平(H)/竖直(V)/垂直(P)/平行(PA)/相切(T)/平滑(SM)/重合(C)/同心(CON)/共线(COL)/对称(S)/相等(E)/固定(F)]〈同心〉:t

//执行【相切约束】

选择第一个对象: //选择圆 2

选择第二个对象: //选择圆 3,如图 6-19e 所示

命令:geomconstraint //执行【几何约束】命令

输入约束类型[水平(H)/竖直(V)/垂直(P)/平行(PA)/相切(T)/平滑(SM)/重合(C)/同心(CON)/共线(COL)/对称(S)/相等(E)/固定(F)]〈同心〉:

//按〈Enter〉键,执行【相切约束】

选择第一个对象: //选择圆 1

选择第二个对象: //选择圆 3,如图 6-19f 所示

在该例题中,【固定约束】命令是指把一个对象上的某一个点固定在图上,不能移动,但是这个图形可以通过“夹点”编辑来改变形状。

【约束】命令执行完毕后,可以通过鼠标右键单击图形上的约束图标来选择是否隐藏或删除约束,隐藏约束表示隐藏约束的图标,但保留约束关系;如果选择删除约束,则表示取消约束关系。

6.3.2 尺寸约束

尺寸约束可以确定对象、对象上的点之间的距离或角度,也可以确定对象的大小。执行【尺寸约束】的方法有:

■ 命令行:dimconstraint ↙(按〈Enter〉键)。

■ 工具栏:【尺寸约束】(图 6-20)。

■ 菜单栏:【参数】/【标注约束】(图 6-21)。

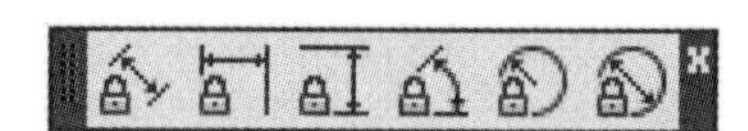

图 6-20 【尺寸约束】工具栏

建立尺寸约束是为了限制图形对象的大小,在生成尺寸约束后,系统会生成一个表达式,其名称和值显示在一个弹出的对话框文本区域内,如图 6-22 所示,用户可以在文本框中编辑该表达式的名称和值。

【标注约束】命令执行后,可以通过选中尺寸约束表达式,再选中夹点,利用鼠标拖动来改变表达式的标注位置,另外,也可以双击表达式,重新编辑其名称和值。

在 AutoCAD2014 中,还可以通过【约束设置】来对尺寸约束进行设置,通过【标注】选项卡可以控制显示标注约束时的系统配置,标注约束控制设计的大小和比例如图 6-23 所示。

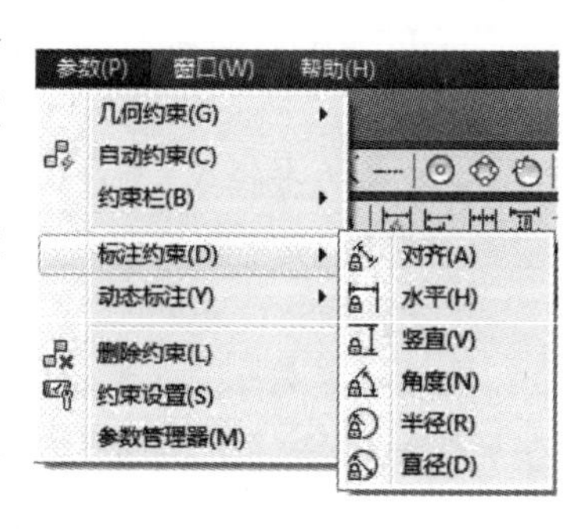

图 6-21 【几何约束】子菜单

◆【标注约束格式】选区:在【标注名称格式】的下拉列表中有三个选项,分别是【名称】、【值】、【名称和表达式】,选择其中一项作为尺寸约束进行标注时采用的形式,同时在下拉列表后面给出该形式的预览图。

【为注释性约束显示锁定图标】复选框:表示针对已应用注释性约束的对象显示锁定图标。

图 6-22 尺寸约束表达式

图 6-23 【标注】选项卡

◆【为选定对象显示隐藏的动态约束】复选框：勾选该复选框表示显示选定时已设置为隐藏的动态约束。

【例 6-5】 绘制一个边长为 1500 的正五角星（图 6-24）。

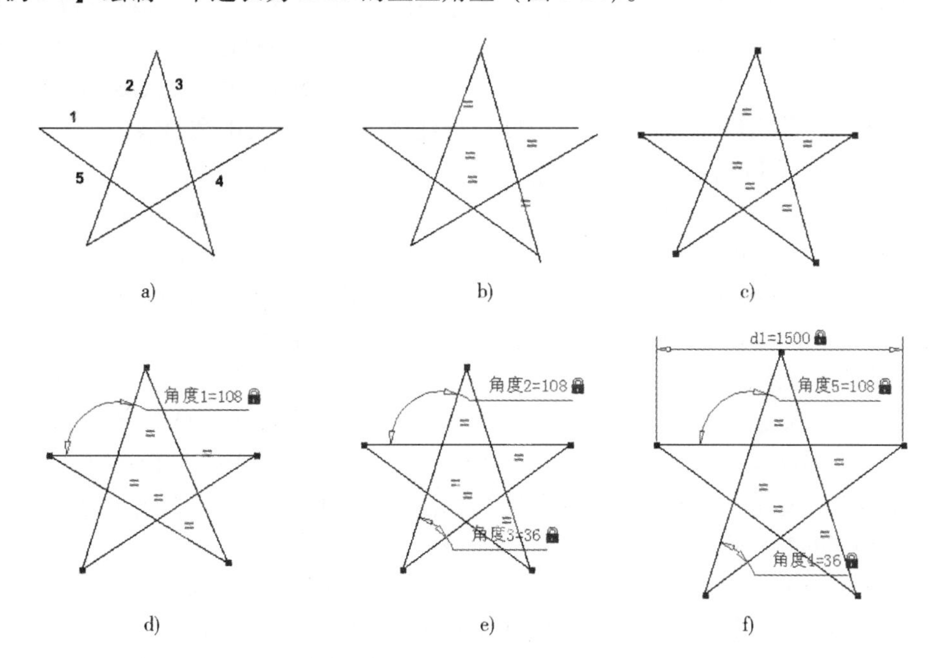

图 6-24 利用对象约束绘制正五角星

◆ 步骤一：使用【直线】命令任意绘制一个五角星，如图 6-24a 所示。

◆ 步骤二：使用几何约束中的【相等】命令，使得五角星五个边相等，结果如图 6-24b 所示。

命令：geomconstraint　　　　//执行【几何约束】命令

输入约束类型[水平(H)/竖直(V)/垂直(P)/平行(PA)/相切(T)/平滑(SM)/重合(C)/同心(CON)/共线(COL)/对称(S)/相等(E)/固定(F)]〈相切〉:e

//执行【相等约束】
选择第一个对象或[多个(m)]:m //选择“多个”选项
选择第一个对象: //选择直线1
选择对象以使其与第一个对象相等: //选择直线2
选择对象以使其与第一个对象相等: //选择直线3
选择对象以使其与第一个对象相等: //选择直线4
选择对象以使其与第一个对象相等: //选择直线5
选择对象以使其与第一个对象相等: //按〈Enter〉键,结束选择

◆ 步骤三:使用几何约束中的【重合】命令,使每相邻的两条直线端点重合,结果如图6-24c所示。

命令:geomconstraint //执行【几何约束】命令
输入约束类型[水平(H)/竖直(V)/垂直(P)/平行(PA)/相切(T)/平滑(SM)/重合(C)/同心(CON)/共线(COL)/对称(S)/相等(E)/固定(F)]〈相等〉:c
//执行【重合约束】
选择第一个点或[对象(O)/自动约束(A)]〈对象〉://选择直线3下面的端点
选择第二个点或[对象(O)/自动约束(A)]〈对象〉://选择直线5下面的端点
…… //继续执行【重合约束】命令,直到每相邻的两条直线端点都重合为止

◆ 步骤四:使用尺寸约束中的【角度】标注命令,使直线1和直线2之间的角度为108°,结果如图6-24d所示。

命令:dimconstraint //执行【尺寸约束】命令
输入标注约束选项[线性(L)/水平(H)/竖直(V)/对齐(A)/角度(AN)/半径(R)/直径(D)/形式(F)/转换(C)]〈对齐〉:an //执行【角度约束】命令
选择第一条直线或圆弧或[三点(3P)]〈三点〉://选择直线1
选择第二条直线: //选择直线2
指定尺寸线位置: //移动鼠标单击确定标注的位置
标注文字=100 //在文本框中输入108°,按〈Enter〉键

◆ 步骤五:使用尺寸约束中的【角度】标注命令,使直线5和直线4之间的角度为36°,结果如图6-24e所示。

命令:dimconstraint //执行【尺寸约束】命令
输入标注约束选项[线性(L)/水平(H)/竖直(V)/对齐(A)/角度(AN)/半径(R)/直径(D)/形式(F)/转换(C)]〈角度〉: //按〈Enter〉键,执行【角度约束】命令
选择第一条直线或圆弧或[三点(3P)]〈三点〉://选择直线5
选择第二条直线: //选择直线4
指定尺寸线位置: //移动鼠标单击确定标注的位置
标注文字=108 //在文本框中输入36°,按〈Enter〉键

◆ 步骤六:使用尺寸约束中的【线性】标注命令,使直线1的长度为1500,结果如图6-24f所示。

命令:dimconstraint //执行【尺寸约束】命令

输入标注约束选项[线性(L)/水平(H)/竖直(V)/对齐(A)/角度(AN)/半径(R)/直径(D)/形式(F)/转换(C)]〈角度〉:l　　//执行【线性约束】命令

指定第一个约束点或[对象(O)]〈对象〉:　　//捕捉直线1的左端点

指定第二个约束点:　　//捕捉直线1的右端点

指定尺寸线位置:　　//移动鼠标单击确定标注的位置

标注文字=123.5　　//在文本框中输入1500,按〈Enter〉键

6.4 图案填充

在景观工程图纸中，为了表现材料，需要在相应区域绘制材料的图例符号。图案填充命令可以帮助用户将选择的图案填充到指定的区域内。

执行【图案填充】命令的方法有：

■ 命令行：bhatch↙（按〈Enter〉键）。

■ 菜单栏：【绘图】/【图案填充】。

■ 工具栏：【绘图】/ 或 。

执行命令后，会弹出如图6-25所示的【图案填充和渐变色】对话框。该对话框有【图案填充】和【渐变色】两个选项卡。

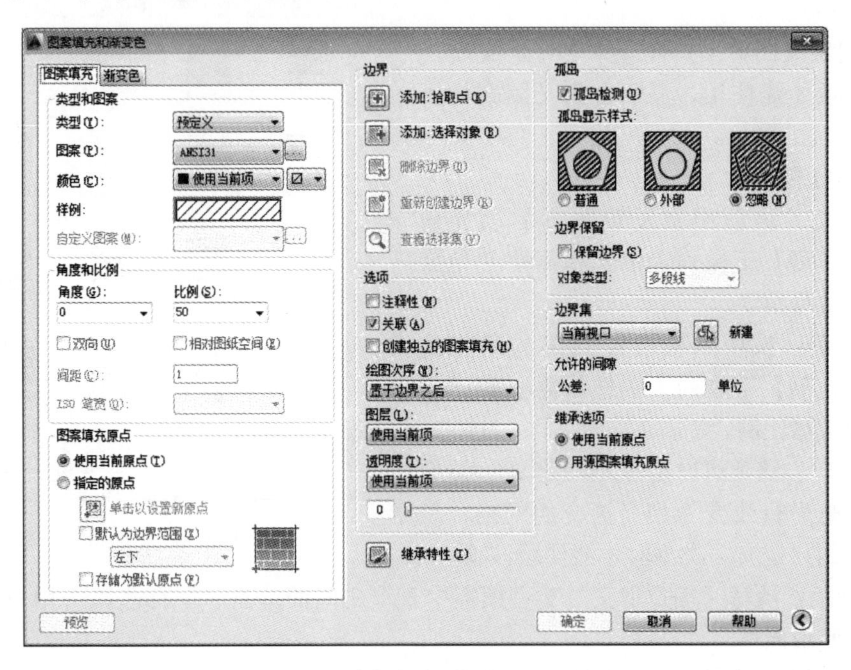

图6-25 【图案填充和渐变色】对话框

6.4.1 图案填充

【图案填充】选项卡是用来设置填充图案的类型、角度、比例等特性的，各功能含义如下：

◆ 类型和图案

◇ 类型

预定义：系统已经定义的填充图案。

用户定义：基于图形的当前线型创建直线图案。

自定义：按照填充图案的定义格式定义自己需要的图案，文件扩展名为“. pat”。

◇ 图案

单击图案下拉列表，罗列了AutoCAD已经定义的图案名称，对于初学者来说，这些英文名称不易记忆和区别，可以单击后面的“…”按钮，弹出如图6-26所示的【填充图案选项板】对话框。对话框将填充图案分为四类：

【ANSI】是美国国家标准学会建议使用的填充图案。

【ISO】是国际标准化组织建议使用的填充图案。

【其他预定义】是世界许多国家通用的或传统的符合多种行业标准的填充图案。

【自定义】是由用户自己绘制定义的填充图案。

前三种类型的填充图案，只有在选择“预定义”类型时才可以使用。

◇ 颜色：可以选择填充图案的颜色。

◇ 样例：显示选定图案的预览图像，单击它可以调用如图6-26所示的【填充图案选项板】对话框。

◇ 自定义图案：只有选择“自定义”类型时，该项才能使用，显示自定义图案的预览图像。

◆ 角度和比例

◇ 角度：该项用来设置图案的填充角度，在【角度】下拉列表中选择需要的角度或者直接填写角度。

◇ 比例：该项用来设置图案的填充比例，在【比例】下拉列表中选择需要的比例或者直接填写比例。

◇ 双向：该项可以使“用户定义”类型图案由一组平行线变为相互正交的网格。只有选择“用户定义”类型时才能使用该项。

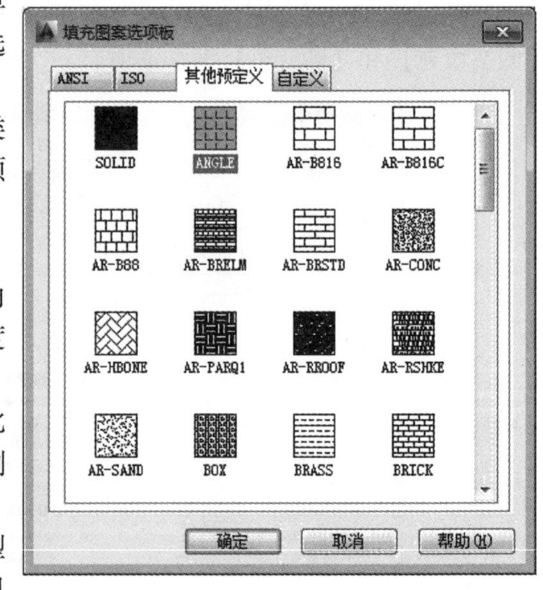

图6-26 【填充图案选项板】对话框

◇ 间距：填写“用户定义”类型图案中直线之间的距离。只有选择“用户定义”类型时才能使用该项。

◆ 图案填充原点：可以设置图案填充原点的位置，因为许多图案需要对齐边界上的某一点。

◇ 使用当前原点：使用当前原点（0，0）作为填充图案的原点。

◇ 指定的原点：可以通过指定点作为填充图案的原点。单击下方图标回到绘图区，用鼠标选取原点。

◆ 边界

◇ 拾取点：以拾取点的形式自动确定填充区域的边界。如图 6-27 所示。

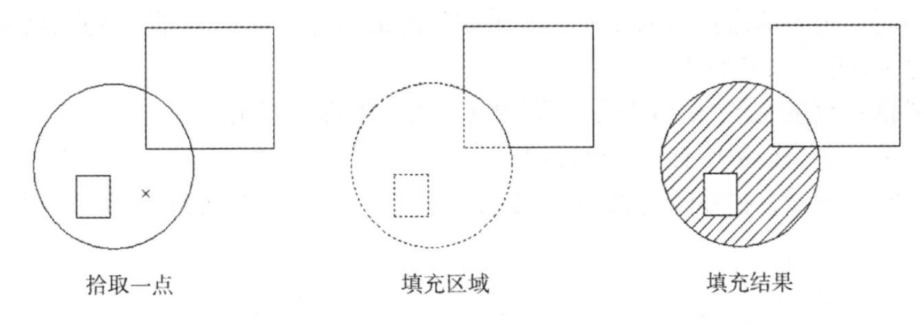

图 6-27　拾取点填充

◇ 选择对象：以选择对象的方式确定填充区域的边界。如图 6-28 所示。

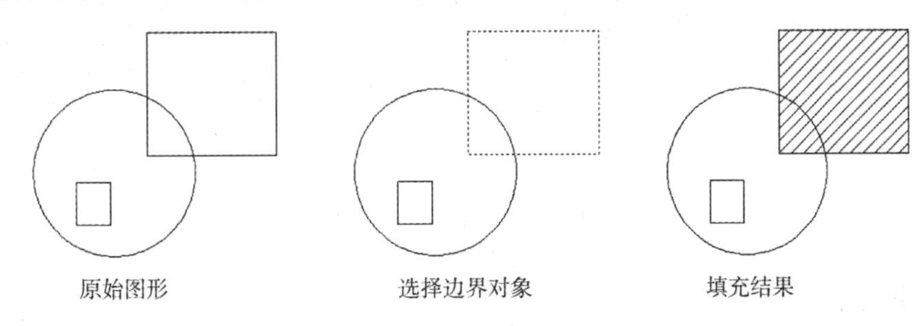

图 6-28　选择对象填充

◇ 删除边界：该项可以对封闭边界内检验到的孤岛执行忽略样式。如图 6-29 所示。

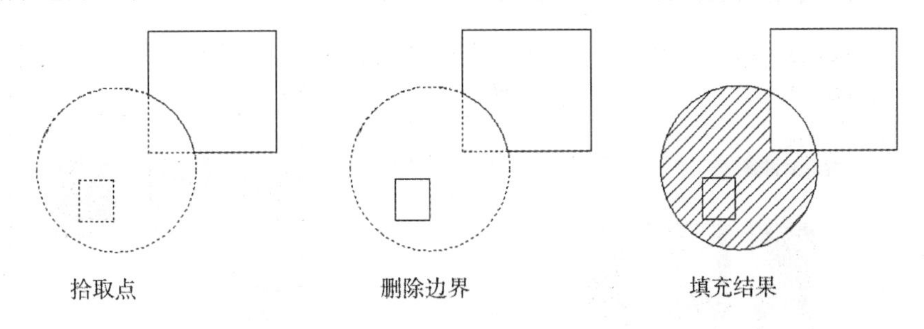

图 6-29　删除边界后填充

◇ 查看选择集：查看填充区域的边界。

◆ 选项

◇ 注释性：将图案定义为可注释性对象。

◇ 关联：当边界位置发生修改变化时，填充的图案也随之更新。

◇ 创建独立的填充图案：当指定了几个独立的闭合边界时，用来控制是创建单个图案填充对象还是创建多个图案填充对象。

◇ 绘图次序：指定图案填充的顺序。可以默认不指定，也可以选择后置、前置、置于边界之后、置于边界之前。

◇ 继承特性：选用图中已有的填充图案作为当前的填充图案，实现特性继承。

◆ 孤岛

孤岛是指在一个封闭的图形边界内存在的一个或多个封闭的图形。

开启“孤岛检测”，下方显示三种填充样式：

◇ 普通：由外部边界向内填充，如果碰到岛的边界，填充断开，直到碰到内部的另一个岛边界为止，又开始填充。

◇ 外部：仅填充最外层的区域，而内部的所有岛都不填充。

◇ 忽略：忽略内部所有岛，全部填充。

如图 6-30 所示，在外圆与四边形之间拾取点，用三种方式进行填充，观察之间的区别。

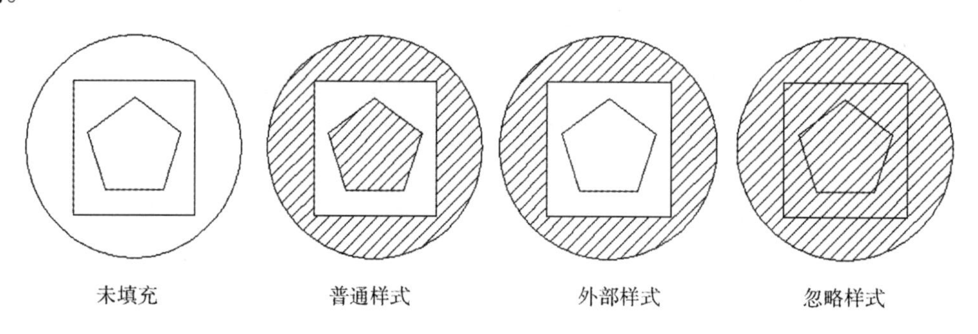

图 6-30　孤岛填充样式

6.4.2　渐变色

使用【图案填充和渐变色】对话框中的【渐变色】选项卡，可以对指定区域进行渐变色填充。打开【渐变色】选项卡，如图 6-31 所示。

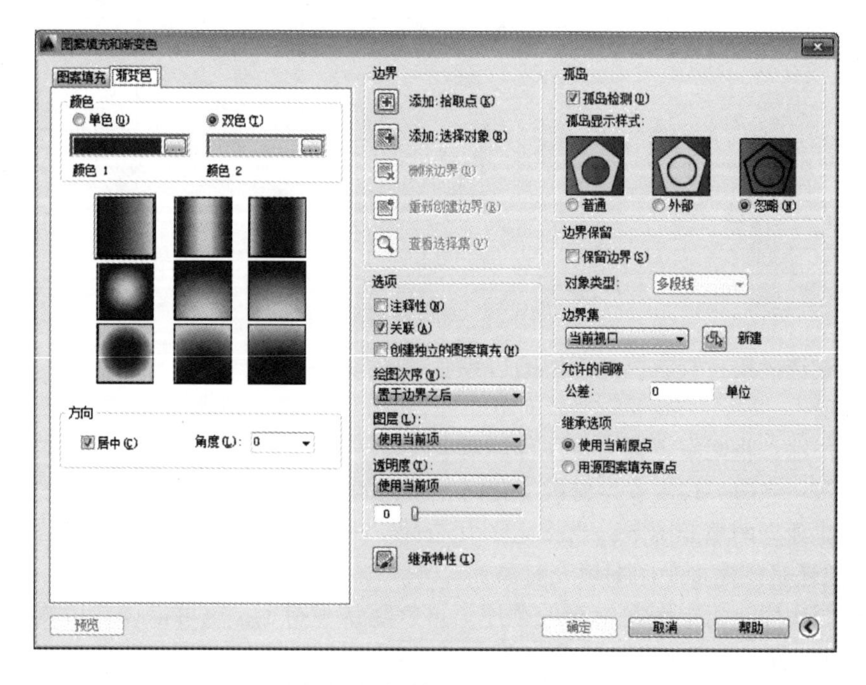

图 6-31　【渐变色】选项卡

◆ 单色：使用从较深色到较浅色平滑过渡的单色填充。

◆ 双色：在两种颜色之间平滑过渡的双色填充。
◆ 居中：指定对称的渐变配置。
◆ 角度：指定渐变填充的角度

6.4.3 编辑图案填充

创建 图案填充的方法如下：

■ 菜单栏：【修改】/【对象】/【图案填充】。

■ 工具栏：【修改Ⅱ】/ 。

执行命令后，单击需要编辑的图案对象，将弹出【图案填充编辑】对话框。此对话框与【图案填充和渐变色】对话框的内容相同，只是定义填充边界和对孤岛操作的按钮不再可用，即只能修改图案、比例、角度和关联性等，而不能修改它的边界。

除了通过菜单栏执行【图案填充编辑】命令，还可以直接双击需要编辑的图案填充对象，也会弹出【图案填充编辑】对话框。

另外，图案填充的可见性是可以控制的，对用户来说，具体操作方法是：

■ 命令行：fill↙（按〈Enter〉键）

命令行提示如下：

输入模式[开(ON)/关(OFF)]〈开〉：

如果将模式设置为“开”，则显示图案填充；如果模式设置为“关”，则不显示图案填充。

6.5 图块

“块”是指把一组图形或文本作为一个实体的总称。例如绘制植物图例，它是由多个对象组成的图形，把这一组对象创建为一个块，这一组对象就成了一个整体，使用时既便于选择又不易丢失，还可以根据作图需要将这组对象按不同比例和旋转角度插入到图中任意指定位置。因此，使用块可以进一步提高绘图效率，简化相同或者类似结构的绘制，减少文件的储存空间。“块”在景观工程制图中的使用非常普遍。

6.5.1 创建块

要使用块，首先要创建块。AutoCAD 提供了两种创建块的方法：Block（B）是创建内部块，也叫块定义，用 Block 命令定义的图块只能在本文件中调用，而不能在其他图形中调用；Wblock（W）是创建外部块，Wblock 命令可以看成是 Write 加 Block，也就是写块。Wblock 命令可将图形文件中的整个图形、内部块或某些实体写入一个新的图形文件，其他图形文件均可以将它作为块调用。

（1）创建内部块

执行【块定义】命令的方法有：

■ 命令行：block↙（按〈Enter〉键）。

■ 菜单栏：【绘图】/【块】/【创建】。

■ 工具栏：【绘图】/ 。

执行命令后，弹出如图 6-32 所示的【块定义】对话框。通过该对话框可以对每个块定义的所有相关数据进行设置。

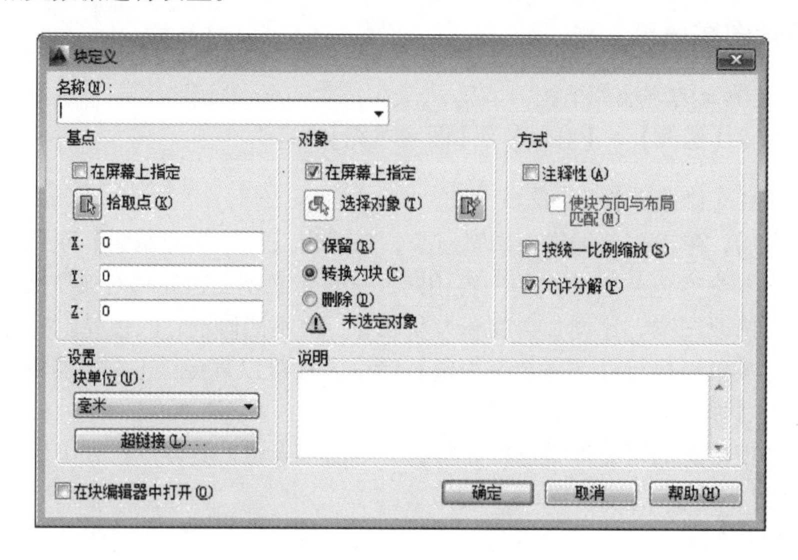

图 6-32 【块定义】对话框

◆ 名称：用于输入块的名称。

◆ 基点：用于设置块的插入基点位置。用户可以使用【拾取点】按钮，用光标捕捉图形中的某个点作为插入点；也可以直接在 X、Y、Z 文本框中输入点的坐标值。通常使用前一种方法。基点是插入图块时的定位点，应该根据图形的结构合理选择基点。

◆ 对象：用于选择组成块的图形对象。单击【选择对象】按钮，切换到绘图区选择组成块的图形对象；也可以使用【快速选择】按钮，设置所选对象的过滤条件。

下方三个单选框的含义分别为：

◇ 保留：创建块以后，所选对象依然保留在图形中。

◇ 转换为块：创建块以后，所选对象转换成图块格式，同时保留在图形中。

◇ 删除：创建块以后，所选对象从图形中删除。

◆ 方式：设置块的显示方式。【注释性】复选框指定块是否为注释性对象；【按统一比例缩放】复选框指定插入块时是按统一的比例缩放还是沿各坐标轴方向采用不同的缩放比例；【允许分解】复选框指定插入块后是否可以将其分解，即分解成组成块的各基本对象。

◆ 设置：指定从设计中心拖动块时用以缩放的单位。通常选择“毫米”。

◆ 说明：填写与块相关的文字说明。

（2）创建外部块

创建外部块也叫“写块”，执行【写块】命令的方法是：

■ 命令行：wblock↙（按〈Enter〉键）。

执行命令后，弹出如图 6-33 所示的【写块】对话框。通过该对话框可以完成外部块的创建。常用功能选项有：

◆ 源：用于指定需要保存到磁盘中的块或块的组成对象。

◆ 基点：该选区的内容及功能与【块定义】对话框中的相同。

◆ 对象：该选区的内容及功能与【块定义】对话框中的相同。

◆ 目标：【文件名和路径】用来指定外部块的保存路径和文件名；【插入单位】指定设计中心将图形文件作为块插入到其他图形文件中进行缩放时使用的单位，通常设置为毫米。

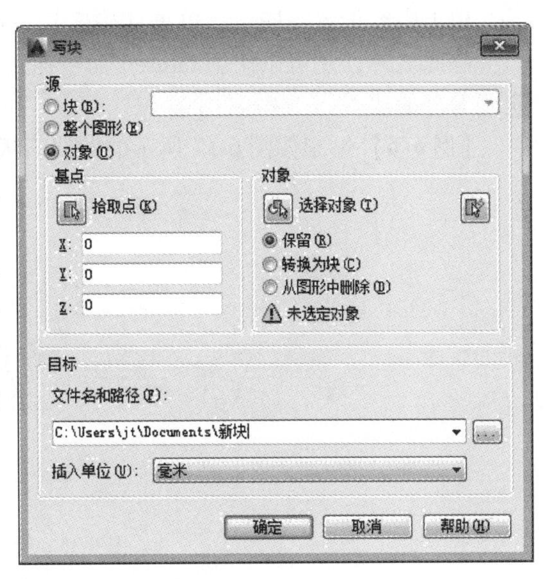

图 6-33 【写块】对话框

6.5.2 插入块

插入块的方法有：

■ 命令行：insert↙（按〈Enter〉键）。

■ 菜单栏：【插入】/【块】。

■ 工具栏：【绘图】/ 。

执行命令后，弹出如图 6-34 所示的【插入】对话框。

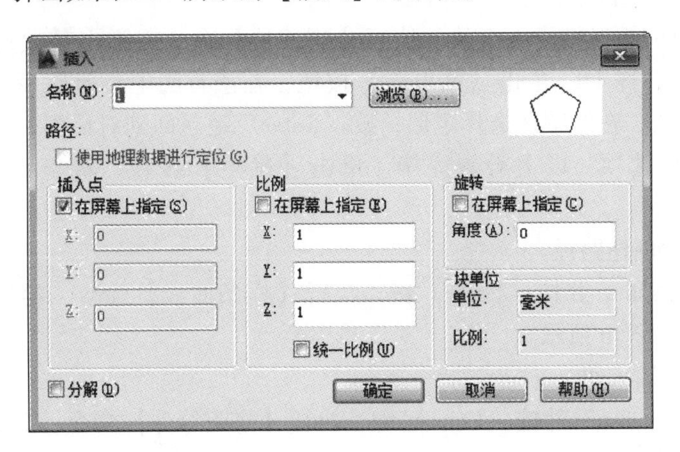

图 6-34 【插入】对话框

◆ 名称：在下拉列表中选择内部块，或者单击后面的【浏览】按钮，通过指定路径选择外部块。

◆ 插入点：用于指定块在图形中的插入位置。通常勾选【在屏幕上指定】，用鼠标在绘图区单击一点来确定插入的位置，也可以在 X、Y、Z 的编辑框中输入插入点坐标值。

◆ 比例：【在屏幕上指定】是指用鼠标在屏幕上指定比例因子，或者通过命令行输入比例因子，也可以在 X、Y、Z 编辑框中输入三个方向的比例因子。

◆ 旋转：可以用鼠标在屏幕上指定旋转角度，或者通过命令行输入旋转角度值；也可以在角度编辑框中直接输入角度值。

以上内容设置完毕后，单击【确定】按钮，插入块。

除此之外，还可以使用 minsert 命令插入阵列形式的块，也可以使用 messure 命令插入定距等分的块。

【**例 6-6**】绘制如图 6-35 所示的曲线石板路。

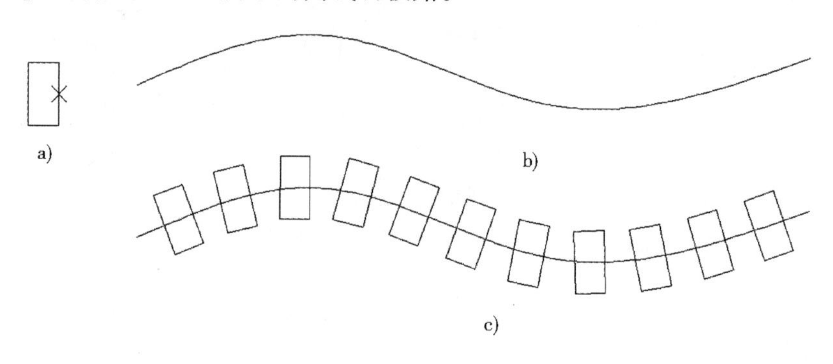

图 6-35 绘制曲线石板路

a）创建块 b）创建路径 c）定距等分

◆ 步骤一：绘制条石图形。

命令行输入 rectang 并按〈Enter〉键，执行【矩形】命令，绘制尺寸为 300×600 的矩形，这就是一块条石踏步，如图 6-35a 所示。

◆ 步骤二：创建块。

把刚才绘制的矩形做成一个块。执行【创建块】命令，弹出【块定义】对话框，在名称栏输入块的名称 TS；单击【拾取点】按钮，在条石的中心拾取一点作为基点；单击【选择对象】按钮，在绘图区选择矩形，按〈Enter〉键返回到对话框，在【对象】区中选择【转换为块】选项。以上设置完毕，单击【确定】按钮，将条石创建为名称为 TS 的块。

◆ 步骤三：创建路径。

命令行输入 spline 并按〈Enter〉键，执行【样条曲线】命令，绘制一条代表园路的样表曲线，如图 6-35b 所示。

◆ 步骤四：插入块。

命令行输入 measure 并按〈Enter〉键，执行【定距等分】命令，命令行提示如下：

```
选择要定距等分的对象                        //选择样条曲线
指定线段长度或[块(B)]:b                     //输入 b,按〈Enter〉键,选择块选项
输入要插入的块名:TS                         //输入块名,按〈Enter〉键
是否对齐块或对象?[是(Y)/否(N)]〈Y〉:        //直接按〈Enter〉键,对齐块
指定线段长度:600                            //输入等分的距离,按〈Enter〉键,结束命令
```

绘制结果如图 6-35c 所示。最后可删除路径，保留条石，完成石板路的绘制。

6.5.3 属性块的创建和插入

为了增强图块的通用性，可以创建属性块。属性块就是在图块上附加一些文字属性（Attribute），通过这些文字可以非常方便地修改其属性。属性块被广泛应用在工程设计和

机械设计中，在工程设计中会用属性块来设计轴号、标高、门窗、水暖电设备等，例如建筑图中的定位轴号就是同一个图块，但属性值可以分别是 1、2、3 等。利用属性块我们可以将类似的图形定义成一个图块，通过改变属性来调整图块的显示。

（1）属性定义。属性定义是创建属性的样板，它指定属性的特性及插入块时系统显示的提示信息，具体操作方法有：

■ 命令行：attdef↙（按〈Enter〉键）。

■ 菜单栏：【绘图】/【块】/【定义属性】。

执行命令后，弹出如图 6-36 所示的【属性定义】对话框。

图 6-36 【属性定义】对话框

◆ 模式：用来设置与块相关的属性值选项，通常保持默认状态。

◆ 属性：最主要的参数是标记、提示和默认值。标记就是一个标签，例如这个属性用来表示高度，你可以输入标高值；提示是插入此图块时出现的提示，例如：输入标高值；默认就是此属性的默认值。

◆ 插入点：用来指定插入的位置。通常勾选【在屏幕上指定】来确定插入的位置。

◆ 文字设置：包括“对正”“文字样式”。文字高度“旋转”四个选项。

【例 6-7】创建一个如图 6-37 所示带属性的标高符号。

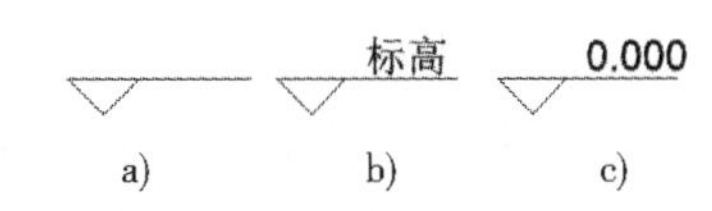

图 6-37 创建带属性的标高
a）标高符号 b）带属性的标高符号
c）标高符号属性块

◆ 步骤一：绘制标高符号（按照制图规范标高符号的画法）。绘制结果如图 6-37a 所示。

◆ 步骤二：定义属性。按如图 6-36 所示，对【属性定义】对话框进行设置，单击【确定】按钮，用鼠标指针捕捉并确定标高符号上方文字的位置，绘制结果如图 6-37b 所示。

（2）创建属性块。属性定义好以后，就可以用【block】命令创建带属性的块。同样以图 6-37 的标高符号为例。

◆ 执行【block】命令，弹出【块定义】对话框，在【名称】文本框中输入“带属性的标高”。

◆【基点】选区单击【拾取点】按钮，用鼠标指针捕捉标高符号中三角形的尖点并单击确定块的插入点。

◆ 单击【对象】选区的【选择对象】按钮，使用窗选的方式选择整个标高符号图形和文字，按〈Enter〉键返回【块定义】对话框，同时选择【转换为块】。

◆【方式】选区勾选【允许分解】。

◆【设置】单位选择“毫米”。

◆ 单击【确定】按钮，弹出如图6-38所示【编辑属性】对话框，单击【确定】按钮，对话框关闭，原有的标高符号图形转换为标有0.000的标高符号块，如图6-37c所示。需要注意的是，只有在【对象】选区选择了【转换为块】复选框，才会弹出【编辑属性】对话框。

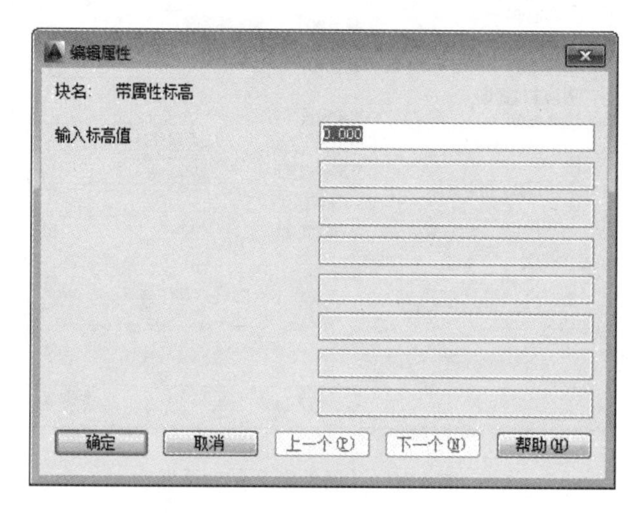

图6-38 【编辑属性】对话框

在创建带属性块的时候，还可以选择多个属性，使块具有多个属性。

（3）插入属性块。执行【插入块】命令后，弹出【插入】对话框，在【名称】选项区选择【带属性的标高】，并在屏幕上指定插入点和比例，点击【确定】按钮，关闭对话框，命令行提示如下：

指定插入点或[基点(B)/比例(S)/旋转(R)]： //鼠标在绘图区单击确定插入位置
指定比例因子〈1〉： //按〈Enter〉键默认1，按〈Enter〉键

此时弹出【编辑属性】对话框，输入标高值，单击【确定】按钮，完成插入。需要注意的是，在实际景观工程图的绘制中，需要根据图纸出图的比例来确定插入属性块的比例因子，例如，出图比例为1:300，属性块的指定比例因子则应输入300。

（4）块属性管理器。块属性管理器用来管理当前文件中所有带属性的块参照。调用【块属性管理器】对话框的方法有：

■ 命令行：battman↙（按〈Enter〉键）。

■ 菜单栏：【修改】/【对象】/【属性】/【块属性管理器】。

■ 工具栏：【修改Ⅱ】/ 。

执行命令后，弹出如图6-39所示的【块属性管理器】对话框。

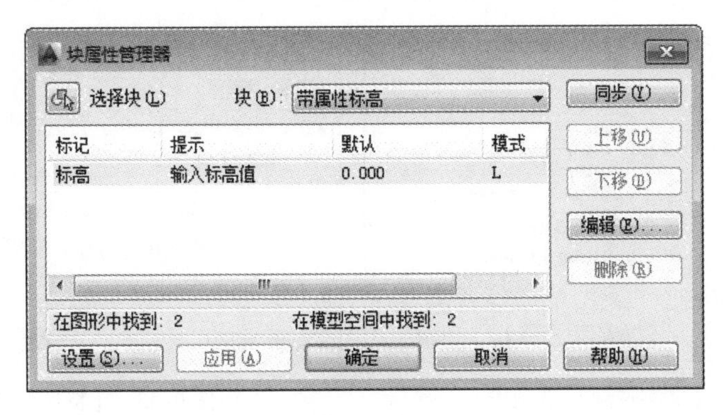

图6-39 【块属性管理器】对话框

◆【块属性设置】对话框

在【块属性管理器】对话框中，单击【块】下拉列表，列表中将显示当前图形中所有带属性的块名，选择其中一个，或者单击按钮，在绘图区域中选择一个要编辑的块。这时，在下面的属性列表中会显示该块所带的所有属性定义信息。在默认情况下，属性列表中只列出属性的四项信息：标记、提示、默认和模式。用户可以单击【设置（S）】按钮，通过如图6-40所示的【块属性设置】对话框选择更多的信息项。

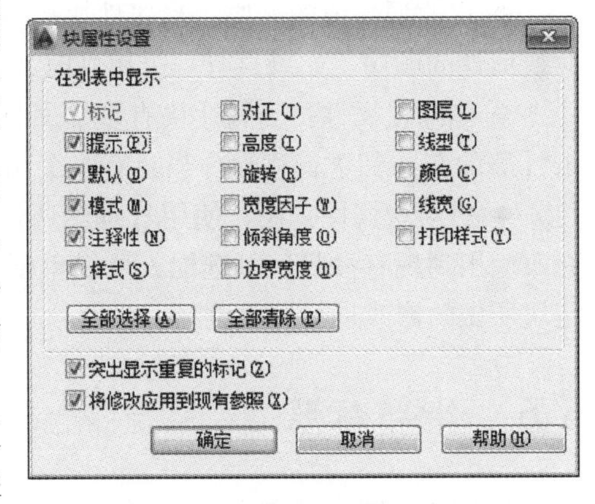

图6-40 【块属性设置】对话框

在【块属性设置】对话框的底部有两个复选框：【突出显示重复的标记】是用来打开和关闭对重复标记的强调，如果勾选此项，在属性列表中重复的属性标记显示为红色，否则不显示红色；【将修改应用到现有参照】是用来决定单击【应用（A）】按钮保存属性定义修改的同时是否更新应用于此块的现有块参照。

◆【编辑属性】对话框

在属性列表中双击要编辑的属性，或选中该属性再单击【编辑（E）】按钮，弹出如图6-41所示的【编辑属性】对话框，包括【属性】、【文字选项】和【特性】选项卡。

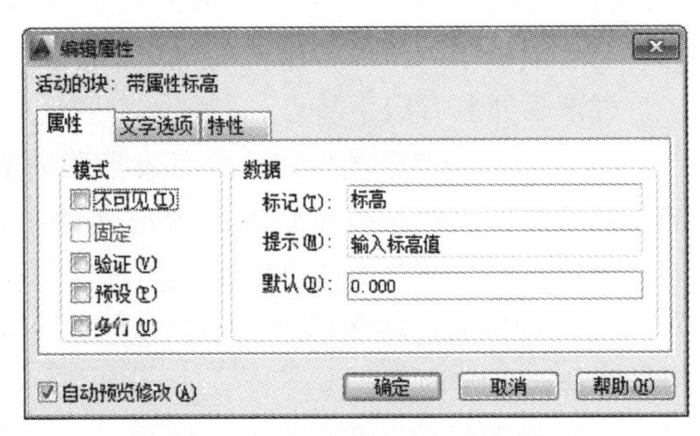

图6-41 【编辑属性】对话框

◇【属性】选项卡：可以修改属性定义的模式、标记、提示和默认值。【自动预览修改】复选框用来控制是否立即更新绘图区域，以显示用户所做的任何可视属性更改，如果勾选此项，系统会立即显示所做的修改；否则系统不会立即显示所做的修改。

◇【文字选项】选项卡：用来修改所选属性块的文字特性，如图6-42所示。

◇【特性】选项卡：用来修改所选属性块的基本特性，如图6-43所示。

图6-42 【文字选项】选项卡

图6-43 【特性】选项卡

当完成对属性块的修改后，单击【确定】按钮，返回【块属性管理器】对话框。单击【应用（A)】按钮以便继续进行其他修改工作，或单击【确定】按钮直接退出【块属性管理器】对话框。

◆ 更改属性值的顺序：当属性块有多个属性时，可以通过【上移】或【下移】按钮改变属性的顺序。如果只有一个属性时，此项不可用。

◆ 删除块属性：当属性块有多个属性时，可以在属性列表中选中要删除的属性，单击【删除】按钮进行删除。当只有一个属性时，此项不可用。

◆ 更新块属性：用户使用【编辑属性】对话框修改属性特性时，如果没有选择【将修改应用到现有参照】复选框，可以单击【同步（Y)】按钮，在所有块参照中根据对选定块所做的修改进行属性更新。

6.6 外部参照

AutoCAD除了可以插入块，还允许用户直接插入一个外部图形，它是AutoCAD图形相互调用更为有效的一种方法。

6.6.1 外部参照的概述

直接引用到当前图形中的非块形式的外部图形也是一个独立的对象，为了区别于块参照，我们将其称为外部参照。外部参照的一个最大特点是，当被引用的外部图形发生变化时，当前图形中的外部参照将随之更新。

外部参照具有以下特点：

（1）可以将整个图形作为外部参照附着到当前图形中，它并不是真正插入，附着的外部参照的数据仍然保存在原来的图形文件中，当前图形只保存外部参照文件的名称和路径。因此，使用外部参照可以生成图形而不会显著增加图形文件的大小。

（2）可以通过在图形中参照其他用户的图形来协调用户之间的工作，从而与其他用户所做的修改保持同步。

（3）确保显示参照图形的最新状态。每次打开图形文件时，AutoCAD将自动重载每个外部参照，从而反映参照图形文件的最新状态。

（4）可以控制参照文件图层的状态和特性，也可以对外部参照进行【比例缩放】、【移动】、【复制】、【阵列】和【旋转】等操作。外部参照在当前图形中以单个对象的形式存在，与块参照不同的是，必须先绑定外部参照才能对其进行分解。

（5）当工程完成并准备归档时，可以使用【绑定】命令将附着的外部参照和用户图形永久合并到一起。

6.6.2 插入外部参照

一个图形可以作为外部参照同时插入到多个图形中。反之，也可以将多个图形作为外部参照插入到单个图形上。外部参照必须是模型空间对象，可以以任何比例、位置和旋转角度附着这些外部参照。执行【外部参照】命令的方法有：

■ 命令行：xattach↙（按〈Enter〉键）。

■ 菜单栏：【插入】/【dwg 参照】。

■ 工具栏：【参照】/ （图 6-44）。

图 6-44 【参照】工具栏

执行命令后，弹出【选择参照文件】对话框，在该对话框中选中要插入的参照文件，然后单击【打开】按钮，弹出【附着外部参照】对话框，如图 6-45 所示。

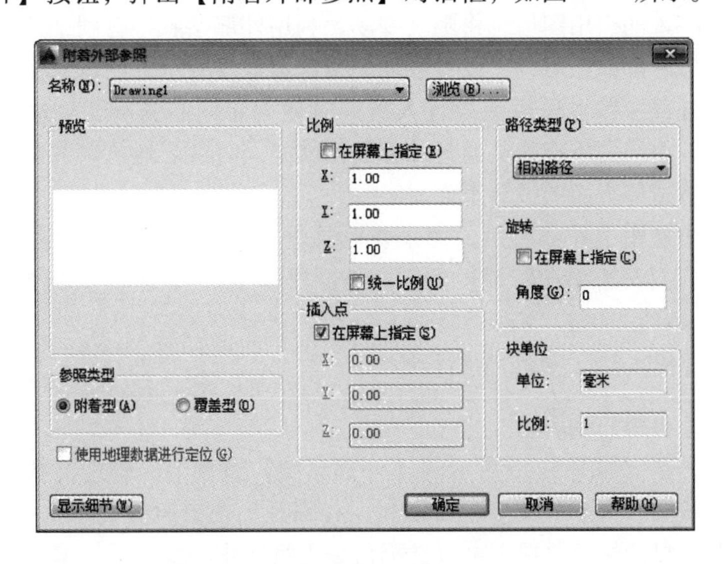

图 6-45 【附着外部参照】对话框

◆ 名称：下拉列表框中显示需要插入的外部参照文件的名称，如果需要改变参照文件，可以单击右边的【浏览】按钮，重新打开【选择参照文件】对话框并选择需要的外部参照文件。

◆ 路径类型：指定外部参照的保存路径是完整路径、相对路径还是无路径。将路径类型设置为【相对路径】之前，必须保存当前图形。对于嵌套的外部参照，相对路径通常是指其直接宿主的位置，而不一定是当前打开的图形的位置。如果参照的图形位于另一个本地磁盘驱动器或网络服务器上，【相对路径】选项不可用。

◆ 参照类型

◇ 附着型：附着的外部参照可以被嵌套，例如图形 A 以附着型引用了图形 B，当图形 A 被图形 C 引用时，在图形 C 中同时显示图形 A 和图形 B。

◇ 覆盖型：附着的外部参照不可以被嵌套，例如图形 A 以覆盖型引用了图形 B，当图形 A 被图形 C 引用时，在图形 C 中不显示图形 B。

◆ 插入点：确定参照图形的插入点，用户可以直接在 X、Y、Z 文本框中输入插入点的坐标值，也可以选择【在屏幕上指定】复选框，这样可以在屏幕上直接指定插入点。

◆ 比例：确定参照图形的插入点，用户可以直接在 X、Y、Z 文本框中输入参照图形三个方向的比例，也可以选择【在屏幕上指定】复选框，这样可以在屏幕上直接指定参照图形三个方向的比例。

◆ 旋转；确定参照图形插入时的旋转角度，用户可以直接在旋转文本框中输入参照图形需要旋转的角度值，也可以选择【在屏幕上指定】复选框，这样可以在屏幕上直接指定参照图形的旋转角度。

设置完毕后，单击【确定】按钮，就可以按照插入块的方法插入外部参照。

6.6.3 外部参照管理

每当 AutoCAD 装载图形时，都将加载最新的外部参照版本，因此，若外部图形文件有所改动，则用户装入的引用图形也将随之变动。利用外部参照将有利于几个人共同完成一个设计项目，因为外部参照可以使设计者之间很容易地察看对方的设计图形，从而协调设计内容；另外，外部参照也可以使设计人员同时使用相同的图形文件进行分工设计。例如，一个建筑设计小组的所有成员通过外部引用就能同时参照建筑物的结构平面图，然后分别开展电路、管道等方面的设计工作。

如果一张图中使用了外部参照，如果要对其进行一些操作，这就需要使用【外部参照】管理器。执行【外部参照管理】的方法有：

■ 命令行：xref↙（按〈Enter〉键）。

■ 菜单栏：【插入】/【dwg 参照】。

■ 工具栏：【参照】/ 。

执行命令后，弹出如图 6-46 所示的【外部参照】管理器。管理器状态栏上显示文件参照的参照名、状态、大小、类型、日期和保存路径。在参照列表中选中某个外部参照，右键单击参照名，显示快捷菜单，可以选择命令进行操作。

◆ 打开：在新建窗口中打开选定的外部参照进行编辑。

◆ 附着：插入新的外部参照。

◆ 卸载：如果用户暂时不需要外部参照，或者想加快图形显示速度，则可以卸载外部参照。卸载和拆离不同，卸载并不是从图形数据中删除参照，只是不再读入和显示外部参照，用户可以随时重载外部参照。

◆ 重载：如果用户在操作当前图形时，其他人修改了被参照的其他图形文件并保存

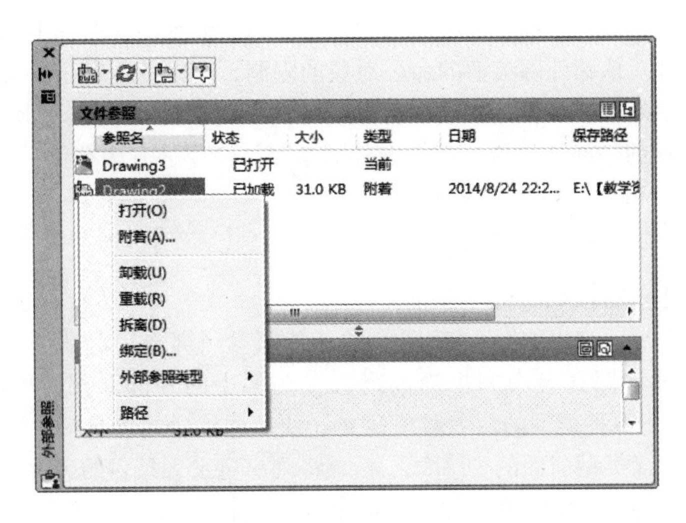

图 6-46 【外部参照】管理器

了修改后的图形，当前用户要想重新显示新的图形，就要重载外部参照，否则当前图形中的参照图形会与实际不符。

◆ 拆离：该选项的作用是从当前图形中移去不再需要的外部参照，与用删除命令在屏幕上删除一个参照对象不同。用删除命令在屏幕上删除的仅仅是外部参照的一个引用实例，但图形数据库中的外部参照关系并没有删除。而用拆离命令，不仅会删除屏幕上的所有外部参照实例，而且会彻底删除图形数据库中的外部引用关系。

◆ 绑定：绑定就是将外部参照的图形文件转换成一个块，将其永久插入到当前图形中。

◆ 外部参照类型：指定外部参照的类型是附着型还是覆盖型。

◆ 路径：指定路径是相对路径还是绝对路径（完整）。“完整”是使用包括本地硬盘驱动器号、网站的 URL 或网络服务器驱动器号的绝对路径。“相对”是指采用当前驱动器号或宿主图形的文件夹的路径。

6.6.4 绑定外部参照

将包含外部参照的最终图形归档时有以下两种选择：

（1）将外部参照图形与最终图形一起存储。

（2）将外部参照图形绑定至最终图形。

将外部参照与最终图形一起存储，要求外部参照与图形总是保持在一起，参照图形的任何修改将相继反映在最终图形中。为了防止修改参照图形时更新归档图形，要将外部参照绑定到最终图形。

将一个外部参照对象转变为一个外部块文件的过程，称为绑定。绑定以后，外部参照就会变成一个外部块对象，图形信息将永久性地写入当前文件内部，形成当前文件的一部分。

AutoCAD 不允许用户直接使用依赖外部参照的图层或其他命名对象，这是因为如果参照的图形文件已被修改，则依赖外部参照的命名对象的定义也将被更改。例如，不能插入依赖外部参照的块，或将依赖外部参照的图层设置为当前图层并在其中创建新对象。

要想避免这种对依赖外部参照的命名对象的限制，可以使用绑定外部参照的方法。绑定外部参照就是使外部参照及其依赖命名对象（例如块、文字样式、标注样式、图层和线型）成为当前图形的一部分，执行【绑定外部参照】命令的方法有：

■ 命令行：xbind↙（按〈Enter〉键）。

■ 菜单栏：【修改】/【对象】/【外部参照】/【绑定】。

■ 工具栏：【参照】/ 。

执行上述命令后，弹出如图6-47所示的【外部参照绑定】对话框。对话框中有两个显示列表，在外部参照列表中列出当前附着在图形中的外部参照，单击文件名前方的“+”图标，将列出五种类型的命名对象定义（块、标注样式、图层、线型和文字样式），单击其中的一种定义类型前面的“+”图标，将列出定义表条目的名称，在绑定定义列表中列出要绑定到当前图形中的外部参照依赖命名对象定义。

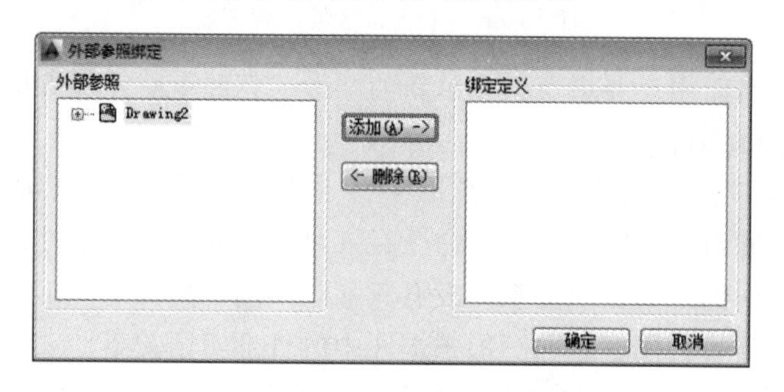

图6-47 【外部参照绑定】对话框

单击【添加】按钮可以将外部参照列表中指定的命名对象定义添加到绑定定义列表中，单击【删除】按钮可以将绑定定义列表中选定的外部参照依赖命名对象定义移回到它的外部参照相关定义表中。

6.6.5 修改外部参照

已经创建好的外部参照有两种修改方法，第一种方法是打开外部参照的源文件，修改并保存，目标文件中的外部参照对象就会自动更新；第二种方法是可以在目标文件中直接修改外部参照，即在位编辑参照。

执行【在位编辑参照】命令的方法有：

■ 命令行：refedit↙（按〈Enter〉键）。

■ 快捷菜单：【在位编辑外部参照】。

■ 工具栏：【参照编辑】/ （图6-48）。

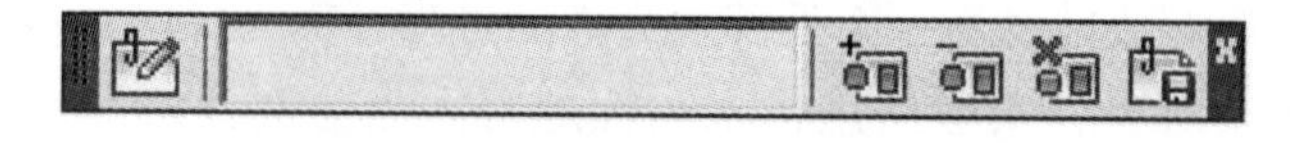

图6-48 【参照编辑】工具栏

执行命令后，选择要修改的参照，弹出如图6-49所示的【参照编辑】对话框。

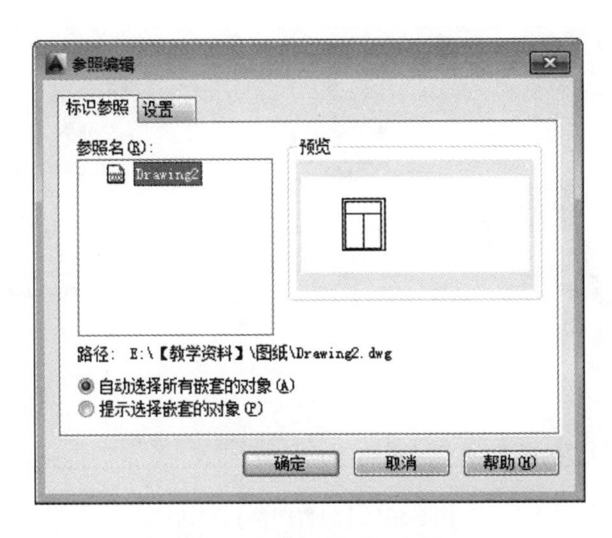

图 6-49 【参照编辑】对话框

◆【标识参照】选项卡：在参照名列表中显示所选参照的名称，如果所选参照为嵌套参照，列表中将显示所有可供选择的嵌套参照。

◆【设置】选项卡：采用系统默认的设置，系统锁定该参照文件以防止多个用户同时打开该文件。如果另一个用户正在使用参照所在的图形文件，则不能在位编辑参照。

单击【确定】按钮，【参照编辑】对话框关闭。此时，当前图形除参照外，其余图形对象均褪色显示，用户可以对参照中的对象进行编辑。用 REFCLOSE 命令 或【参照编辑】工具栏上的按钮来保存参照编辑。

该命令除了用来修改外部参照，还可以用来编辑已经创建的图块（块和外部参照都被视为参照）。

6.7 光栅图像

光栅图像即为由许多像素组成的图像，它可以像外部参照一样附着到 AutoCAD 图形文件中。AutoCAD 2014 支持多种格式的图像文件，包括 JPEG、GIF、BMP、PCX 等。与许多其他 AutoCAD 图形对象一样，光栅图像可以被复制、移动或裁剪。在景观工程制图中，经常使用光栅图像来进行描图。

6.7.1 插入光栅图像

用户可通过以下三种方式来附着光栅图像：

■ 命令行：imageattach↙（按〈Enter〉键）。

■ 菜单栏：【插入】/【参照光栅图像】。

■ 工具栏：【参照】/ 。

执行命令后，弹出【图像选择对话框】，找到并选择方案彩图文件，单击【打开】，弹出如图 6-50 所示的【附着图像】对话框。

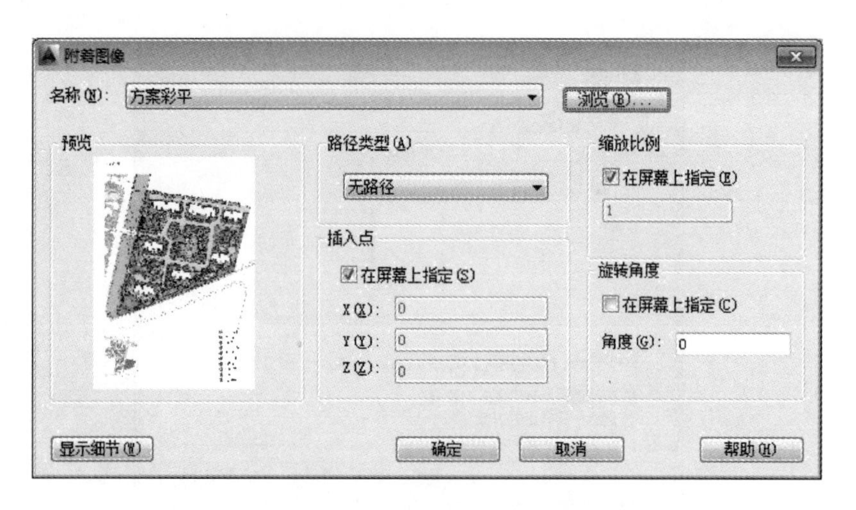

图 6-50 【附着图像】对话框

在该对话框中可以指定光栅图像的插入点、缩放比例和旋转角度等特性。如果选中【在屏幕上指定】复选框，则可以在屏幕上通过鼠标拖动图像的方法来指定。单击【显示细节】按钮，可以显示图像的详细信息，如图像的分辨率、图像的像素大小和保存路径等。设置完成后，单击【确定】按钮，即可将光栅图像附着到当前图形中。

图像的路径类型有三种：

◆ 完整（绝对）路径：完整路径是确定文件参照位置的文件夹的完整指定的层次结构。完整路径包括本地硬盘驱动器号、网站的 URL 或网络服务器驱动器号。这是最明确的选项，但缺乏灵活性。

◆ 无路径：无路径只保存文件名，依次在“宿主文件夹”“支持文件搜索路径”“工程文件搜索路径”“启动位置”这四个地方搜索，有这个文件就加载。因此宿主文件和参照文件需要放在同一个文件夹里。

◆ 相对路径：相对路径是使用当前驱动器号或宿主图形文件夹指定的文件夹路径。这是灵活性最大的选项，可以将图形集从当前驱动器移动到使用相同文件夹结构的其他驱动器中。当需要参照的文件太多而又不能放在同一个文件夹时，可以使用相对路径，但是宿主文件和参照文件必须放在同一个盘符里。

6.7.2 调整光栅图像

（1）亮度、对比度、淡入度。可以调整图像显示和打印输出的亮度、对比度和淡入度，执行此命令的方法有：

■ 命令行：imageadjust↙（按〈Enter〉键）。

■ 菜单栏：【修改】/【对象】/【图像】/【调整】。

■ 工具栏：【参照】/ 。

执行命令后，弹出如图 6-51 所示的【图像调整】对话框。用户在该对话框中可以分别对图像的亮度、对比度、淡入度做出调整。调整亮度可使图像变暗或变亮；调整对比度可使低质量的图像更易于观看；调整淡入度可使整个图像中的几何线条更加清晰，并在打印输出时创建水印效果。

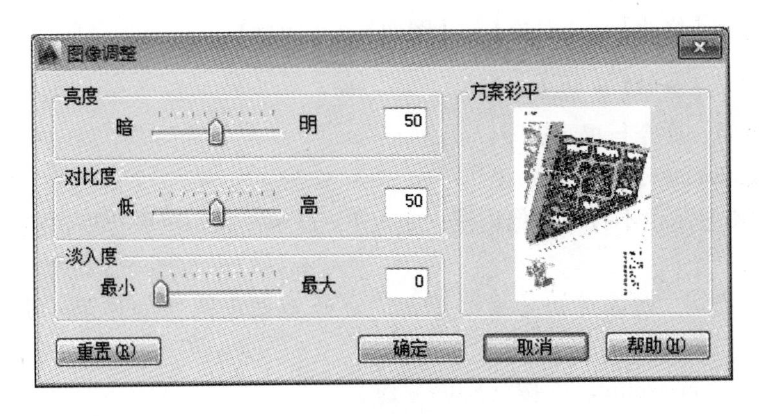

图 6-51 【图像调整】对话框

(2) 图像显示质量。图像显示质量的设置会影响到显示的性能，这是因为显示高质量的图像需花费较长的时间。对此设置的更改会立即更新显示，但并不会重生成图像。在打印图像时通常使用高质量的设置。执行此命令的方法有：

■ 命令行：imagequality ↙（按〈Enter〉键）。

■ 菜单栏：【修改】/【对象】/【图像】/【质量】。

■ 工具栏：【参照】/ 。

执行命令后，命令行提示如下：

选择图像： //选择图像

输入图像质量设置[高(H)/草图(D)]〈当前值〉：//输入选项或按〈Enter〉键

◆ 高：生成图像的高质量显示。

◆ 草图：生成较低质量的图像显示。

(3) 透明度。透明度用来控制图像的背景像素是否透明。有些图像文件格式允许图像具有透明像素。【透明度】命令对于两值图像和非两值图像（Alpha RGB 或灰度）都可用。默认状态时，在透明设置为“关”的状态下附着图像。此命令可针对单个图像进行调整。网页上的很多 GIF 格式图片具有透明属性。可运行 Firework、Adobe ImageReady 等软件编辑图像文件，存储为透明格式。执行此命令的方法有：

■ 命令行：transparency ↙（按〈Enter〉键）。

■ 菜单栏：【修改】/【对象】/【图像】/【透明度】。

■ 工具栏：【参照】/ 。

执行命令后，命令行提示如下：

选择图像： //选择图像

输入透明模式[开(ON)/关(OFF)]〈当前值〉： //输入选项或按〈Enter〉键

◆ 开：打开透明度模式，使图像下的对象可见。

◆ 关：关闭透明度模式，使图像下的对象不可见。

(4) 轮廓显示。轮廓显示用来控制图像边框是在屏幕上显示还是隐藏。执行此命令的方法有：

■ 命令行：imageframe ↙（按〈Enter〉键）。

■ 菜单栏：【修改】/【对象】/【图像】/【边框】。

■ 工具栏：【参照】/ 。

执行命令后，命令行提示如下：

输入 imageframe 的新值〈1〉：

输入0，不显示也不打印图像边框；输入1，显示并打印图像边框；输入2，显示但不打印图像边框。

（5）图像剪切。图像剪切是根据指定边界修剪选定图像的显示。执行此命令的方法有：

■ 命令行：imageclip↙（按〈Enter〉键）。

■ 菜单栏：【修改】/【剪裁】/【图像】。

■ 工具栏：【参照】/ 。

执行命令后，命令行提示如下：

选择要剪裁的图像：　　　　　　//选择图像

输入图像剪裁选项[关(ON)/关(OFF)/删除(D/新建边界(N)]〈新建边界〉：

　　　　　　　　　　　　　　　//输入选项或按〈Enter〉键

◆ 开：开启剪裁并在先前定义的剪裁边界中显示图像。

◆ 关：关闭剪裁并显示整个图像和边框。

◆ 删除：删除预定义的剪裁边界并重新显示整个原始图像。

◆ 新建边界：绘制一个新的剪裁边界（剪裁边界为仅由直线线段组成的矩形或多边形）。

6.7.3　光栅图像显示顺序

可以使用多个选项来控制显示重叠对象的顺序。执行此命令的方法有：

■ 命令行：draworder↙（按〈Enter〉键）。

■ 菜单栏：【工具】/【绘图次序】。

■ 工具栏：【修改Ⅱ】/ 。

执行命令后，命令行提示如下：

选择对象：　　　　　　//指定要更改其绘图顺序的对象，按〈Enter〉键，结束选择

输入对象排序选项[对象上(A)/对象下(U)/最前(F/最后(B)]〈最后〉：

　　　　　　　　　　　//输入选项或按〈Enter〉键

◆ 对象上：将选定对象移动到指定参照对象的上面。

◆ 对象下：将选定对象移动到指定参照对象的下面。

◆ 最前：将选定对象移动到图形中对象顺序的顶部。

◆ 最后：将选定对象移动到图形中对象顺序的底部。

6.8　习题

1. 利用多段线命令绘制如图6-52所示的图形。

2. 绘制如图 6-53 所示的基础详图，并进行图案填充。

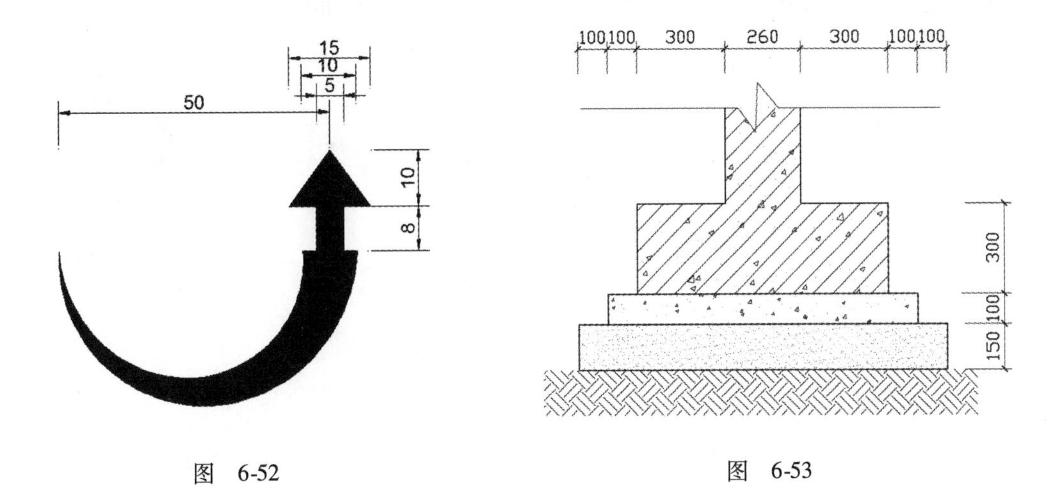

图 6-52

图 6-53

3. 利用多线命令绘制如图 6-54 所示的建筑平面。

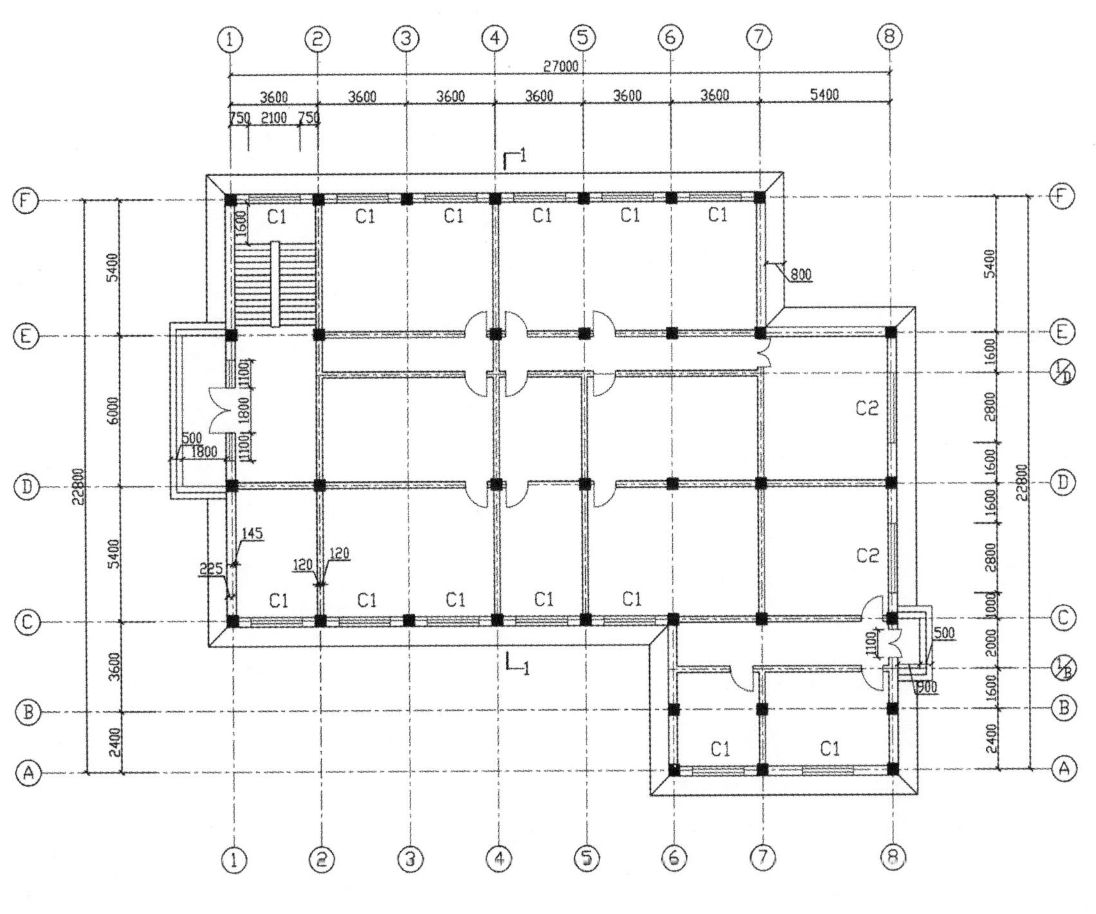

图 6-54

4. 绘制如图 6-55 所示的植物图例，并做成外部块。
5. 绘制如图 6-56 所示的索引符号，并将其创建为带属性的块。

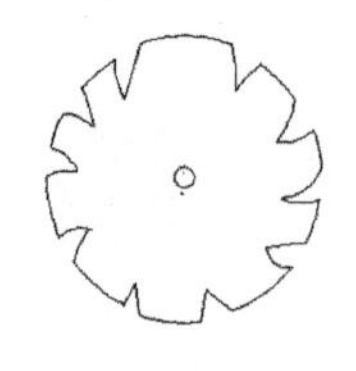
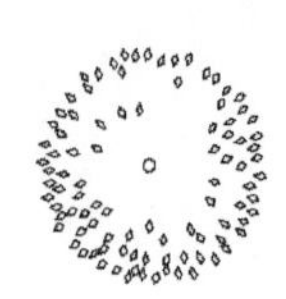
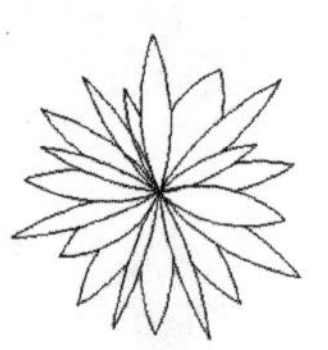

图 6-55

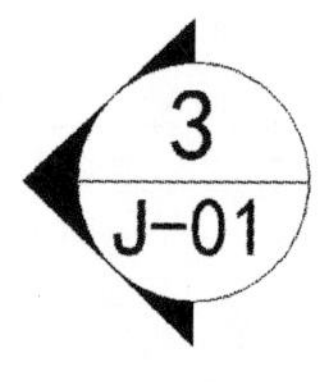

图 6-56

第7章

文字与表格

在绘制景观工程图纸时，往往还需要进行文字注写，如书写技术要求、填写标题栏、注明材料等，这些都需要使用文字工具。在绘制植物配置图时还需要绘制苗木表，这可以使用插入表格命令来编辑。

7.1 文字样式

在工程图纸中输入的文字，必须符合国家的制图标准中规定的文字样式：汉字为宋体（或仿宋体），字体宽度为字体高度的2/3，字体高度有20mm、14mm、10mm、7mm、5mm、3.5mm、2.5mm、1.8mm八种，汉字高度一般不小于3.5mm。字母和数字可以写为直体或斜体，若文字采用斜体字体，文字须向右倾斜，与水平基线约成75°。

文字样式是对文字的字体、高度、角度、方向、宽高比等所进行的综合设置。我们在进行文字标注时，一种文字样式有时候不能满足所有要求，例如图纸中的文字说明和图名注释可能为不同的字高和字体，因此，我们可以根据需要创建多个文字样式。

7.1.1 创建文字样式

文字样式的创建是通过【文字样式】对话框来完成的。启动文字样式对话框的方法有：

■ 命令行：style↙（按〈Enter〉键）。

■ 菜单栏：【格式】/【文字样式】。

■ 工具栏：【样式】/ A。

执行命令后，弹出如图7-1所示的【文字样式】对话框。AutoCAD中文字样式的默认设置是标准样式（Standard），这一种样式不能满足使用者的要求，可以根据需要自行创建新的文字样式。

◆ 样式名：在样式名下拉列表中显示的是当前所应用的文字样式，系统默认的文字样式是Standard，用户可以在此基础上新建文字样式。

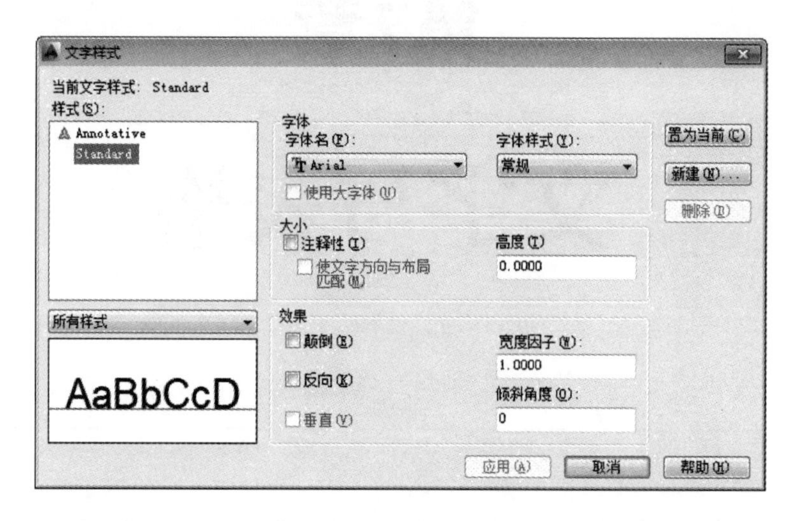

图 7-1 【文字样式】对话框

◆ 新建：单击新建按钮，弹出如图 7-2 所示的【新建文字样式】对话框。在此对话框的样式名编辑框中填写新建的文字样式名，例如“文字说明”，然后单击【确定】按钮，返回【文字样式】对话框，这时，在样式名的下拉列表中就会显示新建的样式名。

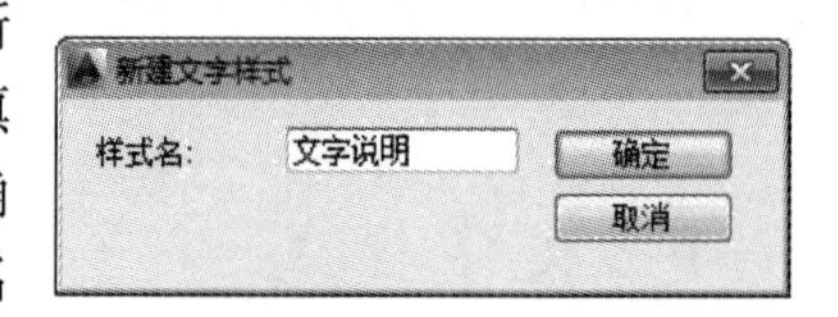

图 7-2 【新建文字样式】对话框

◆ 字体：包括字体名和字体样式。

◇ 字体名：TrueType 字体，即 ttf，字体的左边带有“T”的图标，用该字体标注中文，一般不会出现中文显示不正常的问题，它具有字体清晰、美观，占用内存空间大，出图速度慢的特点。shx 字体是一种用线画出来描述字符轮廓的字体，它具有占用内存空间小、打印速度快的特点。

◇ 字体样式：当使用 ttf 字体时，字体样式默认为常规；如果使用 shx 字体，再选中【使用大字体】复选框，这时，字体名下拉列表变为 SHX 字体列表，字体样式下拉列表变为大字体列表，选中其中的 gbcbig. shx 大字体（它是 Autodesk 公司专为中国用户开发的字体，“gb”代表“国家标准”，“c”代表“中文”）。要使 shx 字体显示中文，必须选择 gbcbig. shx 大字体。

◆ 大小：

◇ 注释性：用来设定文字是否为注释性对象。

◇ 高度：用来设置字体的高度，通常将高度设为 0，这样在文字输入时，系统会提示输入字体的高度。景观工程制图中文字高度的设置参见工程制图规范。

◆ 效果：用来设置字体的显示效果，包括颠倒、反向、垂直、宽度比例和倾斜角度。宽度比例默认值为 1。

设置完后，在文字样式对话框的左下角会显示预览指定文字的效果。单击【应用】按钮，完成新文字样式的创建。

◆ 删除：用来删除不用的文字样式。其中正在使用的文字样式和标准样式不能被删除。

◆ 置为当前：将指定的文字样式置为当前使用。

7.1.2 修改文字样式

在样式名列表中选择需要修改的文字样式，并在【文字样式】对话框的字体选区和效果选区进行修改。如果修改了其中任何一项，对话框中的【应用】按钮就会被激活，单击【应用】按钮，系统会将更新的样式定义保存，同时将更新所有使用该样式输入的文字的特性。

7.2 文字标注

AutoCAD 提供了两种文字输入的方式：单行文字输入和多行文字输入。所谓单行文字输入，是指输入的文字每一行单独作为一个实体对象来处理。相反，多行文字输入就是不管输入几行文字，都作为一个实体对象来处理。

7.2.1 单行文字

单行文字的每一行就是一个单独的整体，不可分解，具有整体特性。执行单行文字的方法有：

■ 命令行：text↙（按〈Enter〉键）。

■ 菜单栏：【绘图】/【文字】/【单行文字】。

■ 工具栏：【文字】/ AI（图 7-3）。

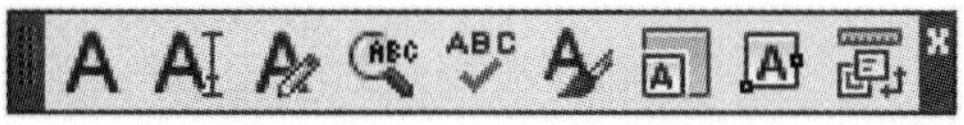

图 7-3 【文字】工具栏

执行命令后，命令行提示如下：

当前文字样式:"文字说明" 文字高度:2.5000 注释性:否 对正:左

//显示当前文字样式信息

指定文字的起点或[对正(J)/样式(S)]:

◆ 指定文字的起点：直接输入一点来指定文字基线的起始位置，命令行提示如下：

指定高度〈2.5000〉: //输入文字高度或按〈Enter〉键接受默认值

指定文字的旋转角度〈0〉: //输入文字的旋转角度

输入文字: //输入文字第一行

输入文字: //输入文字第二行,或按〈Enter〉键结束命令

◆ 对正：控制文字的对正。选择该项，命令行提示如下：

输入选项[左(L)/居中(C)/右(R)/对齐(A)/中间(M)/布满(F)/左上(TL)/中上(TC)/右上(TR)/左中(ML)/正中(MC)/右中(MR)/左下(BL)/中下(BC)/右下(BR)]:

//输入文字第一行

◇ 左：在由用户给出的点指定的基线上左对正文字。

◇ 居中：从基线的水平中心对齐文字。

◇ 右：在由用户给出的点指定的基线上右对正文字。

◇ 对齐：通过指定基线端点来指定文字的高度和方向。字符的大小根据其高度按比例调整。文字字符串越长，字符越矮。

◇ 中间：文字在基线的水平中点和指定高度的垂直中点上对齐。中间对齐的文字不保持在基线上。“中间”选项与“正中”选项不同，“中间”选项使用的是所有文字包括下行文字在内的中点，而“正中”选项使用的是大写字母高度的中点。

◇ 布满：指定文字按照由两点定义的方向和一个高度值来布满一个区域。只适用于水平方向的文字。

◇ 左上：在指定为文字顶点的点上左对正文字。只适用于水平方向的文字。

◇ 中上：以指定为文字顶点的点居中对正文字。只适用于水平方向的文字。

◇ 右上：在指定为文字顶点的点上右对正文字。只适用于水平方向的文字。

◇ 左中：在指定为文字中间点的点上靠左对正文字。只适用于水平方向的文字。

◇ 正中：在文字的中央水平和垂直居中对正文字。只适用于水平方向的文字。“正中”选项与“中央”选项不同，“正中”选项使用的是大写字母高度的中点，而“中央”选项使用的是所有文字包括下行文字在内的中点。

◇ 右中：以指定为文字的中间点的点右对正文字。只适用于水平方向的文字。

◇ 左下：以指定为基线的点左对正文字。只适用于水平方向的文字。

◇ 中下：以指定为基线的点居中对正文字。只适用于水平方向的文字。

◇ 右下：以指定为基线的点靠右对正文字。只适用于水平方向的文字。

◆ 样式：指定文字样式，文字样式决定文字字符的外观。创建的文字使用当前文字样式。输入“?”将列出当前文字样式、关联的字体文件、字体高度及其他参数。

7.2.2 多行文字

多行文字包含任意多个文本行和文本段落，并可以对其中的部分文字设置不同的文字格式。整个多行文字作为一个对象处理，但可以使用分解命令将其分解，分解之后的每一行将作为单个的单行文字对象。

执行此命令的方法有：

■ 命令行：mtext ↙（按〈Enter〉键）。

■ 菜单栏：【绘图】/【文字】/【多行文字】。

■ 工具栏：【绘图】(【文字】)/ A。

执行命令后，命令行提示如下：

```
当前文字样式:“文字说明”  文字高度:2.5000 注释性:否 对正:左
                                  //显示当前文字样式信息
指定第一角点:                     //指定第一角点
指定对角点或[高度(H)/对正(J)/行距(L)/旋转(R)/样式(S)/宽度(W)/栏(C)]:
```

◆ 指定对角点：以第一角点和该对角点连线为对角线的矩形区域即为多行文字标注区。此时，系统弹出如图7-4所示的多行文字编辑器，该编辑器由【文字格式】工具栏和下方内置多行文字编辑窗口组成。

图 7-4 多行文字编辑器

◆ 高度：指定用于多行文字字符的文字高度。

◆ 对正：根据文字边界，确定新文字或选定文字的文字对齐和文字走向。当前的对正方式应用于新文字。根据对正设置和矩形上的九个对正点之一将文字在指定矩形中对正。对正点由用来指定矩形的第一点决定。

◆ 行距：指定多行文字对象的行距。行距是一行文字的底部（或基线）与下一行文字底部之间的垂直距离。

◆ 旋转：指定文字边界的旋转角度。

◆ 样式：指定用于多行文字的文字样式。

◆ 宽度：指定文字边界的宽度。如果用定点设备指定点，那么宽度即为起点与指定点之间的距离。多行文字对象每行中的单字可自动换行以适应文字边界的宽度。如果指定宽度值为 0，词语自动换行将关闭，且多行文字对象的宽度与最长的文字行宽度一致。通过键入文字并按〈Enter〉键，可以在特定点结束一行文字。

◆ 栏：指定多行文字对象的列选项。

◇ 静态：指定总栏宽、栏数、栏间距宽度（栏之间的间距）和栏高。

◇ 动态：指定栏宽、栏间距宽度和栏高。动态栏由文字驱动。调整栏将影响文字流，而文字流将导致添加栏或删除栏。

◇ 不分栏：将不分栏模式设置给当前多行对象。

7.2.3 编辑文字标注

对文字进行编辑和修改的方法有：

■ 命令行：ddedit↙（按〈Enter〉键）。

■ 菜单栏：【修改】/【对象】/【文字】/【编辑】。

■ 工具栏：【文字】/ 。

执行编辑后，命令行提示如下：

选择注释对象或[放弃(U)]： //选择要编辑的文字对象

（1）单行文字：用拾取框选择要进行编辑的单行文字，文字就处于可编辑状态，这时直接输入新的文字即可。

（2）多行文字：用拾取框选择要进行编辑的多行文字，屏幕将弹出多行文字编辑器，在编辑器里填写需要的文字，然后单击【确定】按钮。

除了上述方法外，还可以选中文字对象，单击右键选择快捷菜单中的【编辑】或【编辑多行文字】选项，命令行的提示和操作同上。

另外，直接双击文字对象也可以执行编辑操作。

【例】绘制人行道地面做法详图，并添加文字说明，如图7-5所示。

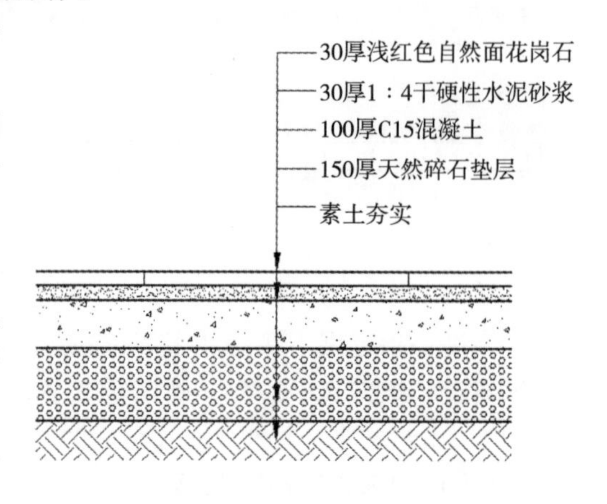

图7-5　人行道地面做法详图

◆ 步骤一：设置三个图层，图层名分别为结构、填充、文字；颜色色号设置为：结构图层2号色，填充图层8号色，文字图层3号色；线型都为实线，线宽为默认设置。

◆ 步骤二：结构图层置为当前图层，执行【直线】命令，绘制第一条多层结构分隔线，长度为1000，执行【偏移】命令，分别指定偏移距离30、30、100、150，得到另外几条直线，如图7-6所示。

◆ 步骤三：图层切换到填充图层。先画一个矩形外框，使填充对象为封闭区域，素土填充EARTH图案，比例为8，角度45°；碎石填充HEX图案，比例为2；混凝土填充AR-CONC图案，比例为0.5；砂浆填充AR-SAND图案，比例为0.3；花岗石面层用直线绘制拼缝线。如图7-7所示。

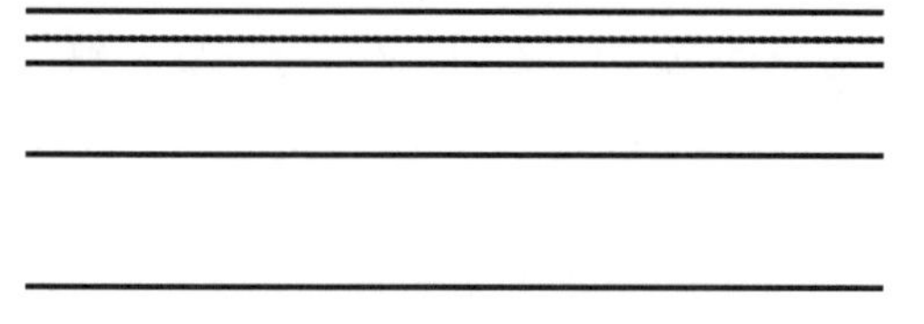

图7-6　多层结构分隔线

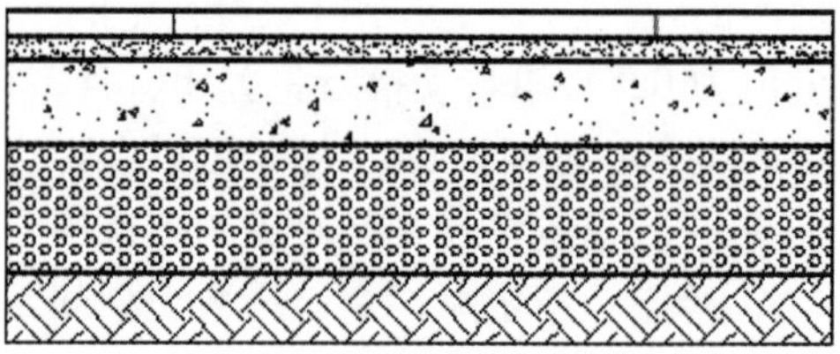

图7-7　填充图案

◆ 步骤四：图层切换到文字图层，绘制索引线和文字。索引线用【直线】命令完成，垂直索引线绘制800的长度，水平索引线绘制80的长度。执行【单行文字】命令，命令行提示如下：

当前文字样式："文字说明"　文字高度：2.5000 注释性：否 对正：左
　　　　　　　　　　　　　　　　　　　　　//显示当前文字样式信息
指定文字的起点或[对正(J)/样式(S)]：//选择对正选项
输入选项[左(L)/居中(C)/右(R)/对齐(A)/中间(M)/布满(F)/左上(TL)/中上(TC)/右上(TR)/左中(ML)/正中(MC)/右中(MR)/左下(BL)/中下(BC)/右下(BR)]：ml　　//选择左中的对正方式
指定文字的左中点：　　　　　　//捕捉水平索引线的右端点
指定高度：40　　　　　　　　　//输入文字高度
指定文字的旋转角度〈0〉：　　　//按〈Enter〉键
输入文字：　　　　　　　　　　//素土夯实
输入文字：　　　　　　　　　　//按〈Enter〉键，结束命令

绘制结果如图7-8所示。

◆ 步骤五：执行【矩形阵列】命令复制水平索引线和文字，设置行数为5，列数为1，行偏距为80，列偏距为0，阵列角度为0，执行命令后的结果如图7-9所示。然后对单行文字进行编辑，更新文字内容，最后删除矩形框，如图7-10所示。

◆ 步骤六：绘制索引箭头。执行【多段线】命令，捕捉垂直索引线下方端点为多段线的起点，设置线段起点宽度为0，端点宽度为12，线段长度为30。执行【复制】命令，沿竖向索引线复制箭头，使每个结构层里有一个对应的箭头，如图7-5所示。

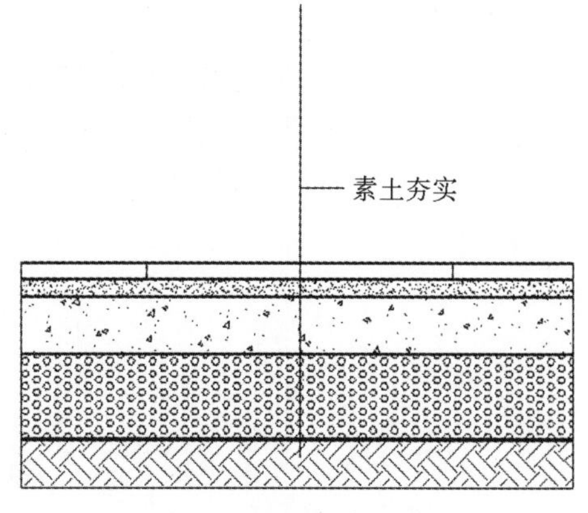

图7-8 绘制索引线和文字

此例题中的引线标注其实还可以通过【多重引线】命令进行绘制，这样会更为方便，具体操作详见第8章中【多重引线】命令的介绍。

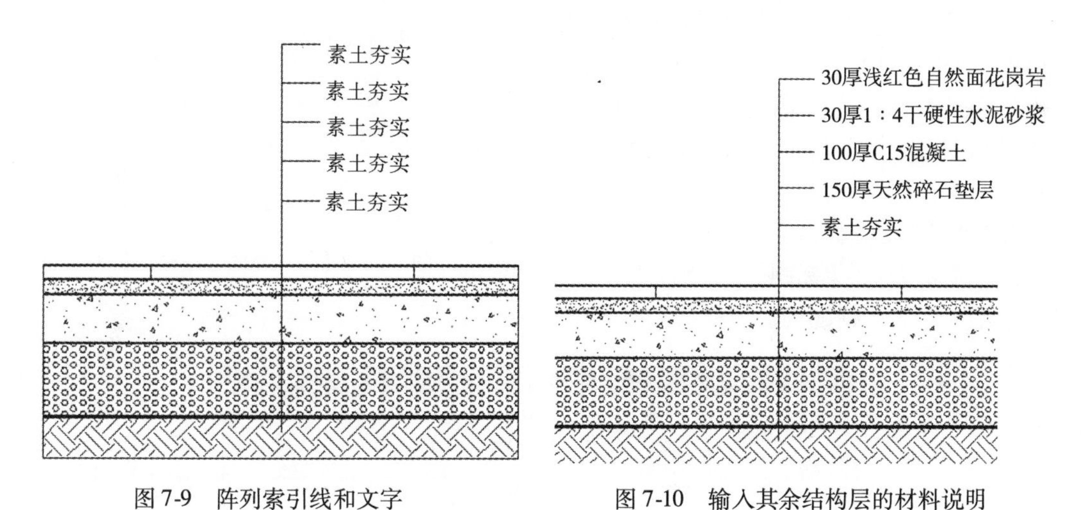

图7-9 阵列索引线和文字　　图7-10 输入其余结构层的材料说明

7.3 表格

表格是在行和列中包含数据的复合对象。可以通过空的表格或表格样式创建空的表格对象。在景观工程图纸中，可以运用该命令绘制目录、苗木表等。

7.3.1 创建表格样式

表格样式控制一个表格的外观，用于保证标准的字体、颜色、文本、高度和行距，可以使用默认的表格样式，也可以根据需要自定义表格样式。

创建表格样式的方法有：

■ 命令行：tablestyle↙（按〈Enter〉键）。

■ 菜单栏：【格式】/【表格样式】。

执行上述命令，弹出如图7-11所示的【表格样式】对话框。

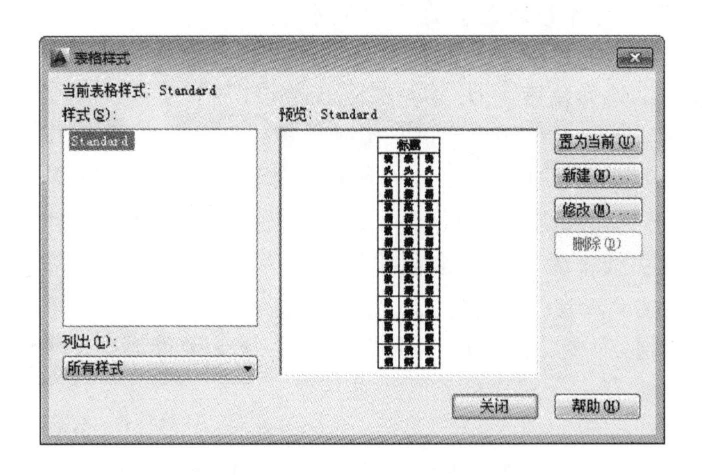

图 7-11 【表格样式】对话框

单击【新建】按钮，弹出【创建新的表格样式】对话框，如图 7-12 所示。在【新样式名】处输入新的表格样式名称，选好基础样式，单击【继续】按钮，弹出【新建表格样式】对话框，如图 7-13 所示。

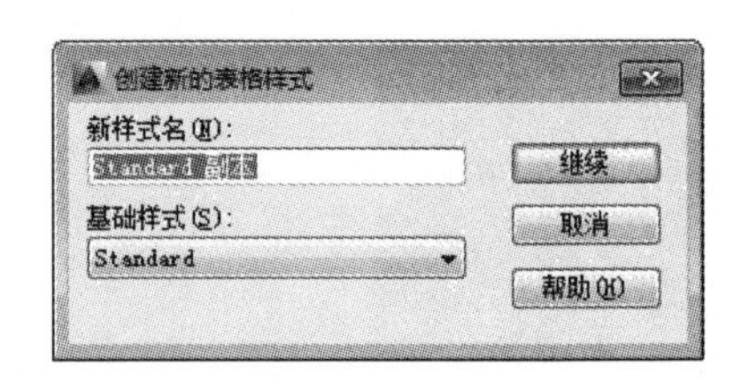

图 7-12 【创建新的表格样式】对话框

在【新建表格样式】对话框中，单元样式有【数据】、【表头】、【标题】三个选项，可以设置表格中数据、表头、标题的对应样式。

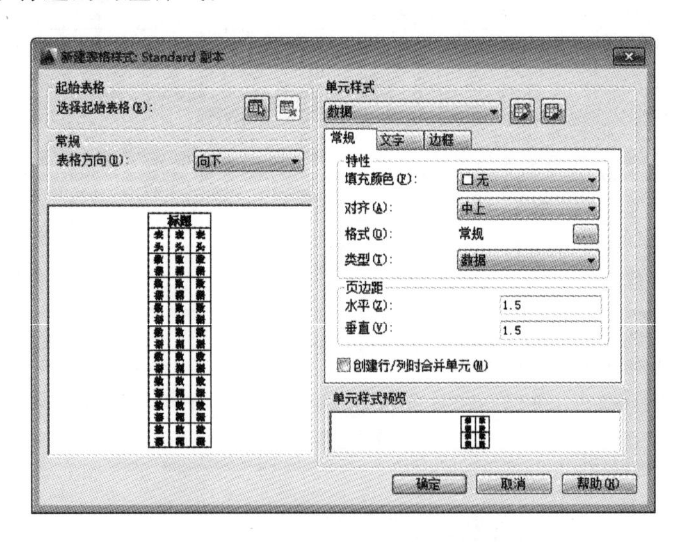

图 7-13 【新建表格样式】对话框

◆【常规】选项卡：可以对表格的填充颜色、对齐方向、格式、类型、页边距等特性进行设置。

◆【文字】选项卡：设置表格中的文字样式、高度、颜色和角度。

◆【边框】选项卡：设置表格是否有边框，以及有边框时的线宽、线型、颜色和间距等。

设置好表格样式后，单击【确定】按钮就创建好了表格样式。创建好的表格样式可以通过【修改】按钮进行修改，如果单击【删除】按钮也可以删除选定的表格样式。

7.3.2 插入表格

执行插入表格的方法有：

■ 命令行：table↙（按〈Enter〉键）。

■ 菜单栏：【绘图】/【表格】。

■ 工具栏：【绘图】/ 。

执行上述命令后，会弹出如图7-14所示的【插入表格】对话框。

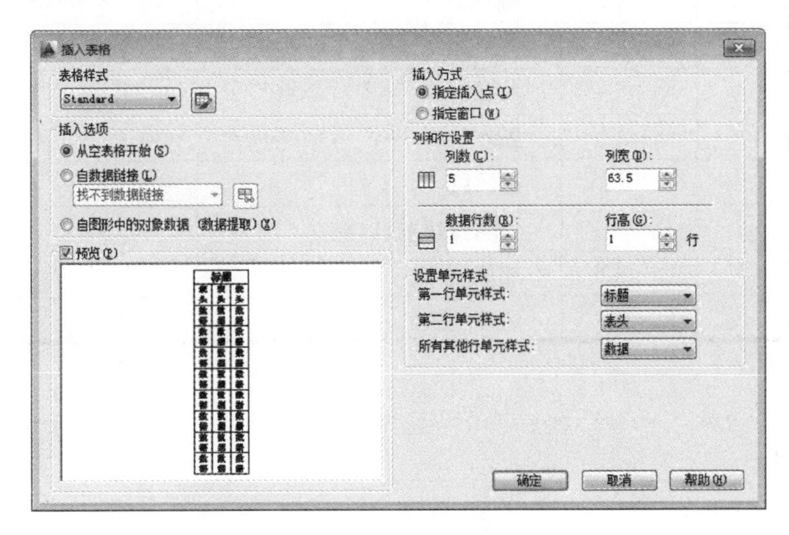

图7-14 【插入表格】对话框

◆ 表格样式：单击下拉列表，列表中选择表格样式。

◆ 插入选项：选择【从空表格开始】选项，可以创建一个空的表格；选择【自数据链接】选项，可以从外部导入数据来创建表格；选择【自图形中的对象数据】选项，可以从可输出的表格或外部文件的图形中提取数据来创建表格。

◆ 插入方式：选择【指定插入点】选项，可以在绘图窗口中的某点插入固定大小的表格；选择【指定窗口】选项，可以在绘图窗口中通过拖动表格边框来创建任意大小的表格。

◆ 列和行设置：可以改变列数、列宽、行数、行高等。

设置完成后单击【确定】按钮，即可按照选定插入方式插入表格。

7.4 习题

1. 绘制如图7-15所示的图名，文字高度分别设为5mm和3.5mm。

树池平面图 1:40

图 7-15

2. 绘制如图 7-16 所示的目录。

序号	图纸编号	图纸名称	图幅	备 注
园林部分				
0	YS-000	图纸目录	A2	
1	YS-001	设计说明	A2	
2	YS-002	园林环境总平面图	A1	
3	YS-003	索引总平面图	A1	
4	YS-004	网格定位总平面图	A1	
5	YS-005	竖向设计总平面	A1	
6	YS-006	铺装总平面图	A1	
7	YS-007	入口区域平面大样图及铺装大样图	A2	
8	YS-008	人行入口大门大样图一	A2	
9	YS-009	人行入口大门大样图二	A2	

图 7-16

第8章

尺寸标注

在景观工程图纸中，图形用来表达设计对象的形状和设计构思，尺寸标注用来表示对象的大小和相对位置关系，它是现场施工的重要依据。AutoCAD 提供了功能完备的【尺寸标注】命令，通过这些命令可以自动测量出对象的长度、角度、坐标等并标注在图纸上。

8.1 尺寸标注的样式

8.1.1 尺寸标注的组成

一个完整的尺寸标注由尺寸线、尺寸界线、尺寸文本和尺寸箭头四个部分组成，如图 8-1 所示。标注后这四个部分作为一个实体来处理。

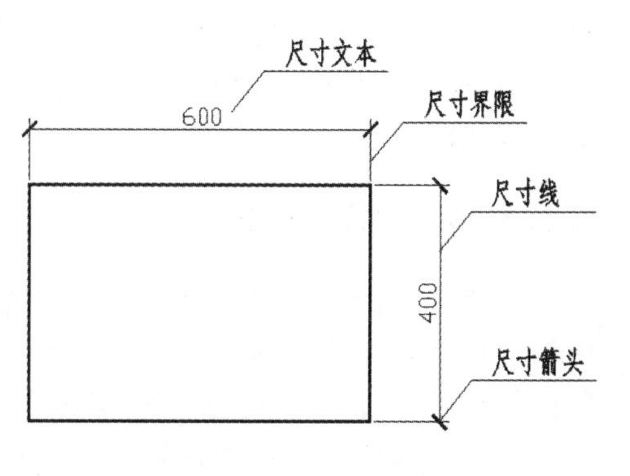

图 8-1 尺寸标注的组成

8.1.2 标注样式管理器

用户可以通过【标注样式管理器】对话框来完成自己需要的标注样式。

执行【标注样式管理器】对话框的方法有：

■ 命令行：dimstyle ↙（按〈Enter〉键）。

■ 菜单栏：【标注】/【标注样式】。

■ 菜单栏：【格式】/【标注样式】。

■ 工具栏：【标注】（或【样式】）/ 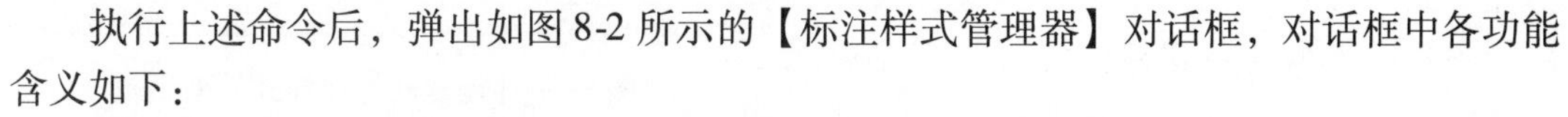。

执行上述命令后，弹出如图 8-2 所示的【标注样式管理器】对话框，对话框中各功能含义如下：

◆ 样式：样式列表框中显示当前所有的标注样式。

◆ 列出：设置显示标注样式的筛选条件，即通过下拉列表的选项来控制样式列表中的显示范围。

◆ 预览：用来预览当前标注样式的效果。

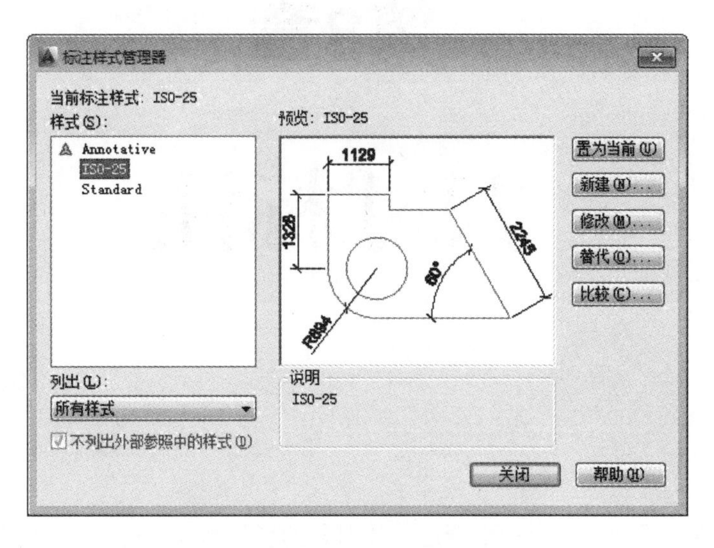

图 8-2 【标注样式管理器】对话框

◆ 置为当前：将样式列表框中的已有样式置为当前标注样式。

◆ 新建：创建新的标注样式。

◆ 修改：用来修改已有的标注样式。

◆ 替代：在当前样式的基础上更改某个或某些设置作为临时标注样式来代替当前样式，但不将这些改动保存在当前样式的设置中。

◆ 比较：用来比较指定的两个标注样式之间的区别，也可以查看一个标注样式的所有标注特性。

8.1.3 创建标注样式

系统通常会提供默认标准样式，采用公制测量单位时，默认的标准样式有 ISO－25（国际标准）、Standard、Annotative（注释性）三种。默认的标注样式通常不能完全适合我国的制图标准和习惯，用户在使用时必须在它的基础上进行修改来创建需要的尺寸标注样式。

单击【标注样式管理器】对话框中的【新建】按钮，显示【创建新标注样式】对话框，如图 8-3 所示。在【新样式名】中填写新的标注样式名，如图填写“详图标注”；【基础样式】下拉列表中选择以哪一种标注样式为基础创建新标注样式；【用于】下拉列表中选择新的标注样式的使用范围。单击【继续】按钮，弹出如图 8-4 所示【新建标注样式】对话框，此对话框共有七个选项卡，分别对标注样式的相关内容进行设置。

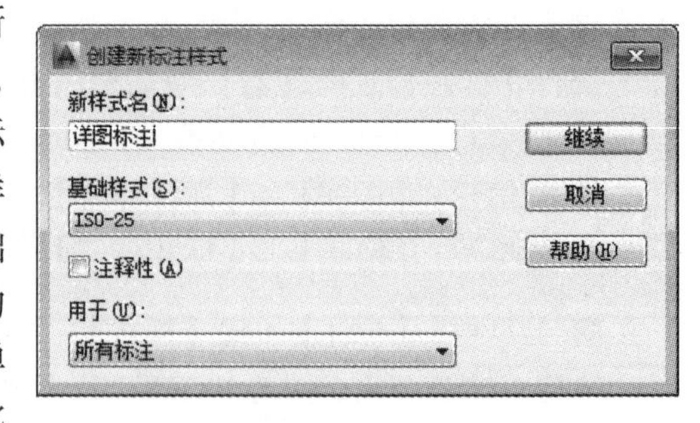

图 8-3 【创建新标注样式】对话框

（1）【线】选项卡

◆ 尺寸线

◇ 颜色：用于设置尺寸线颜色，使用默认设置随层即可。

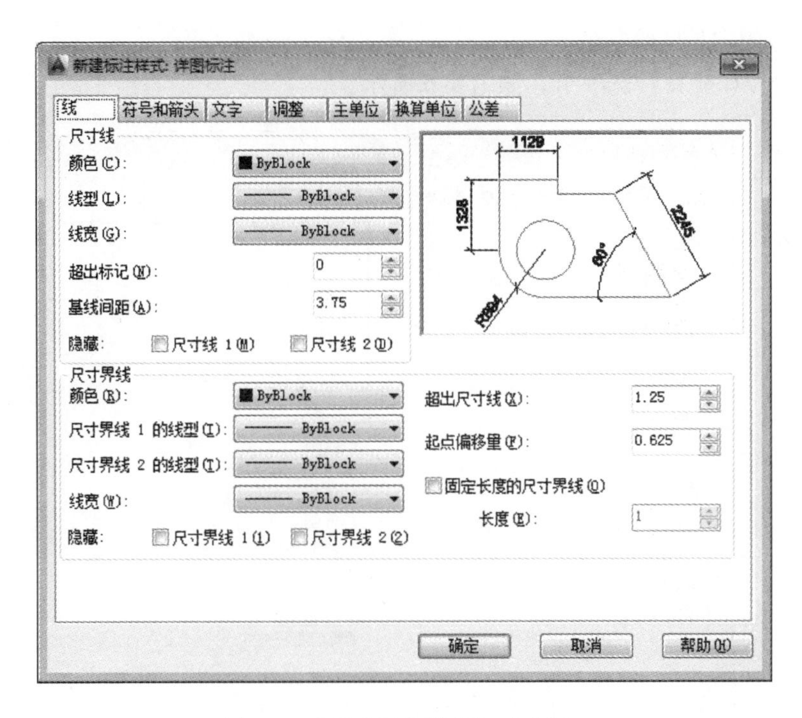

图 8-4 【新建标注样式】对话框

◇ 线型：用于设置尺寸线线型，使用默认设置随层即可。

◇ 线宽：用于设置尺寸线线宽，使用默认设置随层即可。

◇ 超出标记：是指尺寸线超过尺寸界线的距离，如图 8-5 所示。当箭头选为斜尺寸界线，建筑标记、小标记、完整标记和无标记时才可用此项，超出标记通常设置为 0。

◇ 基线间距：用于基线标注时设置相邻两条尺寸线之间的距离，如图 8-5 所示。

◆ 尺寸界线

◇ 颜色：用于设置尺寸线的颜色，使用默认设置即可。

◇ 尺寸界线 1 的线型：用于设置尺寸线 1 的线型，使用默认设置即可。

◇ 尺寸界线 2 的线型：用于设置尺寸线 2 的线型，使用默认设置即可。

◇ 线宽：用于设置尺寸线的线宽，使用默认设置即可。

◇ 超出尺寸线：用于设置尺寸界线超出尺寸线的量，如图 8-5 所示。

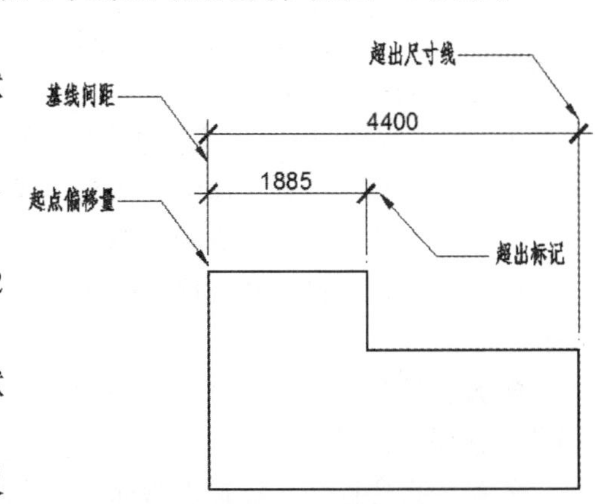

图 8-5 尺寸线和尺寸界线的设置

◇ 起点偏移量：用于设置从图形中定义标注的点到尺寸界线起点的偏移距离。如图 8 5 所示。

◇ 隐藏：选择是否隐藏尺寸界线。

◇ 固定长度的尺寸界线：用于设置尺寸界线从起点到终点的长度，不管标注尺寸线所在位置距离被标注点有多远，只要大于这里的固定长度加上起点偏移量，那么所有的尺寸界线都是按固定长度绘制的。

(2)【符号和箭头】选项卡，如图 8-6 所示。

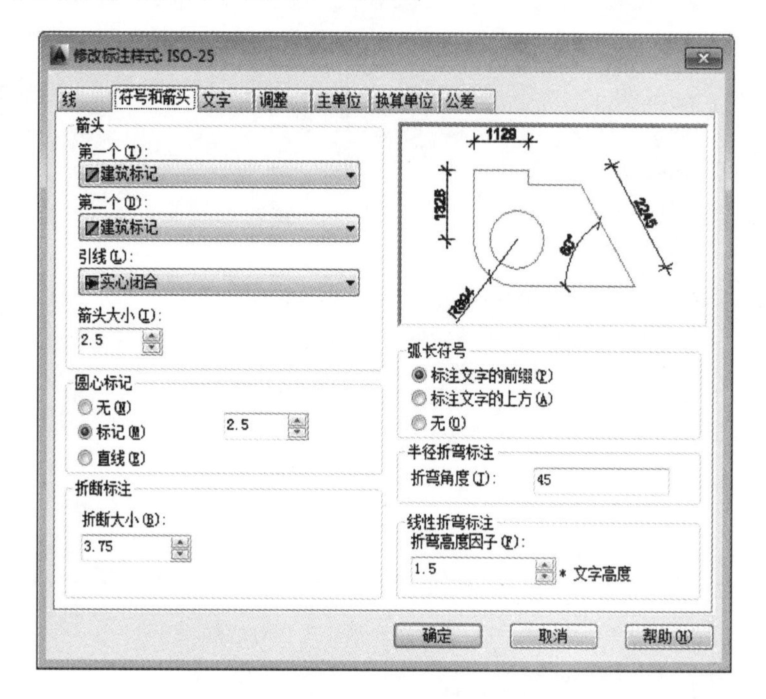

图 8-6 【符号和箭头】选项卡

◆ 箭头

◇ 第一个：设置尺寸线的箭头类型，当改变第一个箭头的类型时，第二个箭头将自动改变以同第一个箭头相匹配。

◇ 第二个：当两端箭头类型不同时，可以设置尺寸线的第二个箭头类型。通常情况下两个箭头应保持一致。

在景观工程制图中，一般选择“建筑标记”的箭头样式。

◇ 引线：用于设置快速引线箭头样式。

◇ 箭头大小：设置箭头的大小。

◆ 圆心标记：设置圆心标记的样式，有“无”“标记”“直线”三种，并可设置标记大小。

◆ 弧长符号：设置弧长符号的形式，有“标注文字的前缀”“标注文字的上方”“无”三种选项。

◆ 半径折弯标注：设置折弯标注的折弯角度。

(3)【文字】选项卡，如图 8-7 所示。

◆ 文字外观

◇ 文字样式：通过下拉列表设置文字样式，或是通过单击后面的“…”按钮打开【文字样式】对话框，设置新的文字样式。

◇ 文字颜色：通过下拉列表选择颜色，默认设置为随块。

◇ 文字高度：输入文字高度值。需要注意的是，选择的文字样式中字高应设置为 0，

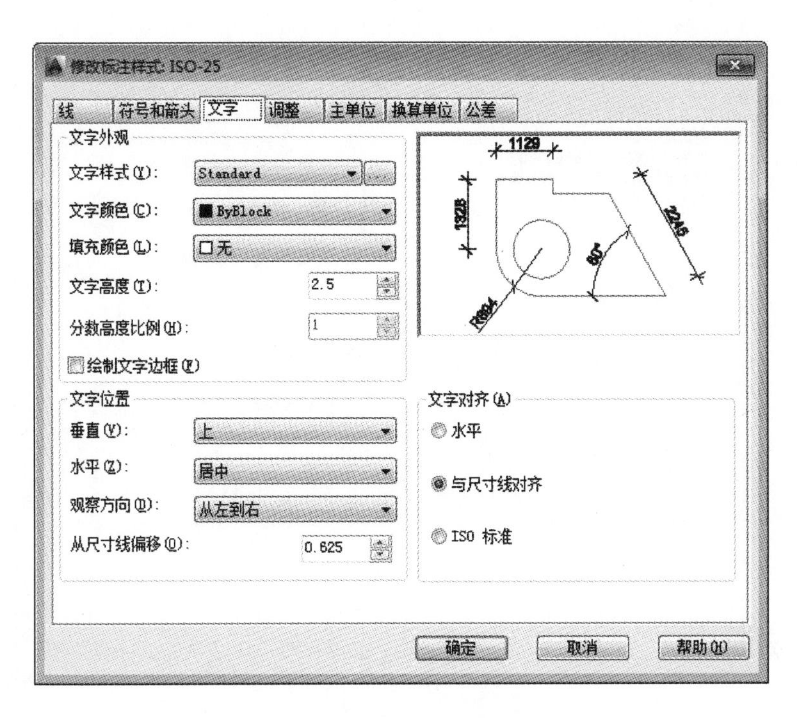

图 8-7 【文字】选项卡

否则在文字高度文本框中输入的值对字高无影响。

◇ 分数高度比例：设置相对于标注文字的分数比例，仅当【主单位】选项卡选择“分数”作为单位格式时，此选项才可用。在此处输入的值乘以文字高度，可以确定标注分数相对于标注文字的高度。

◇ 绘制文字边框：在标注文字的周围绘制一个边框。

◆ 文字位置

◇ 垂直：控制标注文字相对尺寸线的垂直位置。通常选择“上方”。

◇ 水平：控制标注文字相对尺寸线和尺寸界线的水平位置。通常选择“上方”。

◇ 观察方向：控制文字的观察方向，通常选择“从左到右”。

◇ 从尺寸线偏移：用于确定尺寸文本和尺寸线之间的偏移量。

◆ 文字对齐

◇ 水平：无论尺寸线的方向如何，尺寸数字的方向总是水平的。

◇ 与尺寸线对齐：尺寸数字与尺寸线保持平行。

◇ ISO 标准：当文字在尺寸界线内时，文字与尺寸线对齐；当文字在尺寸界线外时，文字水平排列。

(4)【调整】选项卡，如图 8-8 所示。

◆ 调整选项

当尺寸界线的距离很小而不能同时放置文字和箭头时，需进行下述调整：

◇ 文字或箭头（最佳效果）：根据最佳效果将文字和箭头放在尺寸界线之外，通常选择该项。

◇ 箭头：首先移出箭头。

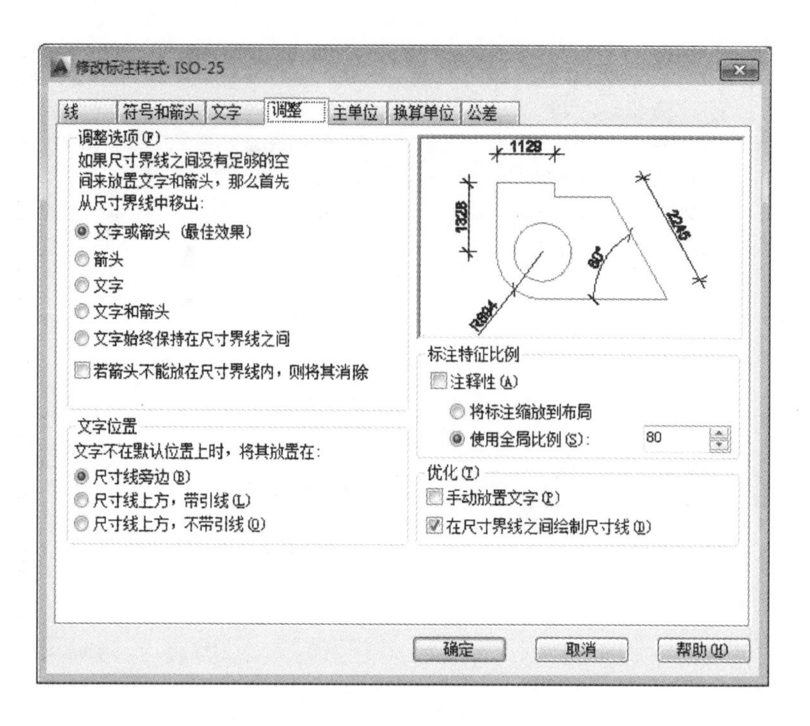

图 8-8 【调整】选项卡

◇ 文字：首先移出文字。

◇ 文字和箭头：文字和箭头都移出。

◇ 文字始终保持在尺寸界线之间：不论尺寸界线之间能否放下文字，文字始终在尺寸界线之间。

◇ 若箭头不能放在尺寸界线内，则将其消除：若尺寸界线内只能放下文字，则消除箭头。

◆ 文字位置

设置标注文字从默认位置移动时所处的位置。

◇ 尺寸线旁边：编辑标注文字时，文字只可移到尺寸线旁边。

◇ 尺寸线上方，带引线：编辑标注文字时，文字移动到尺寸线上方时加引线。

◇ 尺寸线上方，不带引线：编辑标注文字时，文字移动到尺寸线上方时不加引线。

◆ 标注特征比例

◇ 注释性：选中后，将标注的尺寸设置为注释性对象，可以方便地根据出图比例来调整注释比例，使打印出的图纸中的各项参数满足要求。

◇ 将标注缩放到布局：以当前模型空间视口和图纸空间之间的比例为比例因子缩放标注。如果在图纸空间进行标注则选用此项。

◇ 使用全局比例：以文本框的数值为比例因子缩放标注的文字和箭头的大小，但不改变标注的尺寸值。在模型空间进行标注时选用此项。

◆ 优化

◇ 手动放置文字：进行尺寸标注时，标注文字的位置需要通过拖动鼠标然后单击来确定。

◇ 在尺寸界线之间绘制尺寸线：不论尺寸界线之间的距离大小，尺寸界线之间必须绘制尺寸线。通常选择该项。

（5）【主单位】选项卡，如图 8-9 所示。

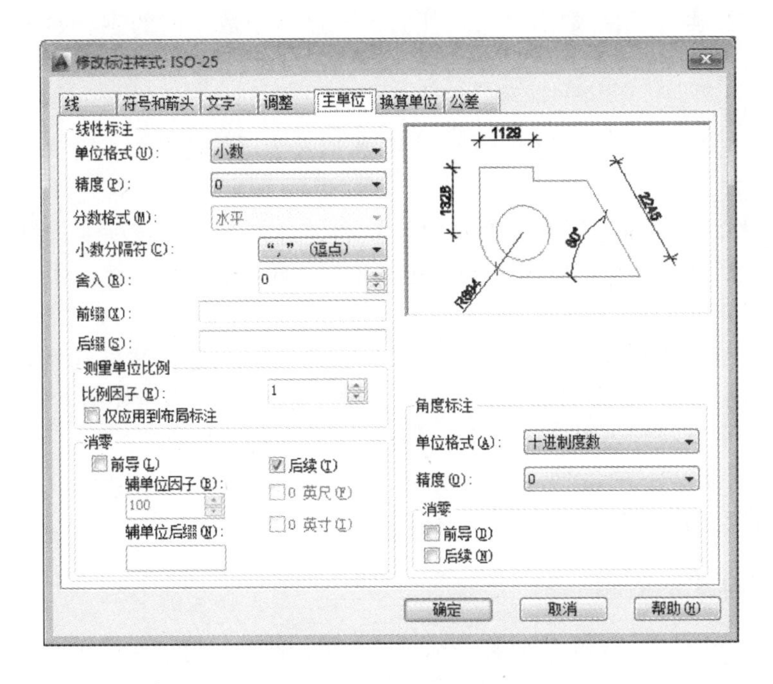

图 8-9 【主单位】选项卡

◆ 线性标注

◇ 单位格式：用于设置标注文字的单位格式，可供选择的有“小数”“科学”“建筑”“工程”“分数”等。工程制图中常用格式是小数。

◇ 精度：用于确定主单位位数值保留几位小数，工程制图中精度选择为 0。

◇ 分数格式：当单位格式采用分数格式时，用于确定分数的格式，有“水平”“对角”“非堆叠”三个选项。

◇ 小数分隔符：选择小数格式为单位格式时，用于设置小数点的格式。

◇ 舍入：指的是以所填数字为基数进行四舍五入，即舍入后的尺寸为基数的倍数。比如所填基数为 0.25。如果实际尺寸为 0.20，所显示出来的也是 0.25。如果实际尺寸为 0.40，由于它较接近 0.25 的倍数 0.50，故显示为 0.50。如果此项填为 0，即不采用舍入规则。

◇ 前缀：输入指定内容，在标注尺寸时，会在尺寸数字前面加上指定内容，如输入“%%c”，则在尺寸数字前面加上“*Φ*”这个直径符号。

◇ 后缀：输入指定内容，在标注尺寸时，会在尺寸数字后面加上指定内容。

◆ 测量单位比例

设置线性标注测量值的比例因子。AutoCAD 按照此处输入的数值放大标注测量值。例如，如果画了一条 200 绘图单位长的线，直接默认标注时会标注 200，但如果此线表示 100mm 长，则在此设置测量单位比例为 0.5，标注时会自动标注为 100。

◆ 消零

该选项用于控制前导零和后续零是否显示。

◇ 选择“前导”，用小数点格式标注尺寸时，不显示小数点前的零，如小数 0.500 选择“前导”后显示为 .500。

◇ 选择“后续”，用小数点格式标注时，不显示小数后面的零。如小数 0.500 选择“后续”后显示为 0.5。

◆ 角度标注

该选项用于设置角度标注的单位格式与精度以及消零的情况。一般“单位格式”设置为“十进制度数”，“精度”为“0”。

新建标注样式对话框中还有【换算单位】和【公差】两个选项卡，由于这两个选项卡在景观工程绘制中极少使用，用户可以根据选项卡的内容在实践练习中学习，这里就不再做介绍。

新建标注样式设置完成后，单击【确定】按钮，回到【标注样式管理器】对话框，单击【置为当前】按钮，即可使用当前标注样式进行标注。在绘图过程中，也可以通过【标注】工具栏的下拉列表中选择一种标注样式，将其置为当前。

标注样式的设置对于景观工程图至关重要，以上各类选项卡参数的设置需参照第十章景观工程制图规范中有关尺寸标注的具体规范。

8.1.4 标注样式的编辑

（1）修改标注样式。如果要对某个标注样式进行修改，可以在样式显示框中先选中需要修改的标注样式，单击【修改】按钮，弹出【修改标注样式】对话框。对对话框的各选项进行修改，然后单击【确定】按钮，返回【标注样式管理器】对话框，再单击【确定】按钮退出对话框，完成标注样式的修改。完成修改的同时，绘图区域中所有使用该样式的尺寸标注都将随之更改。

（2）替代标注样式。替代标注样式只是临时在当前标注样式的基础上做部分调整，并替代当前样式进行尺寸标注，它并不是一个单独的新样式，而且所做的部分调整也不会保存在当前样式中。当替代标注样式被取消后，当前标注样式不会发生改变，并且不影响使用替代标注样式已经标注的尺寸。

需要注意的是，只有当前标注样式才能执行替代操作。因此，如果标注样式不是当前样式，首先要将其置为当前样式，再单击【替代】按钮，弹出【替代当前样式】对话框，对其中的选项进行更改，然后单击【确定】按钮，返回【标注样式管理器】对话框，这时在样式显示框中添加了“样式替代”的字样，再单击【关闭】按钮，退出对话框，完成标注样式的代替。

一旦将其他标注样式置为当前样式，替代样式将自动取消。另外，也可以主动删除替代标注样式，删除的方法是选中替代标注样式，单击右键，选择快捷菜单中的【删除】选项，系统会提示“是否确实要删除样式替代”，单击【确定】按钮完成删除操作。在快捷菜单中还可以选择【重命名】选项，对替代样式重新命名；选择【保存到当前样式】选项，将所做的更改保存到当前样式中。

（3）删除标注样式。选中想要删除的标注样式，单击鼠标右键，选择快捷菜单中的【删除】选项，会弹出系统提示，单击【是】按钮，完成删除操作。应注意的是，当前标注样式和正在使用的标注样式不能删除，其右键快捷菜单中的【删除】选项不可用。

8.2 尺寸标注

设置好尺寸标注样式之后就可以进行尺寸标注了。AutoCAD 提供了多种类型的尺寸标注，每一种标注方式都有其对应的标注命令。为了方便作图，可以调出标注工具条，如图8-10 所示。

图 8-10 标注工具条

8.2.1 长度尺寸标注

长度尺寸标注的类型有线性标注和对齐标注。

(1) 线性标注。线性标注是指标注对象在水平或垂直方向的尺寸，如图 8-11 所示。执行【线性标注】命令的方法有：

■ 命令行：dimlinear ↙（按〈Enter〉键）。

■ 菜单栏：【标注】/【线性】。

■ 工具栏：【标注】/ 。

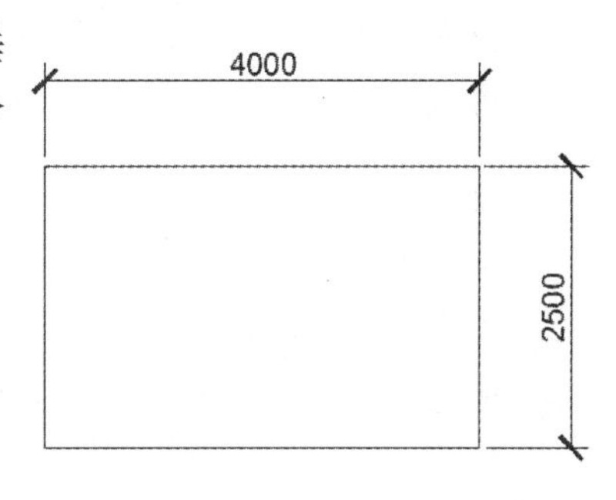

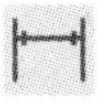

图 8-11 线性标注

执行命令后，命令行提示如下：

指定第一个尺寸界线原点或〈选择对象〉：

◆ 指定第一个尺寸线原点

直接捕捉对象的一个端点，命令行继续提示如下：

指定第二条尺寸界线原点：　　　　　　//捕捉对象的另一个端点

指定尺寸线位置或[多行文字(M)/文字(T)/角度(A)/水平(H)/垂直(V)/旋转(R)]：

◇ 指定尺寸线位置：直接指定点以确定尺寸线的位置，系统将自动按测量值绘制出水平或垂直尺寸标注。

◇ 多行文字：用多行文字编辑器输入尺寸文字。输入 M 并按〈Enter〉键，弹出【文字格式】对话框，在文字框中显示可编辑状态的数字是系统自动测量的尺寸数字，用户可以在文字框中加上需要的字符，编辑完毕单击【确定】按钮即可。

◇ 文字：以单行文字形式输入尺寸文字。

◇ 角度：设置尺寸文字的倾斜角度。

◇ 水平：用于选择水平标注。

◇ 垂直：用于选择垂直标注。

◇ 旋转：将尺寸线旋转一定角度后进行标注。

◆ 选择对象

通过选择对象自动确定第一条和第二条尺寸界线的原点。只能选择直线、圆或圆弧。

(2) 对齐标注。对齐标注可以让尺寸线始终与被标注对象平行，它也可以标注水平或垂直方向的尺寸。如果被标注的边不是水平边或垂直边，可以使用对齐标注，如图 8-12 所示。执行【对齐标注】命令的方法有：

■ 命令行：dimaligned↙（按〈Enter〉键）。

■ 菜单栏：【标注】/【对齐】。

■ 工具栏：【标注】/ 。

执行此命令后，命令行的提示及操作方法和线性标注相同，用户可以自己实践。

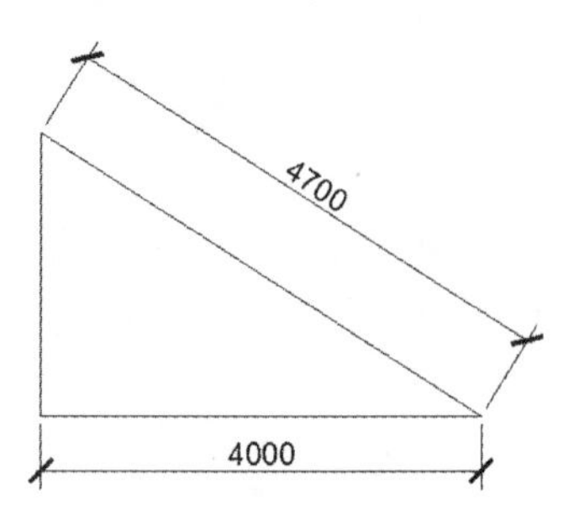

图 8-12　对齐标注

8.2.2　半径标注、直径标注和圆心标注

（1）半径标注。半径标注是指标注圆或圆弧的半径尺寸。半径标注由一条指向圆或圆弧的带箭头的半径尺寸线组成，并显示前面带一个字母 R 的标注文字，如图 8-13 所示。

执行【半径标注】命令的方法有：

■ 命令行：dimradius↙（按〈Enter〉键）。

■ 菜单栏：【标注】/【半径】。

■ 工具栏：【标注】/  。

执行此命令后，命令行提示如下：

选择圆或圆弧：　　　　　　//拾取要标注的圆或圆弧

指定尺寸线位置或[多行文字(M)/文字(T)/角度(A)]：

◆ 指定尺寸线位置：直接指定点以确定尺寸线的位置，系统将自动按测量值绘制出半径标注。

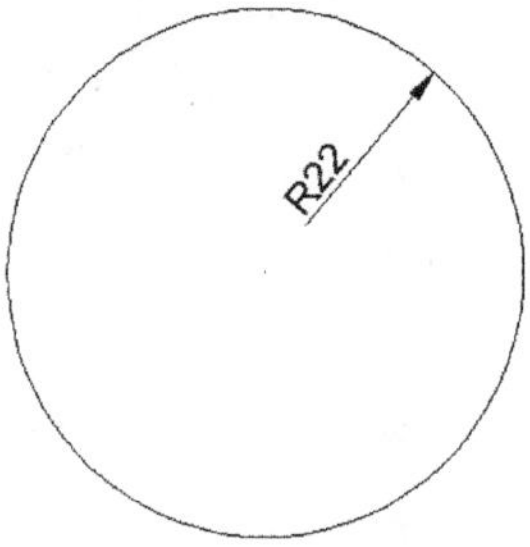

◆ 多行文字：用多行文字编辑器输入尺寸文字。

◆ 文字：以单行文字形式输入尺寸文字。

◆ 角度：设置尺寸文字的倾斜角度。

图 8-13　半径标注

（2）直径标注。直径标注是指标注圆或圆弧的直径尺寸。直径标注由一条指向圆或圆弧的带箭头的直径尺寸线组成，并显示前面带一个字母 *Φ* 的标注文字，如图 8-14 所示。

执行【直径标注】命令的方法有：

■ 命令行：dimdiameter↙（按〈Enter〉键）。

■ 菜单栏：【标注】/【直径】。

■ 工具栏：【标注】/  。

执行此命令后，命令行提示如下：

选择圆或圆弧：　　　　　　//拾取要标注的圆或圆弧

指定尺寸线位置或[多行文字(M)/文字(T)/角度(A)]：

◆ 指定尺寸线位置：直接指定点以确定尺寸线的位置，系统将自动按测量值绘制出直径标注。

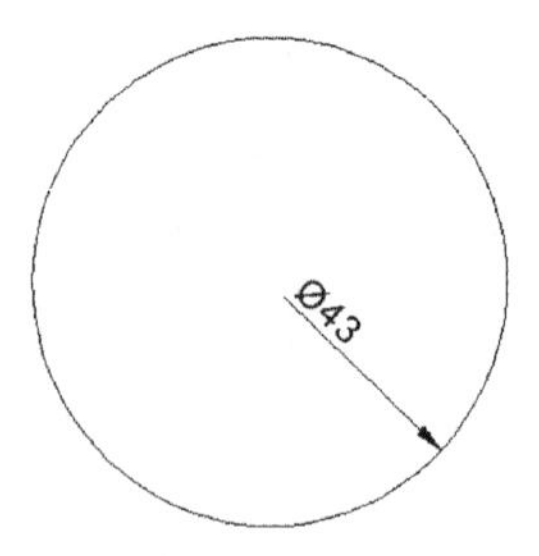

图 8-14　直径标注

◆ 多行文字：用多行文字编辑器输入尺寸文字。

◆ 文字：以单行文字形式输入尺寸文字。

◆ 角度：设置尺寸文字的倾斜角度。

（3）圆心标注。平时在绘制圆或圆弧时，其圆心位置并不显现。用圆心标记命令可以对圆心进行标记，使得圆心位置非常明显。

执行【圆心标注】命令的方法有：

■ 命令行：dimcenter↙（按〈Enter〉键）。

■ 菜单栏：【标注】/【圆心】。

■ 工具栏：【标注】/ ⊕。

执行此命令后，命令行提示如下：

选择圆或圆弧：　　　　　//拾取要标注的圆或圆弧

8.2.3 弧长标注和角度标注

（1）弧长标注。弧长标注是指标注圆弧或多段线圆弧上的距离。弧长标注由一条两端带箭头的弧长尺寸线组成，并显示前面带一个弧长符号的标注文字。如图8-15所示。

图8-15　弧长标注

执行【弧长标注】命令的方法有：

■ 命令行：dimarc↙（按〈Enter〉键）。

■ 菜单栏：【标注】/【弧长】。

■ 工具栏：【标注】/ 。

执行此命令后，命令行提示如下：

选择弧线段或多段线圆弧段：　　　　　//拾取要标注的圆或圆弧

指定弧长标注位置或[多行文字(M)/文字(T)/角度(A)/部分(P)/引线(L)]：

◆ 指定弧长标注位置：直接指定点以确定尺寸线的位置，系统将自动按测量值绘制出弧长标注。

◆ 多行文字：用多行文字编辑器输入尺寸文字。

◆ 文字：以单行文字形式输入尺寸文字。

◆ 角度：设置尺寸文字的倾斜角度。

◆ 部分：通过指定弧线段上的两个点来标注一部分弧长尺寸。

◆ 引线：标注加带引线，如图8-16所示。

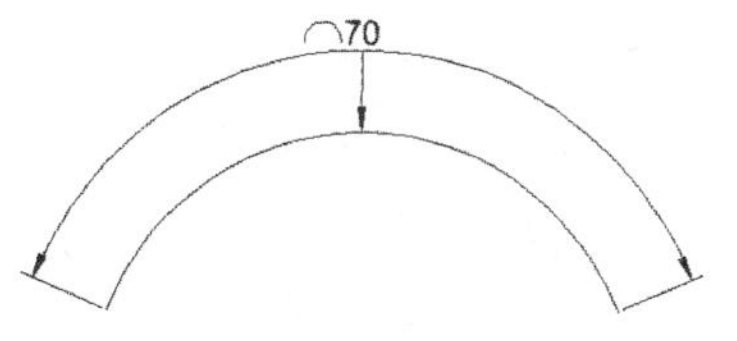

图8-16　带引线的弧长标注

（2）角度标注。角度标注可以标注圆心角、两条不平行直线之间的角度，如图8-17所示。

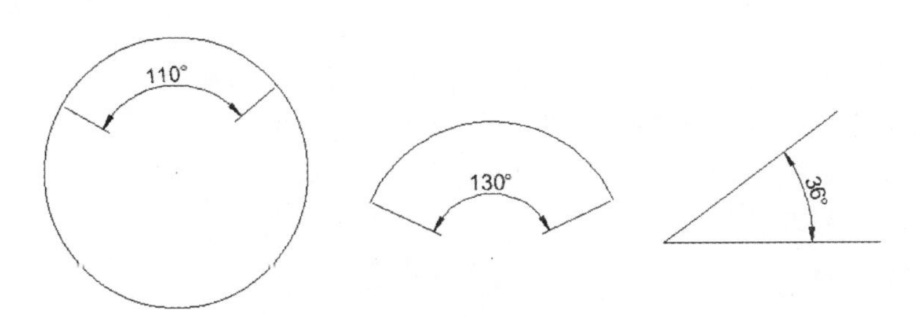

图8-17　角度标注

执行【角度标注】命令的方法有：

■ 命令行：dimangular↙（按〈Enter〉键）。

■ 菜单栏：【标注】/【角度】。

■ 工具栏：【标注】/ 。

执行此命令后，命令行提示如下：

选择圆弧、圆、直线或〈指定顶点〉： //拾取要标注的圆弧、圆或直线

◆ 选择圆弧

如果选择的对象是圆弧，系统继续提示如下：

指定弧长标注位置或[多行文字(M)/文字(T)/角度(A)/象限点(Q)]：

//指定点确定标注位置或选择其他项

◆ 选择圆

如果选择的对象是圆，则对圆的拾取点为角度标注的第一条尺寸界线的原点，系统提示如下：

指定角的第二个端点： //在圆周上或圆周外拾取一点作为第二条尺寸界线的原点

指定标注弧长位置或[多行文字(M)/文字(T)/角度(A)]：

//指定点确定标注位置或选择其他项

◆ 选择直线

如果选择的对象是直线，系统继续提示如下：

选择第二条直线： //拾取另一条直线

指定标注弧长位置或[多行文字(M)/文字(T)/角度(A)]：

//指定点确定标注位置或选择其他项

所选的直线无论是否实际相交，只要不平行，都可以标注其夹角。

◆ 指定顶点

创建基于三点的标注。选择该项，直接按〈Enter〉键，系统继续提示如下：

选择角的顶点： //拾取或捕捉要标注的角的顶点

选择角的第一个端点： //拾取或捕捉要标注的角的第一个端点

选择角的第二个端点： //拾取或捕捉要标注的角的第二个端点

指定标注弧长位置或[多行文字(M)/文字(T)/角度(A)]：

//指定点确定标注位置或选择其他项

8.2.4 基线标注和连续标注

（1）基线标注。基线标注是将上一个标注的基线或指定的基线作为标注基线，执行连续的基线标注，所有的基线标注共用一条基线，如图8-18所示。执行基线标注必须事先执行线性、对齐或角度标注。默认情况下，系统自动以上一个标注的第一条尺寸界线作为基线标注的基线；基线也可以由用户来指定。

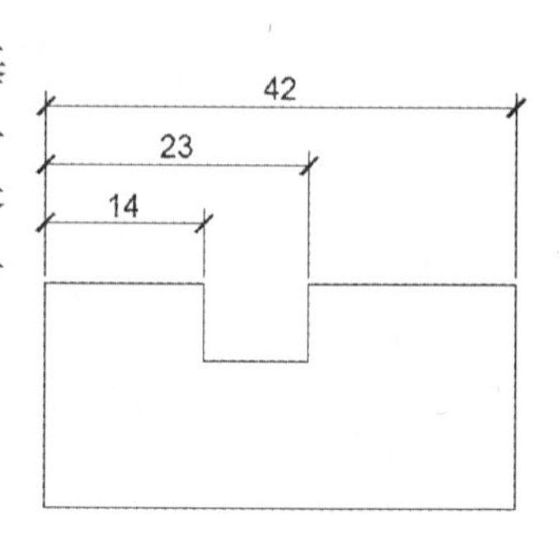

图8-18 基线标注

执行【基线标注】命令的方法有：

■ 命令行：dimbaseline↙（按〈Enter〉键）。

■ 菜单栏：【标注】/【基线】。

■ 工具栏：【标注】/ 。

执行该命令后，如果上一次操作并未创建标注，则命令行提示如下：

选择基准标注： //选择一个线性、对齐或角度标注，离拾取点较近的尺寸界线为基线标注的第一条尺寸界线

指定第二条尺寸界线原点或[放弃(U)/选择(S)]〈选择〉：

执行命令后，如果上一次操作创建了标注，则使用最近一次创建的标注对象为基准标注，以该基准标注的第一条尺寸界线为基线标注的第一条尺寸界线。命令行提示如下：

指定第二条尺寸界线原点或[放弃(U)/选择(S)]〈选择〉：

◆ 指定第二条尺寸界线原点：直接捕捉需要的点来指定基线标注中下一个标注的第二条尺寸界线原点，系统自动测量第一条和第二条尺寸界线的距离，并以该测量值绘制基线标注，系统继续提示如下：

指定第二条尺寸界线原点或[放弃(U)/选择(S)]〈选择〉：

◆ 放弃：放弃在该次命令期间最近输入的一个基线标注。

◆ 选择：重新选择基线标注的第一条尺寸界线。

基线标注完成后，需要按两次〈Enter〉键结束命令，也可以按〈Esc〉键结束命令。当用户对并联标注中的基线间距不满意时，可以在【标注样式管理器】里【尺寸线】选项卡中更改基线间距值，也可以利用标注工具栏的【等距标注】命令按钮进行调整。

（2）连续标注。【连续标注】命令可以在执行一次标注命令后，在图形的同一方向上连续标注多个尺寸，如图8-19所示。【连续标注】命令和【基线标注】命令一样，必须在执行了线性、对齐或角度标注以后才能使用，系统自动捕捉到上一个标注的第二条尺寸界线作为连续标注的起点。

执行【连续标注】命令的方法有：

■ 命令行：dimcontinue↙（按〈Enter〉键）。

■ 菜单栏：【标注】/【连续】。

■ 工具栏：【标注】/ 。

执行此命令后，其系统提示和操作方法与基线标注相同，用户可以自己实践。

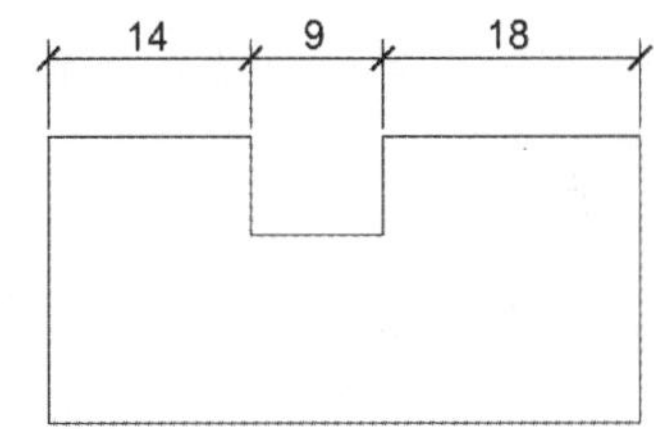

图8-19 连续标注

8.2.5 快速标注

快速标注是通过选择图形对象本身来执行一系列的尺寸标注。

执行【快速标注】命令的方法有：

■ 命令行：qdim↙（按〈Enter〉键）。

■ 菜单栏：【标注】/【快速标注】。

■ 工具栏：【标注】/ 。

执行命令后，命令行提示如下：

关联标注优先级 = 端点

选择要标注的几何图形： //点选或框选要标注的图形对象

选择要标注的几何图形： //按〈Enter〉键结束选择

指定尺寸线位置或[连续(C)/并列(S)/基线(B)/坐标(O)/半径(R)/直径(D)/基准点(P)/编辑(E)/设置(T)]〈连续〉: //指定点确定标注位置或选择其他项

◆ 连续：产生一系列连续标注的尺寸。

◆ 并列：产生一系列交错的尺寸标注。

◆ 基准点：为基线标注和连续标注指定一个新的基准点。

◆ 编辑：对多个尺寸线进行编辑，对已存在的尺寸标注添加或移去尺寸点。

8.2.6 引线标注

引线标注可以创建引线和引线注释，工程图纸中常使用引线标注来为图形的某个局部加注文字说明。

(1) 快速引线。快速引线是一端带有箭头，另一端带有文字对象的直线或样条曲线。

执行【快速引线】命令的方法是：

■ 命令行：qleader↙（按〈Enter〉键）。

执行此命令后，命令行提示如下：

指定第一个引线点或[设置(S)]〈设置〉:

◆ 指定第一个引线点：直接指定一点，从该点开始绘制引线，系统继续提示如下：

指定下一点: //指定引线的第二点

指定下一点: //指定引线的第三点

指定文字宽度〈0〉: //输入文字宽度

输入注释文字的第一行〈多行文字(M)〉: //输入第一行文字

输入注释文字的第一行〈多行文字(M)〉: //输入第二行文字或按〈Enter〉键,结束命令

◆ 设置：设置引线标注的格式。输入 s 并按〈Enter〉键，弹出【引线设置】对话框，如图 8-20 所示。该对话框由【注释】、【引线和箭头】及【附着】三个选项卡组成。

◇ 注释：设置引线注释类型，指定多行文字选项，并指明是否需要重复使用注释，如图 8-20 所示。

◇ 引线和箭头：设置引线和箭头的格式，设置引线点的数目，设置第一条与第二条引线的角度约束。在工程制图规范中，要求引出线与水平方向成 30°、45°、60°、90°的直线，如图 8-21 所示。

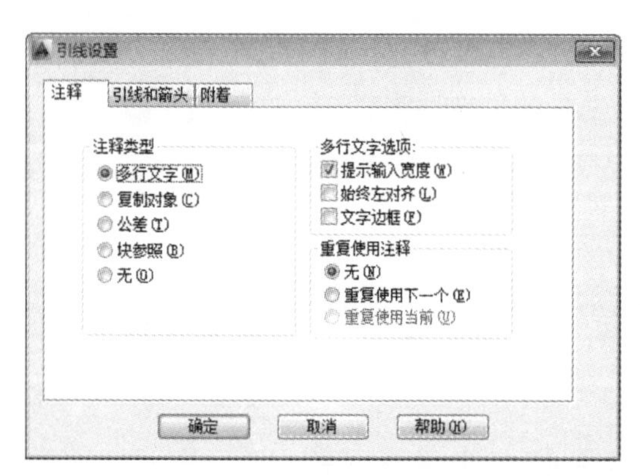

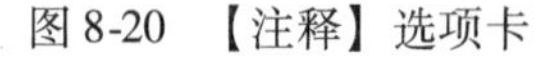
图 8-20 【注释】选项卡

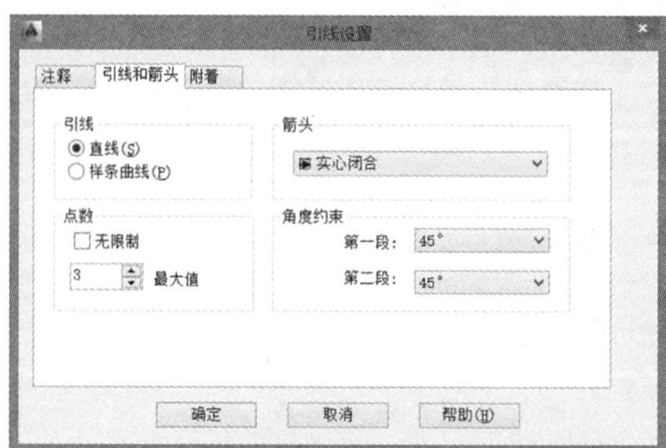

图 8-21 【引线和箭头】选项卡

◇ 附着：设置引线终点相对于多行文字注释的附着位置。只有在【注释】选项卡里选定“多行文字”时，此选项卡才可用。如图 8-22 所示。

在工程制图规范中，文字说明宜注写在水平线上方（最后一行加下画线），也可注写在水平线的端部（多行文字中间）。

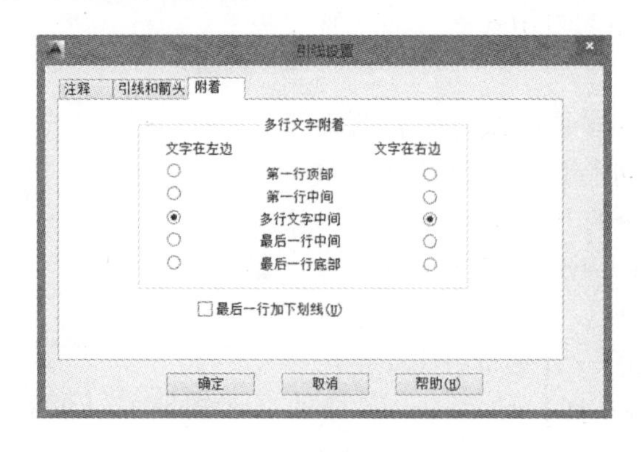

图 8-22 【附着】选项卡

（2）多重引线。AutoCAD 2008 以后的版本增强了引线标注的功能，专门设置了【多重引线】工具栏，可以在任意工具栏上单击鼠标右键选中调出，如图 8-23 所示。多重引线的操作方法基本与快速引线相同，但是功能更为强大。执行【多重引线】命令的方法有：

■ 命令行：mleader↙（按〈Enter〉键）。

■ 菜单栏：【标注】/【多重引线】。

■ 工具栏：【多重引线】/ 。

图 8-23 【多重引线】工具栏

执行此命令后，命令行提示如下：

指定引线箭头的位置或[引线基线优先(L)/内容优先(C)/选项(O)]〈选项〉：

◆ 指定引线箭头的位置：直接单击鼠标确定引线箭头的位置，然后在打开的文字输入窗口中输入注释内容即可。

◆ 引线基线优先：指定多重引线对象的基线的位置。

◆ 内容优先：指定与多重引线对象相关联的文字或块的位置。

◆ 选项：指定用于放置多重引线对象的选项。

◇ 引线类型：指定如何处理引线。“直线”：创建直线多重引线；“样条曲线”：创建样条曲线多重引线；“无”：创建无引线的多重引线。

◇ 引线基线：指定是否添加水平基线。如果输入“是”，将提示设置基线长度。

◇ 内容类型：指定要用于多重引线的内容类型。“块”：指定图形中的块，以与新的多重引线相关联；“多行文字”：指定多行文字包含在多重引线中；“无”：指定没有内容显示在引线的末端。

◇ 最大节点数：指定新引线的最大点数或线段数。

◇ 第一个角度：约束新引线中的第一个点的角度。

◇ 第二个角度：约束新引线中的第二个点的角度。

◇ 退出选项：退出多重引线命令的“选项”分支。

我们还可以通过【多重引线样式】管理器来对多重引线样式进行设置，执行【多重引线样式管理器】命令的方法有：

■ 命令行：mleaderstyle↙（按〈Enter〉键）。

■ 菜单栏：【格式】/【多重引线样式】。

■ 工具栏：【多重引线】。

执行此命令后，弹出【多重引线样式】管理器，如图 8-24 所示。

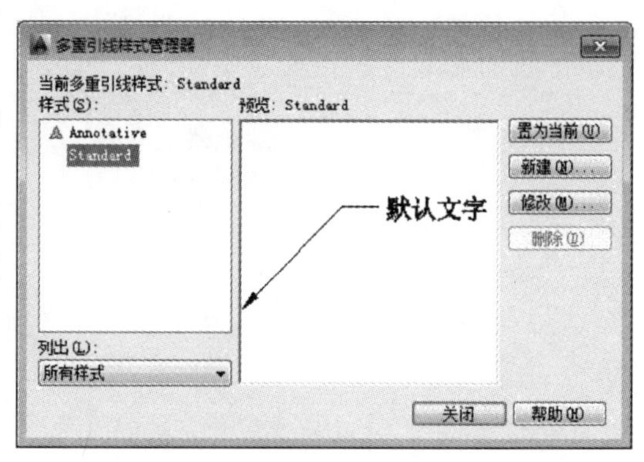

图 8-24 【多重引线样式】管理器

单击【新建】按钮，弹出【创建新多重引线样式】对话框，如图 8-25 所示，在【新样式名】中输入要创建的新样式的名称，然后单击【继续】按钮，弹出【修改多重引线样式】对话框，如图 8-26 所示。

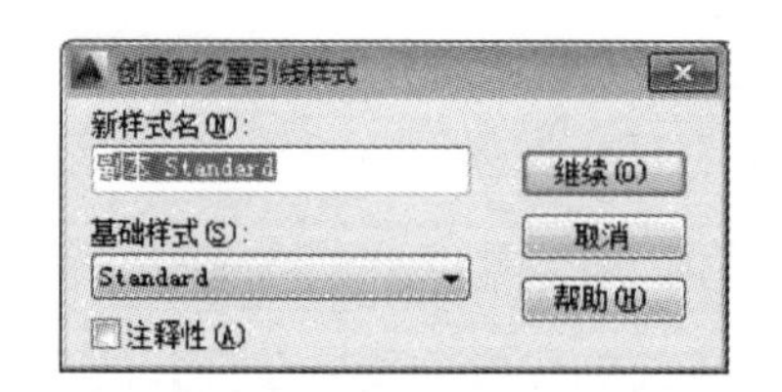

图 8-25 【创建新多重引线样式】对话框

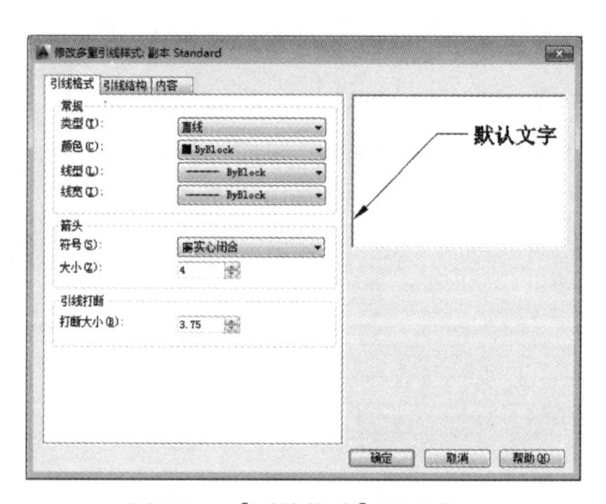

图 8-26 【引线格式】选项卡

在【修改多重引线样式】对话框中，有【引线格式】【引线结构】和【内容】三个选项卡。

◆ 引线格式：设置引线的线型、颜色、类型、线宽以及箭头的样式、大小等，如图 8-26 所示。

◆ 引线结构：设置引线的约束数目、基线样式以及引线比例、是否设置为注释性对象等，如图 8-27 所示。

◆ 内容：对文字类型样式、引线连接方式进行设置，如图 8-28 所示。

当用户进行多重引线标注后，还可以通过【多重引线】工具栏上的按钮进行多重引线的添加、删除、对齐、合并等操作。

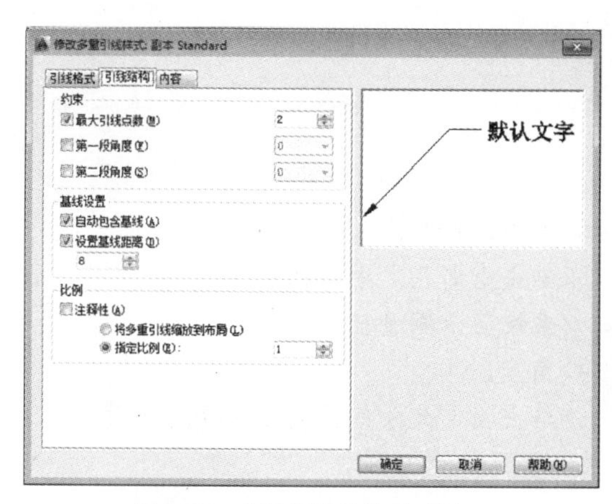

图 8-27 【引线结构】选项卡

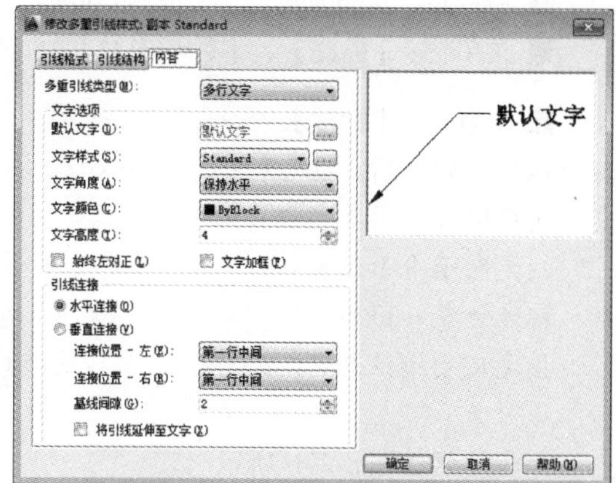

图 8-28 【内容】选项卡

8.2.7 坐标标注

坐标标注用来标注某点 X、Y 的坐标。执行【坐标标注】命令的方法有：

■ 命令行：dimordinate↙（按〈Enter〉键）。

■ 菜单栏：【标注】/【坐标】。

■ 工具栏：【标注】/ 。

执行此命令后，命令行提示如下：

指定点坐标： //在需要标注坐标的对象位置上指定一点

指定引线端点或[X 基线(X)/Y 基线(Y)/多行文字(M)/文字(T)/角度(A)]：

//单击指定引线端点或选择其他项

指定引线端点时，如果光标移向水平方向，将指定 X 轴坐标，如果光标移向垂直方向，则指定 Y 轴坐标。其他选项含义与线性标注的相同。

8.2.8 折弯标注

折弯标注是当图纸空间有限，尺寸线过长而影响美观时进行的标注，以带折弯符号的尺寸线显示。

（1）折弯线性。执行【折弯线性】命令的方法有：

■ 命令行：dimjogline↙（按〈Enter〉键）。

■ 菜单栏：【标注】/【折弯线性】。

■ 工具栏：【标注】/ 。

执行此命令后，命令行提示如下：

选择要添加折弯的标注或[删除(R)]： //单击选择要添加折弯的标注

指定折弯位置(或按 ENTER 键)： //单击指定折弯位置

需要注意的是，折弯线性命令必须在已经有线性标注的前提下完成，效果如图 8-29a 所示。

（2）折弯半径。执行【折弯半径】命令的方法有：

■ 命令行：dimjogged↙（按〈Enter〉键）。

■ 菜单栏：【标注】/【折弯半径】。

■ 工具栏：【标注】/ 。

执行此命令后，命令行提示如下：

选择圆弧或圆：　　　　　　　　　　//单击选择对象

指定图示中心位置：　　　　　　　　//单击重新指定中心位置

标注文字 =3396　　　　　　　　　　//系统显示测量值

指定尺寸线位置或[多行文字(M)/文字(T)/角度(A)]：

　　　　　　　　　　　　　　　　　//单击指定尺寸线位置或选择其他项

完成效果如图 8-29b 所示。

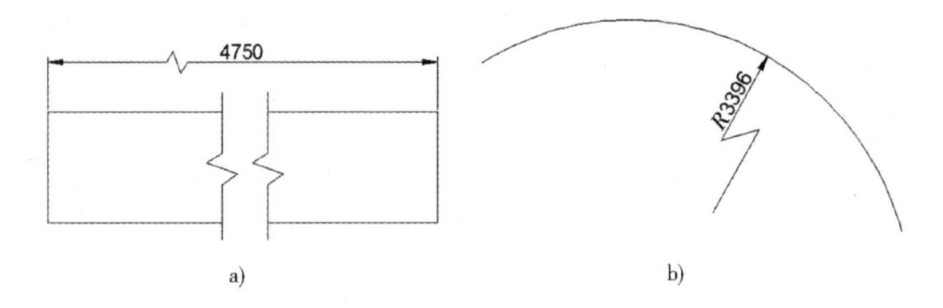

图 8-29　折弯标注

a）折弯线性　b）折弯半径

8.2.9　尺寸标注的编辑

创建了尺寸标注后，可能会发现有些尺寸标注不符合绘图的要求，这时可以对尺寸标注进行编辑。

（1）编辑标注。执行【编辑标注】命令的方法有：

■ 命令行：dimedit↙（按〈Enter〉键）。

■ 工具栏：【标注】/ 。

执行【编辑标注】命令，命令行提示如下：

输入标注编辑类型[默认(H)/新建(N)/旋转(R)/倾斜(N)]〈默认〉：

◆ 默认：按默认方式放置尺寸文字。

◆ 新建：选择此项会打开多行文字编辑器，在编辑器中修改、编辑尺寸文字。

◆ 旋转：将尺寸数字旋转至指定角度。

◆ 倾斜：将尺寸界线倾斜至指定角度。

（2）编辑标注文字。执行【编辑标注文字】命令的方法有：

■ 命令行：dimtedit↙（按〈Enter〉键）。

■ 工具栏：【标注】/ 。

执行【编辑标注文字】命令，命令行提示如下：

指定标注文字的新位置或[左(L)/右(R)/中心(C)/默认(H)/角度(A)]：

- ◆ 左：尺寸文字靠近尺寸线的左边。
- ◆ 右：尺寸文字靠近尺寸线的右边。
- ◆ 中心：尺寸文字放置在尺寸线中间。
- ◆ 默认：按照默认位置放置尺寸文字。
- ◆ 角度：将尺寸文字旋转至指定角度。

8.3 习题

对第 6 章习题中图 6-54 的建筑平面进行尺寸标注。

第9章

图纸布局与打印

绘制好的景观工程图需要打印出来进行报批、存档、交流和指导施工，所以绘图的最后一步是打印图纸。前面图形的绘制工作都是在模型空间中完成的，用户可以直接在模型空间中打印草图，但是在打印正式图纸的时候，如果图形较多，且比例不一，在模型空间打印会非常不方便，所以 AutoCAD 提供了完全模拟了图纸页面的图纸空间，用于安排图形的输出布局。

9.1 模型空间与图纸空间

模型空间主要用于建模，前面章节讲述的绘图、编辑、标注等操作都是在模型空间里完成的，用户在这个空间通常以 1:1 的比例，也就是实际尺寸绘制图形。

而图纸空间是为打印出图而设置的，在模型空间绘制完图形后，一般需要输出到图纸上。为了让用户方便地针对一种图纸输出方式设置打印设备、纸张、比例、图纸视图布置等，AutoCAD 提供了用于进行图纸设置的图纸空间。利用图纸空间还可以预览真实的图纸输出效果，可以设置图纸的幅面大小、比例，从而实现图形从模型空间到图纸空间的转化。由于可以表现不同比例的图形布置，我们把图纸空间也叫作“布局”。

在默认情况下，AutoCAD 显示的窗口是模型窗口，在绘图窗口的左下角显示【模型】与【布局】窗口选项卡按钮，如图 9-1 所示。鼠标单击选项卡按钮可实现模型空间与图纸空间的切换。

图 9-1 【模型】与【布局】选项卡按钮

图纸空间相对模型空间在图形输出中的优势主要体现在：

（1）可以方便地解决一图多比例的问题。图纸空间可以利用多个浮动视口，分别设置对应的比例来实现一张图纸上多个比例的存在，相对于模型空间来说，更为方便、直观。

（2）便于打印出图。用模型空间出图，需要打印时用打印比例达到出图图纸比例。由于图纸比例各异，打印时就要对打印比例有很大的把握，这对于由非绘图人员打印图纸的管理方式来说颇为不便。使用图纸空间后，从图纸空间打印的比例总是 1:1，对打印人员来说非常方便。

（3）一图变多图。在工程图纸的绘制中，经常会遇到由一张总图分出几张分图的情况，利用图层管理和图纸空间的多视口可以更为方便地实现这种图纸的输出。

9.2 图纸布局

在模型空间中显示的是用户绘制的图形，要进入布局窗口，可以单击绘图窗口左下角的【布局1】或【布局2】。

在【布局】窗口中有三个矩形框，最外面的矩形框代表在页面设置中指定的图形尺寸，虚线矩形框代表图纸的可打印区域，最里面的矩形框是一个视口。视口实际上是图纸空间中的动态模型空间，用户可以对当前激活视口中的图形进行编辑和修改。

9.2.1 创建视口

从模型空间进入到图纸空间，系统默认只有一个视口，用户也可以根据需要自己创建视口。

创建视口的方法有：

■ 命令行：mview↙（按〈Enter〉键）或 vports↙（按〈Enter〉键）。

■ 菜单栏：【视图】/【视口】。

执行命令后，命令行提示如下：

指定视口的角点或[开(ON)/关(OFF)/布满(ON)/着色打印(S)/锁定(L)/对象(O)/多边形(P)/恢复(R)/图层(LA)]〈布满〉：　　//指定视口的第一个角点

指定对角点：　　//指定视口的对角点

◆ 开：激活选定的视口，活动视口显示模型空间图形对象。

◆ 关：使选定视口处于非活动状态。模型空间中对象不在视口中显示。

◆ 布满：创建布满到布局的可打印区域边缘的视口。

◆ 着色打印：指定如何打印布局中的视口。

◆ 锁定：在模型空间工作时，禁止修改选定视口中的缩放比例因子。

◆ 对象：指定封闭的多边形、椭圆、样条曲线或圆以转换到视口中。指定的多段线必须是闭合的并且至少包含三个顶点。它可以是自相交的，也可以包含圆弧和线段。

◆ 多边形：用指定的点创建具有不规则外形的视口。

◆ 恢复：恢复使用 VPORTS 命令保存的视口配置。

◆ 图层：指定是否将视口图层特性重置为全局特性。

除了以上创建视口的方法，也可以调出 AutoCAD 提供的【视口】工具栏来创建视口，如图9-2 所示。工具栏包含了【视口对话框】、【单个视口】、【多边形视口】、【将对象转换为视口】、【剪裁现有视口】五个功能按钮以及【缩放比例】下拉列表。

0.5290

图9-2　【视口】工具栏

9.2.2 激活视口

在视口窗口中双击鼠标左键即可进入到动态的模型空间，此时，视口框显示为粗实线，表示视口已被激活。滑动鼠标滚轮，可放大或缩小当前视口中的图形。用户如果对当前浮动视口中的图形进行编辑和修改，则所有视口和模型空间均会反映这种变化。

需要注意的是，大多显示命令（如ZOOM、PAN等）仅作用于当前视口，故用户可以利用这个特点在不同的视口中显示图形的不同部分。在景观工程制图中，经常利用图纸空间的视口来完成图纸布局。

9.2.3 视口比例

当视口被激活后，相当于回到模型空间，用zoom（或通过鼠标滚轮）可以平移，也可以缩放。我们在模型空间时的缩放是相对于屏幕的。在图纸空间，视口尺寸不变，激活视口内的缩放便相对于视口了。由于在图纸空间出图的话，打印比例一般不做考虑，即1:1打印，因此视口比例实际上就是图纸比例。

视口比例的设置方法是：激活当前视口，在命令行输入zoom并按〈Enter〉键，系统提示如下：

指定窗口角点,输入比例因子(nX或nXP),或者[全部(A)/中心(C)/动态(D)/范围(E)/上一个(P)/比例(S)/窗口(W)对象(O)]〈实时〉:S //输入比例选项

输入比例因子(nX或nXP):1/500xp //输入比例因子,按〈Enter〉键

nX是相对于前一个状态，它是相对比例。nXP是相对于实际对象，它是绝对比例。很显然，设置视口比例必须用nXP。例如，如果想将图形比例设为1:500，则输入比例因子1/500xp。另外，也可以在【视口】工具栏中选择常用的视口比例。

9.2.4 退出视口

视口选定好比例后，图纸会自动缩放，此时不能滑动鼠标的滚轮，否则就会缩放图纸，比例相应地就会变化！但是此时可以平移图纸，将其放到合适的位置。一旦编辑到位，就应退出视口，以防止无意动到鼠标以至图纸比例变化。

退出视口最便捷的方法就是在视口框外任意点双击鼠标，此时，视口显示为细实线，即从动态模型空间回到图纸空间，视口被关闭，视口中图形无法再放大或缩小。

除了上述方法，也可以用【PS】命令来退出视口。

9.2.5 锁定视口

调整好图纸的位置及比例后，退出视口，此时可以选取视口边框线，单击鼠标右键，弹出快捷菜单，选取【显示锁定】，勾选“是”，即可锁定视口。

或者用【视口特性】对话框的【MO】命令。在对话框中有【显示锁定】选项，将“否”改为“是”（即锁定视口，此时的视口大小、位置等都是可以调整的，只是把视口内的图纸锁定，缩放、位移等不再起作用）。

9.2.6 一纸多比例布局

如果需要在一张图纸上输出多个不同比例的图形，图纸空间所具备的布局功能就体现了出来。由于一个视口只能设定一个比例，因此在一张图纸上布置多个比例的图形就需要创建多个视口来完成。

采用多视口布局和图纸空间打印的基本步骤如下：

◆ 在图纸空间按出图图纸尺寸绘制标准图框或插入已有标准图框。

◆ 在图框范围内创建多个视口，并激活视口，在视口内通过缩放找到需要显示的图形。

◆ 根据构图的合理性，设定各个视口内的图形比例。

◆ 将视口之间的位置关系调整至最佳状态，添加图号、图名，设定打印。

【例】将第 12 章中的图 12-24 按图 9-3 所示的比例在一张 A4 图纸中出图。

首先要在模型空间按 1:1 的比例绘制树池的平面图、立面图以及剖面图，具体绘制方法参见第 12 章【例 12-3】，然后进入图纸空间进行图纸布局：

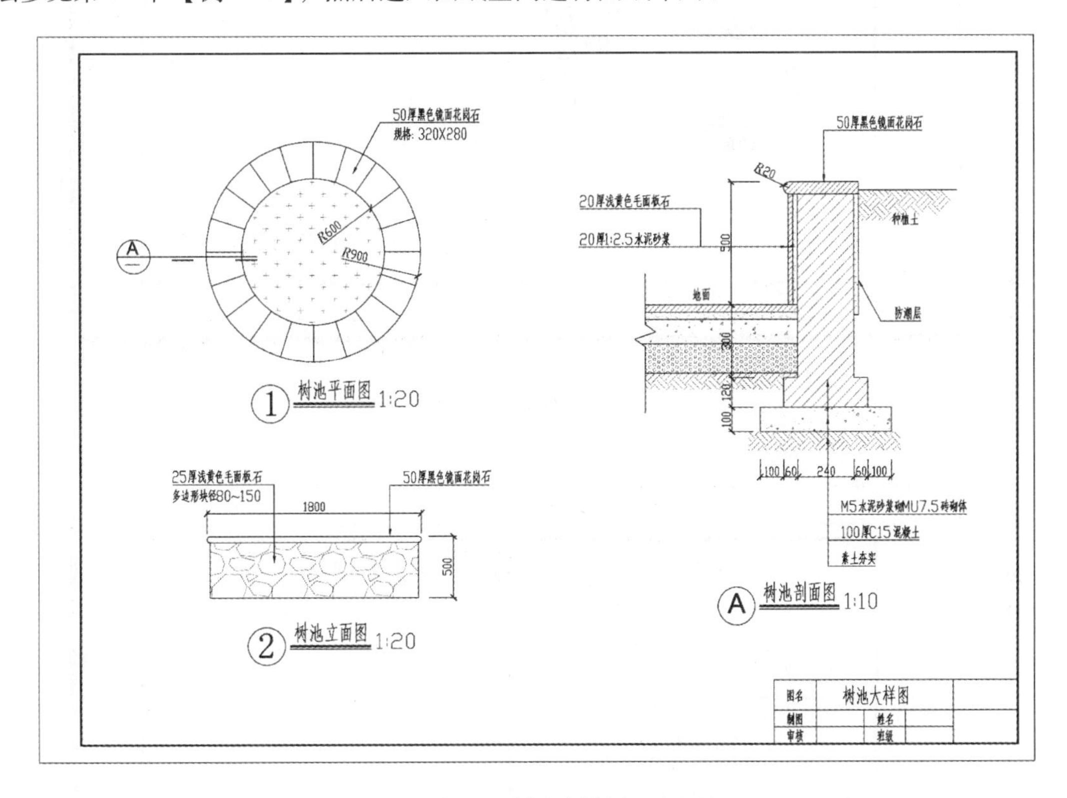

图 9-3 树池大样图

◆ 步骤一：绘制一张 A4 的图框，并绘制好标题栏，如图 9-3 所示。

◆ 步骤二：调出【视口】工具栏，单击□按钮，在图框内左侧拖动鼠标指定对角线，创建第一个视口，如图 9-4 所示。

用鼠标左键双击视口线内任意一点，激活该视口（视口线以粗实线显示），然后单击【视口】工具栏右边的比例选项，比例选为 1:20，此时图形以正确的比例显示，但图形位置不一定合适，可用【平移】工具进行调整，将平面图和立面图显示在合适的位置，如图 9-5 所示。编辑完成后，在视口线外任意一点双击鼠标，退出视口（视口线以细实线显示）。

◆ 步骤三：重复步骤二，在图框内右侧创建第二个视口，将比例调整为 1:10，并调整图形的位置，使剖面图完整地显示在右侧视口中，如图 9-6 所示。最后退出视口。

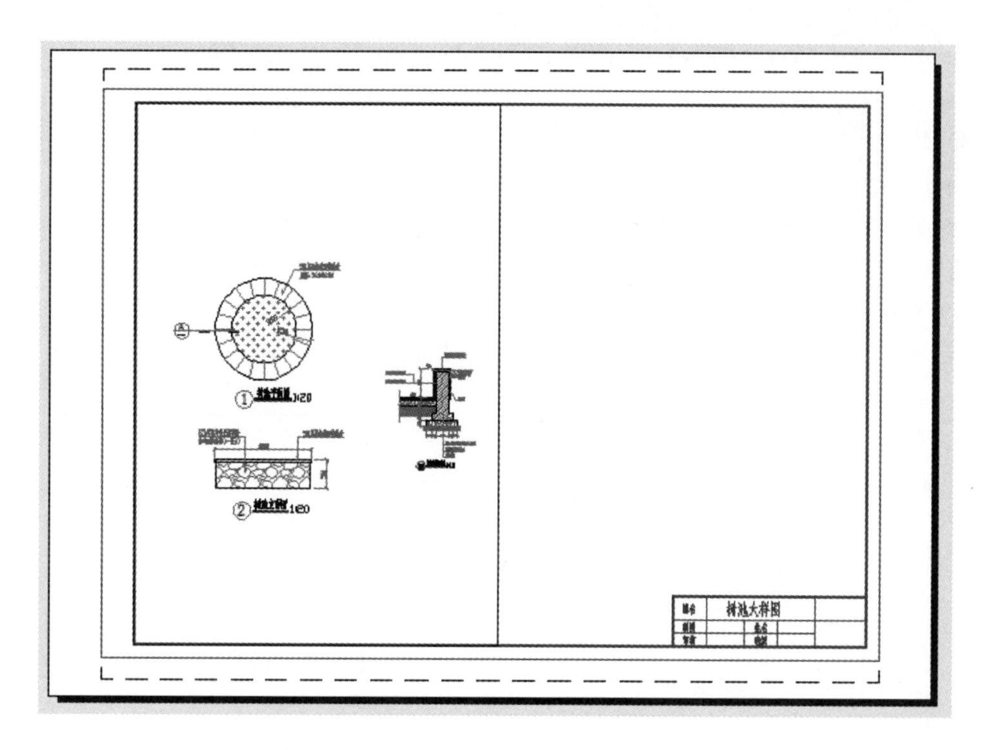

图 9-4　创建第一个视口

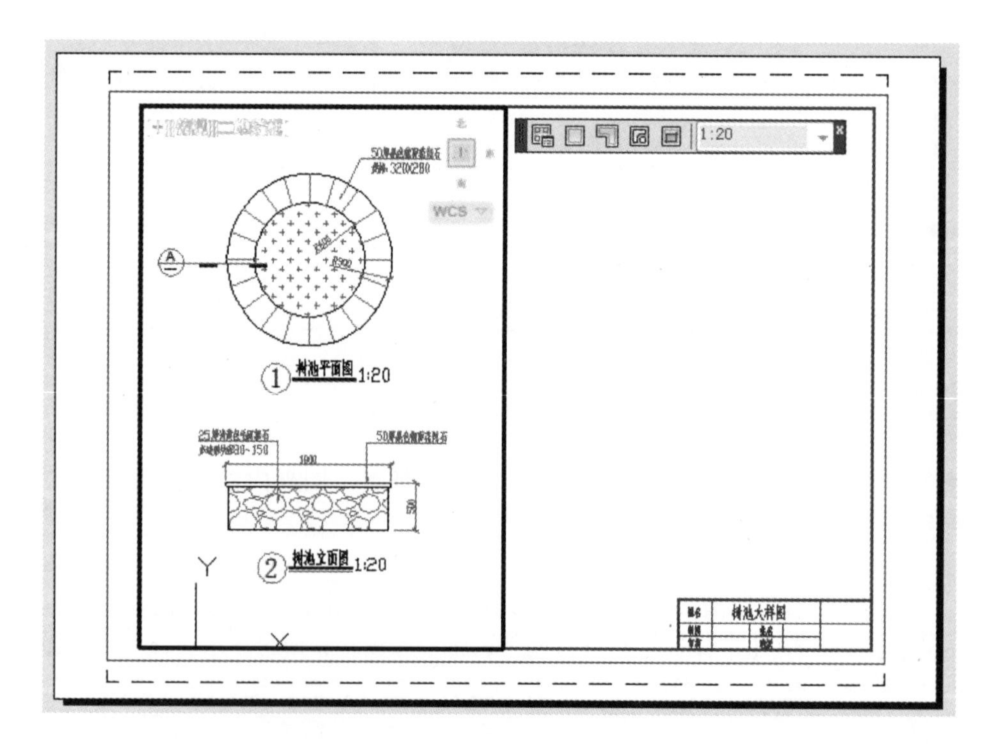

图 9-5　调整比例

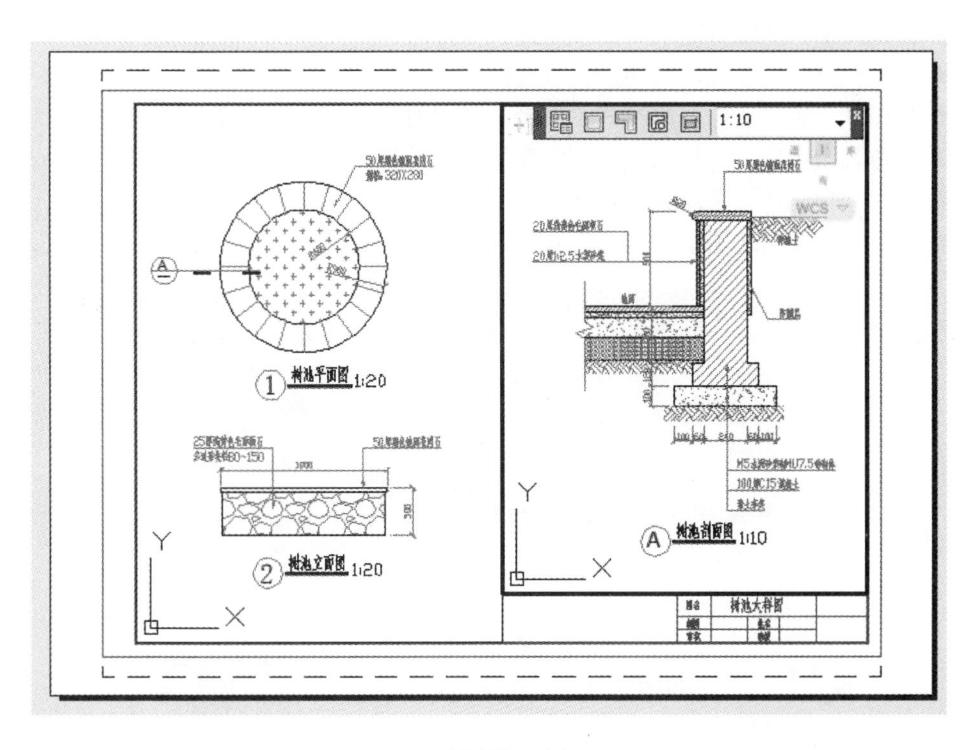

图 9-6 创建第二个视口

◆ 步骤四：隐藏视口线。鼠标单击选择视口线，在【图层】工具栏中的【图层控制】下拉列表选择 defpoints 层（不打印层），即可在打印出图时隐藏视口线。

上述步骤完成后，就可以打印出图了。

9.3 打印出图

AutoCAD 提供的打印功能既可以打印模型空间对象，也可以打印布局，下面以图纸空间出图打印为例进行详细介绍。

9.3.1 打印设置

■ 命令行：print↙（按〈Enter〉键）。

■ 菜单栏：【文件】/【打印】。

■ 工具栏：【标准】/ 🖨。

执行命令后，弹出【打印－布局】对话框，系统默认情况下显示并不完整，可以单击对话框右下角的箭头按钮，展开完整的对话框，如图 9-7 所示。

◆ 页面设置

◆ 打印机/绘图仪：在下拉列表中指定打印设备名称。

◆ 图纸尺寸：指定出图幅面大小。

◆ 打印区域：包括【布局】、【窗口】、【范围】和【显示】四个选项，如果布局中有多张图纸，则需要多次打印，通常选择【窗口】选项。

◆ 打印比例：图纸空间出图，该项选择1:1比例。
◆ 打印偏移：设置打印偏移，通常选择“居中打印”。
◆ 打印样式表：通过打印样式表来设定打印的颜色、线宽、线型等。
◆ 着色视口选项：选择图纸的打印质量，通常采用默认选项。
◆ 打印选项：通常采用默认选项。
◆ 图形方向：指定图纸横向或竖向打印。

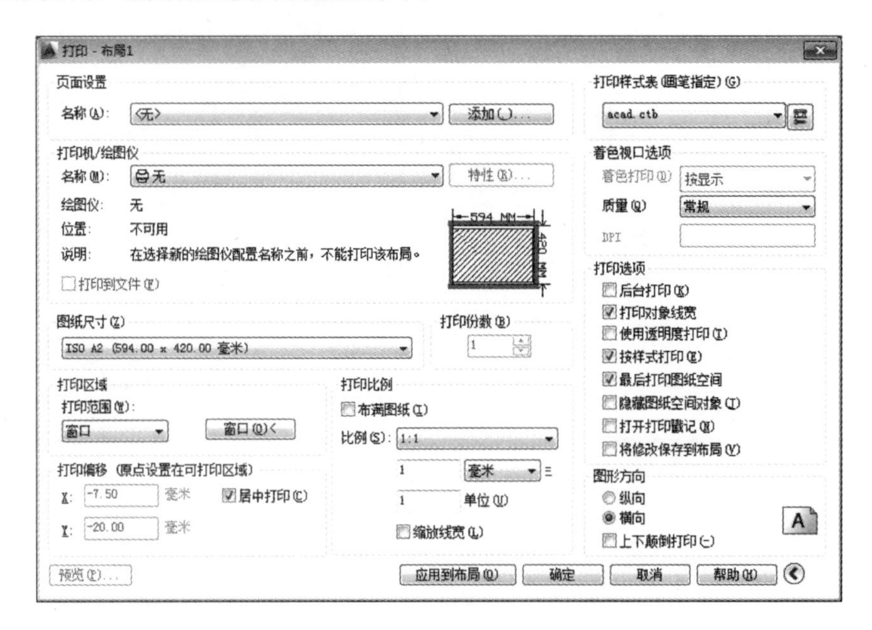

图9-7 【打印-布局】对话框

9.3.2 打印样式

打印样式通过确定打印特性（例如线宽、颜色和填充样式）来控制对象或布局的打印方式。打印样式表中收集了多组打印样式。打印样式管理器是一个窗口，其中显示了所有可用的打印样式表。

打印样式有两种类型：颜色相关和命名。一个图形只能使用一种类型的打印样式表。用户可以在两种打印样式表之间转换，也可以在设置了图形的打印样式表类型之后，修改所设置的类型。

打印样式可分为颜色相关打印样式表和命名打印样式表两种模式。颜色相关打印样式以对象的颜色为基础，共有255种颜色相关打印样式。在颜色相关打印样式模式下，通过调整与对象颜色对应的打印样式，可以控制所有具有同种颜色的对象的打印方式。

命名打印样式可以独立于对象的颜色使用。使用这些打印样式表可以使图形中的每个对象以不同颜色打印，与对象本身的颜色无关。

颜色相关打印样式表以“.ctb”为文件扩展名保存，而命名打印样式表以“.stb”为文件扩展名保存，均保存在CAD系统主目录中的“plotstyles”子文件夹中。

颜色相关样式表通过颜色来控制打印输出的颜色和线宽，操作起来比较简单，使用得比较多，CAD也提供了一些常用的打印样式表，有彩色的、灰度的（grayscale.ctb）、单色的（monochrome. ctb），直接选用即可。

选择好打印样式后，单击后面的编辑按钮，弹出【打印样式管理器】。在这里可以对颜色、线型、线宽进行设置。在工程制图中，线宽的设置非常重要，线宽等级直接影响图纸的美观和清晰度，线宽的控制有两种方法，一是通过图层控制线宽，二是通过颜色控制线宽。

（1）图层控制线宽。如果在图层中已经设置了线宽，想按设置的线宽打印的话，必须在打印样式表中设置输出线宽为【使用实体线宽】，否则设置的线宽也会被忽略，如图9-4所示。“使用对象线宽”也是系统默认设置。

（2）颜色控制线宽。颜色控制线宽的优点是更为直观，图纸打开后，颜色可以一目了然，设计起来也非常简单。而实体线宽相对来说就很难分辨了，即使打开【线宽】显示钮，在屏幕上看到的也只是示意效果，即使在布局中使用了页面设置中的线宽设置，看到的也并不是实际的宽度。对于建筑、景观行业的制图，用颜色控制线宽更为便捷。

当使用颜色控制线宽时，在打印样式表中，要对图中每种颜色进行线宽的设置，而不是使用对象线宽，如图 9-9 所示。因此在画图过程中，应对图形对象的颜色统筹规划，合理设置。

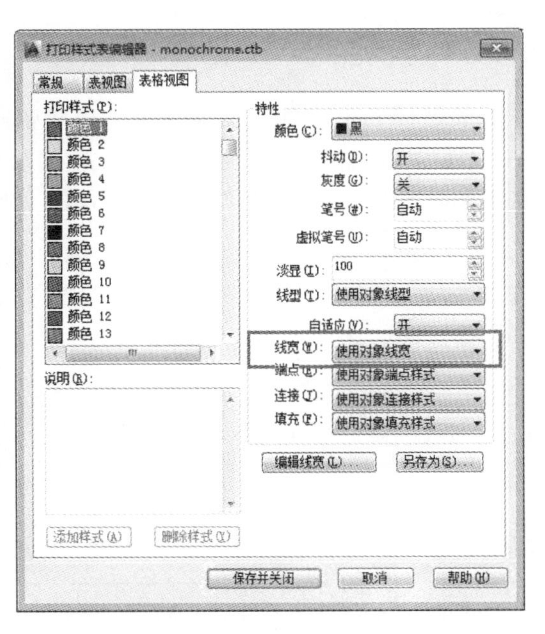

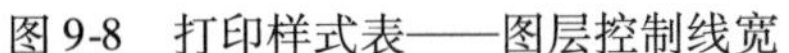

图 9-8 打印样式表——图层控制线宽

图 9-9 打印样式表——颜色控制线宽

9.4 习题

将第 11 章和第 12 章中的例题进行合理的图纸布局。

第10章 景观工程制图规范

10.1 图幅、标题栏、会签栏

10.1.1 图幅

景观工程制图采用国际通用的 A 系列幅面规格的图纸。A0 幅面的图纸称为零号图纸。A1 幅面的图纸称为一号图纸。图纸幅面的规格见表 10-1 基本图幅尺寸。绘制图纸时，图纸的幅面和图框尺寸必须符合表中的规定，表中代号含义见图 10-1、图 10-2。

表 10-1 基本图幅尺寸

幅面代号 尺寸	A0	A1	A2	A3	A4
$b \times i$	841×1189	594×841	420×594	297×420	210×297
c	10			5	
a	25				

注：表中尺寸单位为毫米（mm）。加长图幅为标准图框根据图纸内容需要在长向（l 边）加长 $l/4$ 的整数倍，A4 图一般无加长图幅。在工程图纸中，总图部分多采用 A2～A0 图幅（视图纸内容需要，同套图纸统一），其他详图图纸多采用 A3、A2 图幅。根据图纸量可分册装订。

10.1.2 标题栏

标题栏简称图标，用来简要说明图纸的内容。各种幅面的图纸不论横放或竖放，均应在图框内画出标题栏。工程图纸标题栏的内容包括设计单位名称、工程项目名称、设计者、审核者、制图员、图名、比例、日期和图纸编号等内容。景观工程常用标题栏格式如图 10-3 所示。

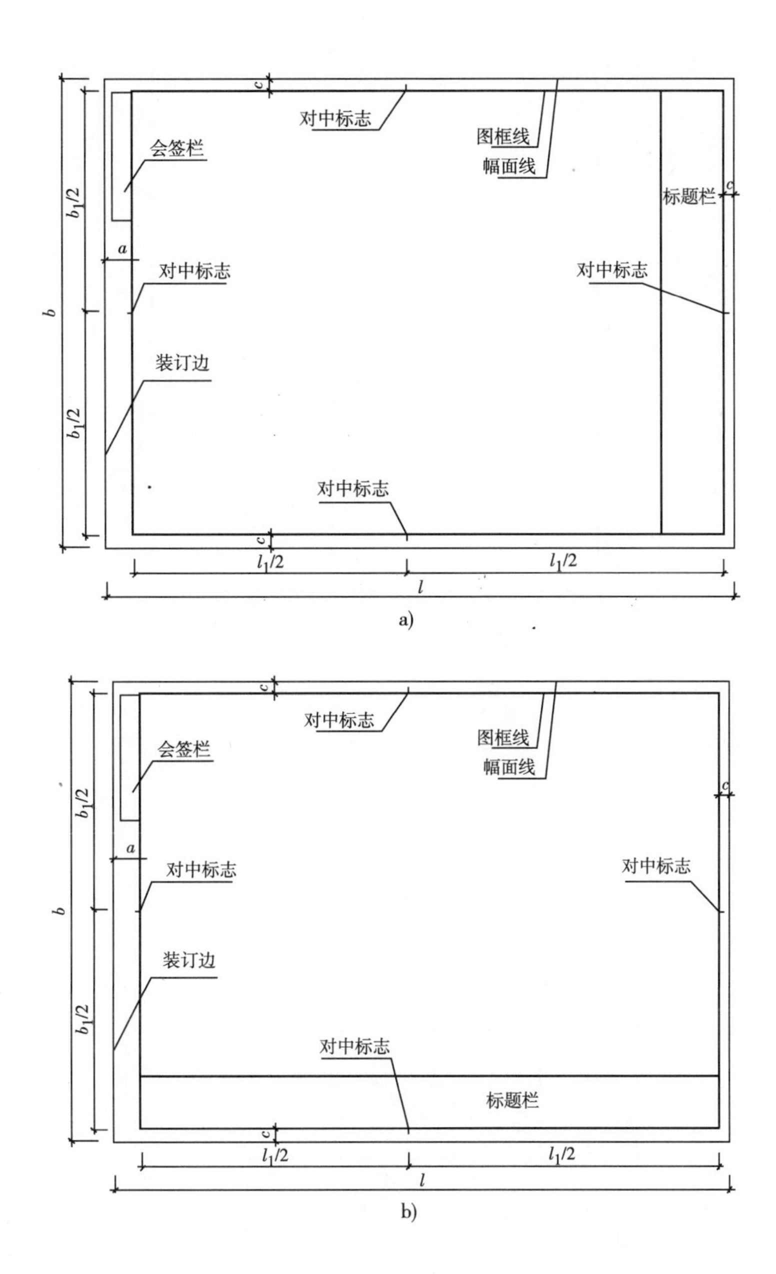

图 10-1 图纸横式幅面

a）A0 ~ A3 横式幅画（一） b）A0 ~ A3 横式幅画（二）

10.1.3 会签栏

需要会签的图纸应设会签栏，其尺寸应为 100mm × 20mm，栏内应填写会签人员所代表的专业、姓名和日期，如图 10-4 所示。

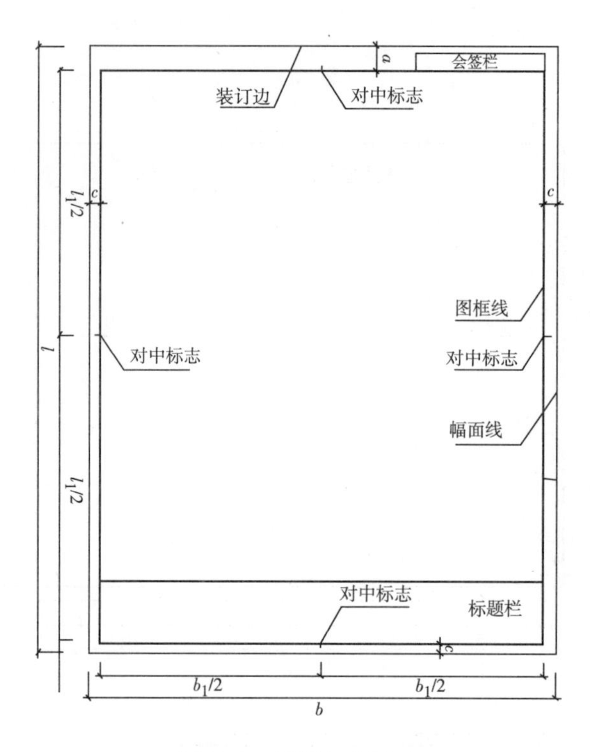

图 10-2　图纸立式幅面

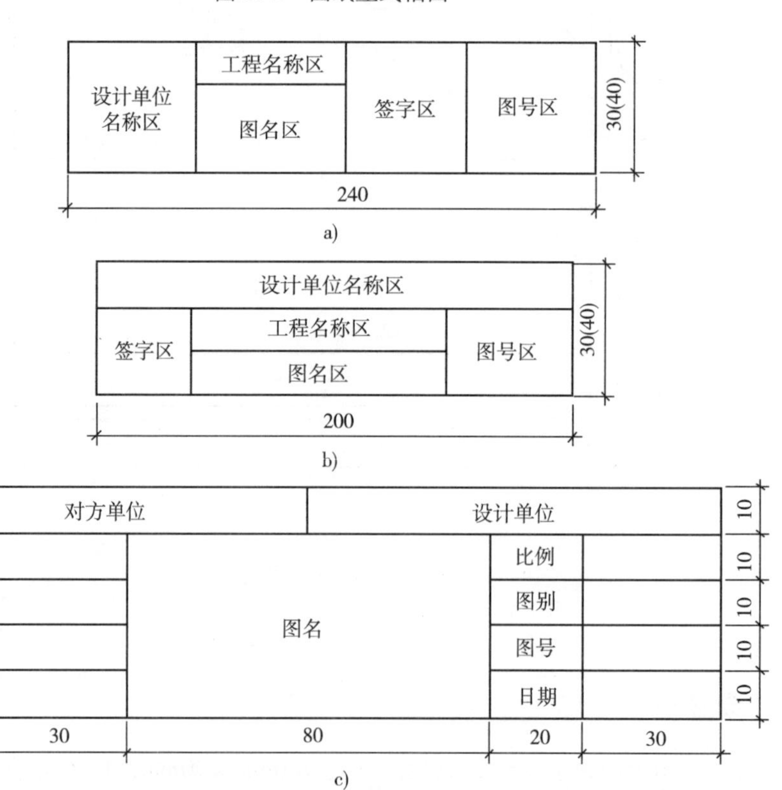

图 10-3　景观工程图常用标题栏

a）标题栏格式 1　b）标题栏格式 2　c）标题栏格式 3

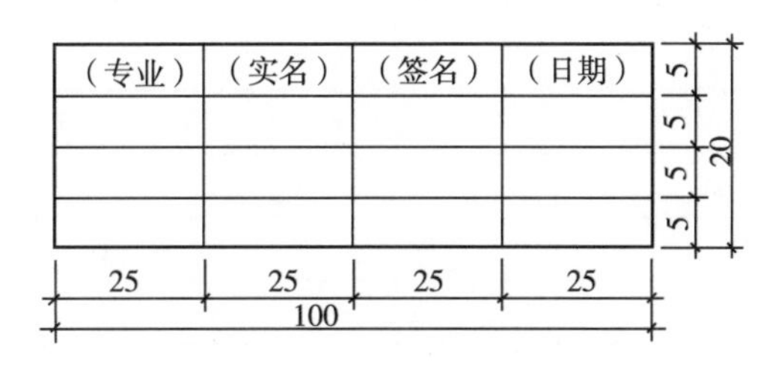

图 10-4 会签栏格式

10.2 绘图比例

选定图幅后，根据本张图纸要表达的内容选定绘图比例。绘图比例应该根据图纸的用途和复杂程度以及图幅的大小来确定，工程图常用绘图比例参见表 10-2。

表 10-2 景观工程图常用比例表

现状图	1:500、1:1000、1:2000
地理交通位置图	1:25 000 ~ 1:200 000
总体规划、总体布置、区域位置图	1:2000、1:5000、1:10 000、1:25 000、1:50 000
总平面图、竖向布置图、管线综合图、土方图、道路平面图	1:300、1:500、1:1000、1:2000
场地园林景观总平面图、场地园林景观竖向布置图、种植总平面图	1:300、1:500、1:1000
铁路、道路纵断面图	垂直：1:100、1:200、1:500 水平：1:1000、1:2000、1:5000
铁路、道路横断面图	1:20、1:50、1:100、1:200
场地断面图	1:100、1:200、1:500、1:1000
详图	1:1、1:2、1:5、1:10、1:20、1:50、1:100、1:200

10.3 图线

10.3.1 图线线宽

图线的宽度 b 宜从 1.4、1.0、0.7、0.5、0.35、0.25、0.18、0.13mm 线宽系列中选取。图线宽度一般不应小于 0.1mm。每个图纸应根据复杂程度与比例大小，先选定基本线宽 b，再选用表 10-3 中相应的线宽组。

表 10-3　线宽组

线 宽 比	线 宽 组			
b	1.4	1.0	0.7	0.5
$0.7b$	1.0	0.7	0.5	0.35
$0.5b$	0.7	0.5	0.35	0.25
$0.25b$	0.35	0.25	0.18	0.13

注：1. 需要缩微的图纸，不宜采用0.18及更细的线宽。
2. 同一张图纸内，各不同线宽中的细线，可统一采用较细的线宽组的细线。

同一张图纸内，相同比例的各图纸，应选用相同的线宽组。图纸的图框和标题栏线可采用表10-4的线宽。

表 10-4　图框线和标题栏线的宽度

幅面代号	图 框 线	标题栏外框线	标题栏分格线
A0、A1	b	$0.5b$	$0.25b$
A2、A3、A4	b	$0.7b$	$0.35b$

10.3.2　图线类型

工程建设制图的图线线型一般有实线、虚线、点画线、折断线、波浪线等，见表10-5。

表 10-5　图线类型

名称		线型	线宽	一般用途
实线	粗		b	主要可见轮廓线
	中粗		$0.7b$	可见轮廓线
	中		$0.5b$	可见轮廓线、尺寸线、变更云线
	细		$0.25b$	图例填充线、家具线
虚线	粗		b	见各有关专业制图标准
	中粗		$0.7b$	不可见轮廓线
	中		$0.5b$	不可见轮廓线、图例线
	细		$0.25b$	图例填充线、家具线
单点长画线	粗		b	见各有关专业制图标准
	中		$0.5b$	见各有关专业制图标准
	细		$0.25b$	中心线、对称中心线、轴线等
双点长画线	粗		b	见各有关专业制图标准
	中		$0.5b$	见各有关专业制图标准
	细		$0.25b$	假想轮廓线、成型前原始轮廓线
折断线	细		$0.25b$	断开界线
波浪线	细		$0.25b$	断开界线

10.4 字体

10.4.1 汉字

汉字应采用国家公布的简化汉字，并用长仿宋体（矢量字体）或黑体。采用长仿宋体时，其高度（h）与宽度（w）的关系应符合：$w/h=0.8$ 。同一图纸中的字体种类不应超过两种。字体高度参见表10-6。

表10-6 文字的字高

字体种类	中文矢量字体	TRUETYPE字体及非中文矢量字体
字高	3.5、5、7、10、14、20	3、4、6、8、10、14、20

10.4.2 字母、数字

图纸及说明中的拉丁字母、阿拉伯数字与罗马数字，宜采用单线简体或ROMAN字体。图纸上拉丁字母、阿拉伯数字与罗马数字的书写与排列应符合规定（见表10-7）。

表10-7 拉丁字母、阿拉伯数字与罗马数字书写规则

书写格式	字体	窄字体
大写字母高度	h	h
小写字母高度（上下均无延伸）	$7/10h$	$10/14h$
小写字母伸出的头部或尾部	$3/10h$	$4/14h$
笔画宽度	$1/10h$	$1/14h$
字母间距	$2/10h$	$2/14h$
上下行基准线的最小间距	$15/10h$	$21/14h$
词间距	$6/10h$	$6/14h$

拉丁字母、阿拉伯数字与罗马数字的字高不应小于2．5mm；如需写成斜体字，其斜度应是从字的底线逆时针向上倾斜75°。

10.5 符号标注

10.5.1 风玫瑰图

在总平面图中应画出工程所在地的地区风玫瑰图，用以指定方向及指明地区主导风向。地区风玫瑰图查阅相关资料或由设计委托方提供。

风向频率是指在一定时间内各种风向出现的次数占所有观察次数的百分比。根据各种风向的出现频率，以相应的比例长度，按风向中心吹，描在用8个或16个方位所表示的图上，然后将各相邻方向的端点用直线连接起来，绘成一个形式宛如玫瑰的闭合折线，这就是风玫瑰图。图中线段最长者即为当地主导风向。粗实线表示全年风频情况，虚线表示夏季风频情况，如图10-5所示。

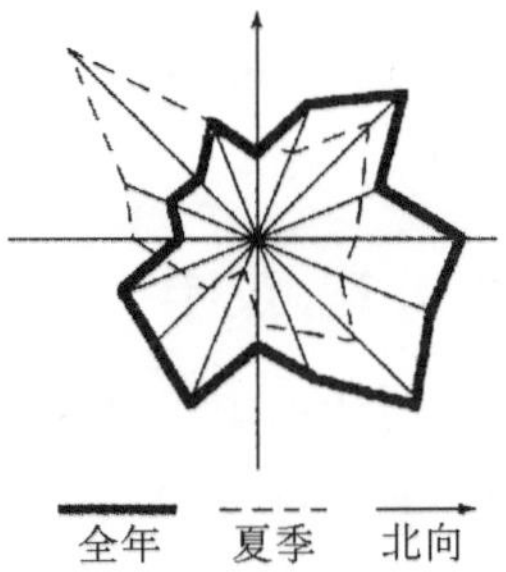

全年　夏季　北向

图10-5　风玫瑰图

10.5.2　指北针

在总图部分的各类平面图上应画出指北针，所指方向应与总平面图中风玫瑰的指北针方向一致。指北针用细实线绘制，圆的直径宜为24mm，指针尾部的宽度宜为3mm。需用较大直径绘制指北针时，指针尾部宽度宜为直径的1/8，如图10-6所示。

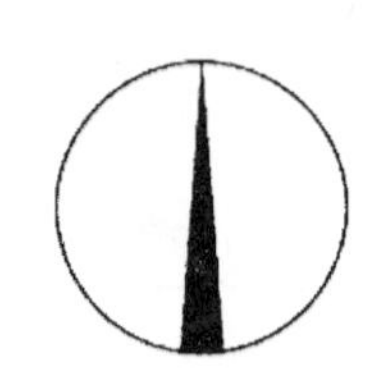

图10-6　指北针

10.5.3　定位轴线及编号

平面图中的定位轴线用来确定各部分的位置。定位轴线用细单点长画线表示，定位轴线应编号，其编号应注在轴线端部用细实线绘制的圆内，圆的直径为8mm，圆心在定位轴线的延长线或延长线的折线上。平面图上定位轴线的编号应标注在图纸的下方与左侧，横向编号用阿拉伯数字按从左至右的顺序编号，竖向编号用大写拉丁字母（除I、O、Z外）按从下至上的顺序编号，如图10-7所示。

在标注次要位置时，可使用位于两根轴线之间的附加轴线。附加轴线及其编号方法如图10-8所示。一个详图适用于几根定位轴线时的轴线编号方式详见图10-9。

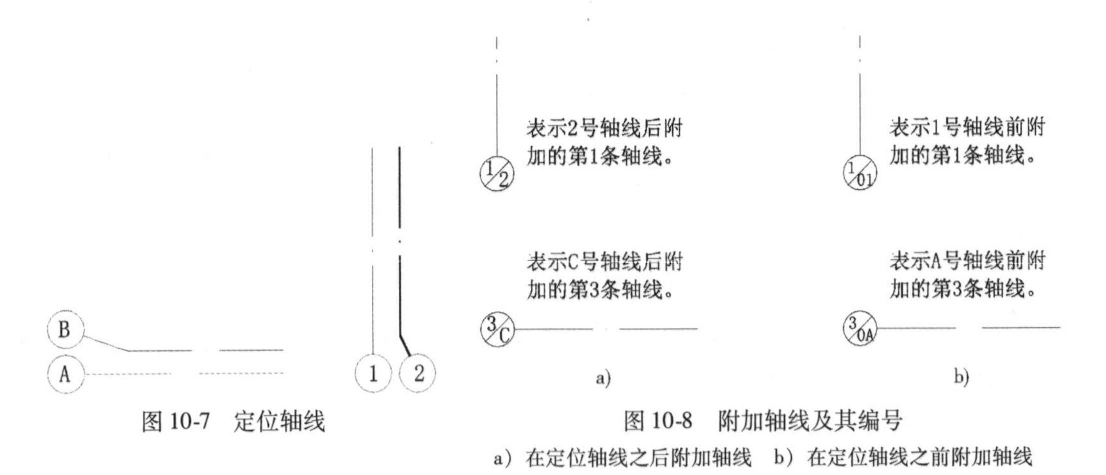

图10-7　定位轴线

图10-8　附加轴线及其编号
a）在定位轴线之后附加轴线　b）在定位轴线之前附加轴线

10.5.4　索引符号及详图符号

对图中需要另画详图表达的局部构造或构件，在图中的相应部位应以索引符号索引。索引符号用来索引详图，而索引出的详图应画出详图符号来表示详图的位置和编号，并用索引符号和详图符号相互之间的对应关系建立详图与被索引的图纸之间的联系，以便相互

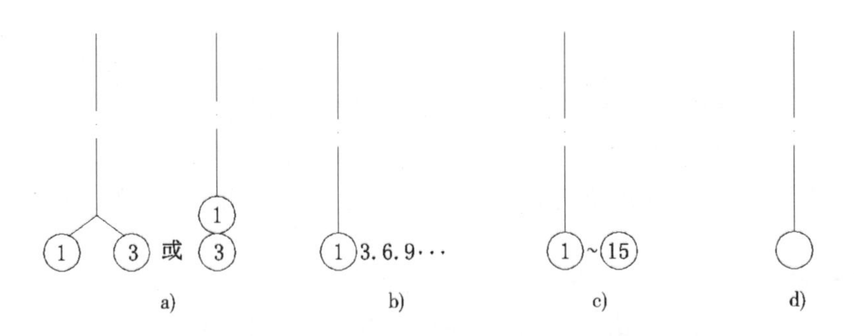

图 10-9　一个详图适用于几根定位轴线时的编号

a）用于两根轴线　b）用于多根非连续编号的轴线

c）用于多根连续编号的轴线　d）用于通用详图的轴线

对照查阅。

（1）索引符号及其编号。索引符号的圆及水平直径线均以细实线绘制，圆的直径应为10mm，索引符号的引出线应指在要索引的位置上。引出的是剖面详图时，用粗实线段表示剖切位置，引出线所在的一侧应为剖视方向。当索引的详图与被索引的详图在同一张图纸上时，应在索引符号上半圆中用阿拉伯数字注明该详图的编号，并在下半圆中间画一段水平细实线。如图 10-10 所示。

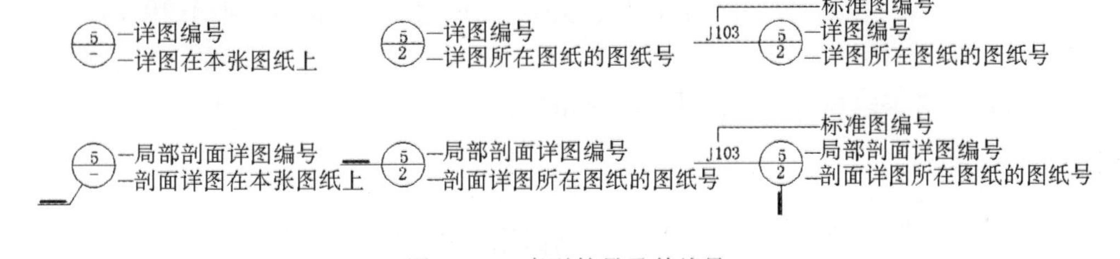

图 10-10　索引符号及其编号

（2）详图符号及其编号。详图符号以粗实线绘制直径为 14mm 的圆，当索引的详图与被索引的详图纸不在同一张图纸内时，可用细实线在详图符号内画一水平直径。圆内编号的含义为：上半圆中用阿拉伯数字注明，下半圆注明被索引详图的图号，如图 10-11 所示。

图 10-11　详图符号及其编号

10.6 尺寸标注

10.6.1 基本规定

（1）尺寸界线。尺寸界线用细实线绘制，一般应与被注长度垂直，其一端应离开图纸轮廓线不小于 2mm。另一端宜超出尺寸线 2～3mm。必要时，图样轮廓线也可用作尺寸界线。

（2）尺寸线。尺寸线用细实线绘制，应与被注长度平行，且不宜超出尺寸界线。尺寸线不能用其他图线替代，一般也不得与其他图线重合或画在其延长线上。

（3）尺寸起止符（尺寸箭头）。尺寸起止符应用中粗短斜线绘制，其倾斜方向应与尺寸界线成顺时针45°角，长度宜为2～3mm。半径、直径、角度与弧长的尺寸起止符号宜用箭头表示。

（4）尺寸数字。图上尺寸应以尺寸数字为准。图纸上的尺寸单位除标高及在总平面图中的单位为米（m）外，都必须以毫米（mm）为单位。尺寸数字应依据其读数方向写在尺寸线的上方中部，如没有足够的注写位置，最外边的尺寸数字可在尺寸界线外侧注写，中间相邻的尺寸数字可错开注写，也可引出注写。尺寸数字不能被任何图线穿过。不可避免时，应将图线断开。

10.6.2　尺寸的排列与布置

（1）尺寸宜标注在图样轮廓线以外，不宜与图线、文字及符号相交。但在需要时也可标注在图样轮廓线以内。尺寸界线一般与尺寸线垂直。

（2）互相平行的尺寸线，应从被标注的图纸轮廓线由近向远整齐排列，小尺寸应离轮廓线较近，大尺寸离轮廓线较远，图纸外轮廓线以外最多不超过三道尺寸线。

（3）图样轮廓线以外的尺寸线距图样最外轮廓线之间的距离不宜小于10mm，平行排列的尺寸线的间距宜为7～10mm并应保持一致。总尺寸的尺寸界线应靠近所指部位，中间的分尺寸的尺寸界线可稍短，但其长度应相等。

10.6.3　标高

标高是标注物体高度的一种尺寸形式。其标注方式应满足下列规定：

（1）标高符号以细实线绘制成等腰直角三角形，如图10-12a左图所示；如果标注位置不够，可按图10-12a右图所示形式绘制。图中l是注写标高数字的长度，高度H则视需而定，一般不小于3mm。

（2）总平面图室外地坪标高符号宜涂黑表示。如图10-12b所示。

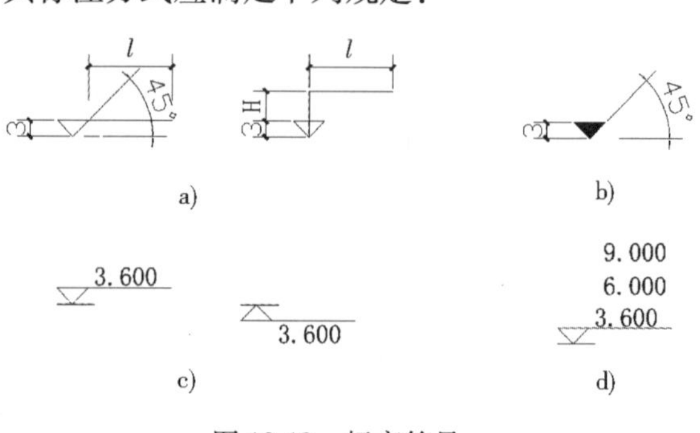

图10-12　标高符号

a）个体建筑标高符号　b）总平面标高符号

c）标高的指向　d）一个符号标注几个标高

（3）标高数字以米（m）为单位，注写到小数点以后第三位；在总平面图中，可注写到小数点后二位。零点标高应注写成±0.000；正数标高不注“+”，负数标高应注“-”。标高符号的尖端应指至被注的高度处，尖端可向上，也可向下如图10-12c所示。

（4）在图样的同一位置需表示几个不同的标高时，标高数字可按图10-12d所示的形式注写。

10.7 常用图例

10.7.1 园林景观常用图例（见表10-8）

表10-8 园林景观常用图例

名　　称	图　　例	说　　明
常绿针叶乔木	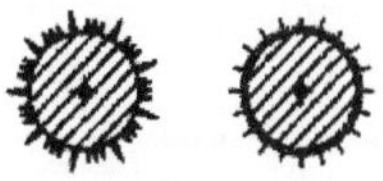	
落叶针叶乔木	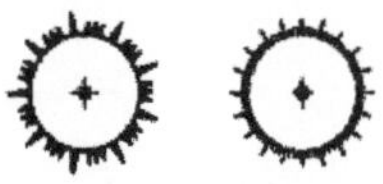	
常绿阔叶乔木		
落叶阔叶乔木	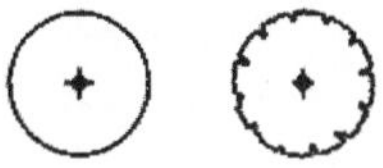	
常绿阔叶灌木		
落叶阔叶灌木		
落叶阔叶乔木林	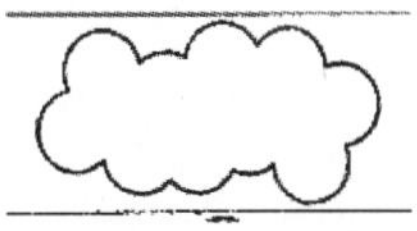	
常绿阔叶乔木林	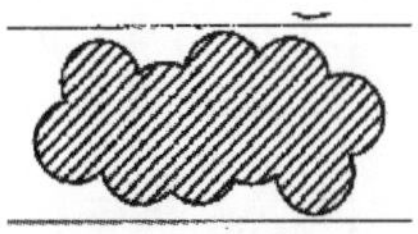	
常绿针叶乔木林	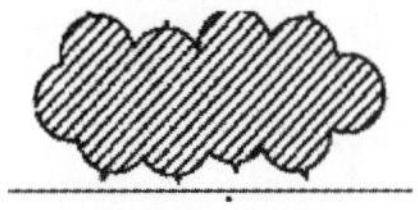	
落叶针叶乔木林	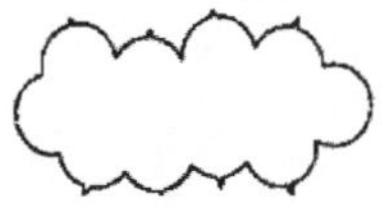	

（续）

名　称	图　例	说　明
针阔混交林		
落叶灌木林		
整形绿篱		
草坪	1. 2. 3.	1. 草坪 2. 自然草坪 3. 人工草坪
竹林		
棕榈植物		
水生植物		
植草砖		

（续）

名　称	图　例	说　明
土石假山	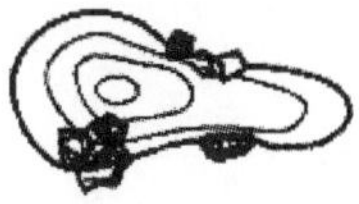	
独立景石		
自然水体		表示河流，以箭头表示水流方向
人工水体		
喷泉		

10.7.2　常用建筑材料图例（见表10-9）

表10-9　常用建筑材料图例

材料名称	图　例	说　明
自然土壤		包括各种自然土壤
夯实土壤	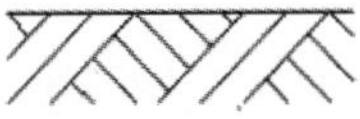	
砂、灰土		
砂砾、碎砖三合土	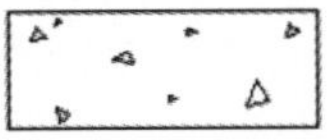	

（续）

材料名称	图　例	说　明
石材	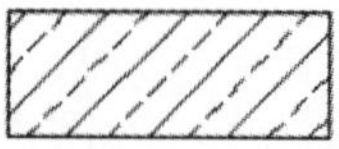	包括岩层、砌体、铺地、贴面等材料
毛石	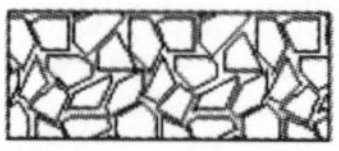	
普通砖	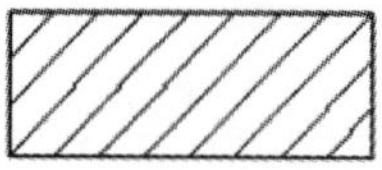	包括实心砖、多孔砖、砌块等砌体。断面较窄且不易画出图例线时，可涂红，并在图纸备注中加注说明，画出该材料图例
耐火砖	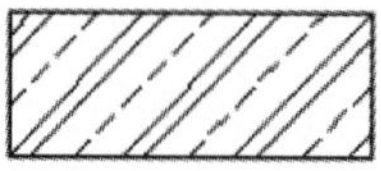	包括耐酸砖等砌体
空心砖		指非承重砖砌体
饰面砖	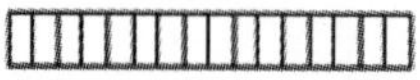	包括铺地砖、陶瓷锦砖、人造大理石等
焦渣、矿渣	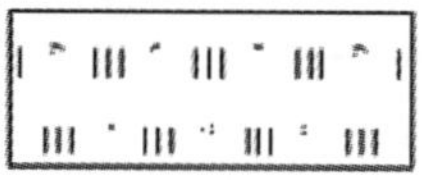	包括与水泥、石灰等混合成的材料
混凝土	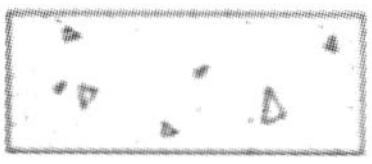	1. 本图例指能承重的混凝土 2. 包括各种强度等级、骨料、添加剂的混凝土 3. 在剖面图上画出钢筋时，不画图例线 4. 断面较窄且不易画出图例线时，可涂黑
钢筋混凝土		
多孔材料		包括水泥珍珠岩、沥青珍珠岩、泡沫混凝土、非承重加气混凝土、软木、蛭石制品等
纤维材料	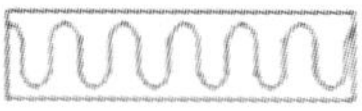	包括矿棉、岩棉、玻璃棉、麻丝、木丝板、纤维板等
泡沫塑料材料	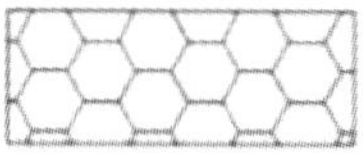	包括苯乙烯、聚乙烯、聚氨酯等多孔聚合物类材料
木材	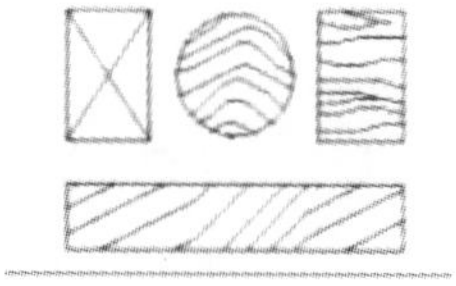	1. 上图为横断面（垫木、木砖、木龙骨）。 2. 下图为纵断面

（续）

材料名称	图例	说明
金属		1. 包括各种金属 2. 图形较小时可涂黑
玻璃		包括平板玻璃、磨砂玻璃、夹丝玻璃、钢化玻璃、中空玻璃、夹层玻璃、镀膜玻璃等
防水材料		构造层次多或比例大时，采用上面图例

10.8 工程图的内容与要求

10.8.1 图纸目录

图纸目录的编制主要是为了表明构成此项景观工程的施工图的专业图纸，从而便于图纸的查阅、修改和存档。图纸目录应排在整套施工图纸的最前面，且不计入图纸的序号之中，一般以列表的方式设计。

园林工程设计阶段总平面图的图纸目录包括设计单位名称、工程名称、子项目名称、设计编号、日期、图纸编制等主要内容，图纸绘制单位可根据实际情况对具体项目进行删减调整。在图纸编制上，一般由序号、图号、文件（图纸）名称、图纸张数、幅面、备注等栏目组成。图纸的先后次序：先排列总体图纸，后排列分项图纸；先排列新绘制的图纸，后排列标准图或重复利用图。图纸的编号可由各设计单位自行规定，如“景施（+字母）+序号”的方式。

10.8.2 施工总说明

景观工程设计阶段的设计总说明包括以下内容：

（1）工程概况、设计依据及主要经济技术指标、数据。

（2）设计标高、尺寸单位等。

（3）混凝土、砖、水泥砂浆、结构配筋、铺装等材料说明。

（4）绿化配置说明与植物统计表。

（5）水景、照明等技术说明。

（6）其他专项说明等。

10.8.3 总图部分

（1）封面。包括工程名称、工程地点、工程编号、设计阶段、设计时间、设计公司名称。

（2）图纸目录。本套施工图的总图纸纲目。

（3）施工总说明。包括工程概况、设计要求、各类材料说明、苗木统计表、专项说明等。

（4）总平面图。详细标注方案设计的道路、建筑、水体、花坛、小品、雕塑、设备、植物等在平面图中的位置及与其他部分的关系。标注主要经济技术指标及地区风玫瑰图。

（5）总平面分区索引图。在总平面图中（隐藏种植设计）根据图纸内容的需要用特粗虚线将平面分成相对独立的若干区域，并对各区域进行编号。

（6）总平面定位图。详细标注总平面图中（隐藏种植设计）各类建（构）筑物、广场、道路、平台、水体、主题雕塑等的主要定位控制点及相应尺寸标注。

（7）总平面竖向图。在总平面图中（隐藏种植设计）详细标注各主要高程控制点的标高，各区域内的排水坡向及坡度大小、区域内高程控制点的标高及雨水收集口位置，建（构）筑物的散水标高、室内地坪标高或顶标高，绘制地形等高线并标注最高点标高、台阶各坡道的方向。（标高用绝对坐标系标注或相对坐标系标注，在相对坐标系中标出0标高的绝对坐标值。）。

（8）分区平面图。按总平面分区图将各区域平面放大表示，并补充平面细部。绘制局部平面图索引号。

（9）分区平面定位图。详细标注各分区平面的控制线及建（构）筑物、道路、广场、平台、台阶、斜坡、雕塑-小品基座、水体的控制尺寸。

（10）分区铺装平面图。详细绘制各分区平面内的硬质铺装花纹，详细标注各铺装花纹的材料材质及规格。

注：仅当总平面不能详细表达图纸细部内容时才设置分区平面图。

10.8.4　局部详图部分

图纸内容：

（1）建（构）筑物施工详图。

1）建（构）筑物平面图：详细绘制建（构）筑物的底层平面图（含指北针）及各楼层平面图。详细标出墙体、柱子、门窗、楼梯、栏杆、装饰物等的平面位置及详细尺寸。

2）建（构）筑物立面图：详细绘制建（构）筑物的主要立面图或立面展开图。详细绘制门窗、栏杆、装饰物的立面形式、位置，标注洞口、地面标高及相应尺寸。

3）建（构）筑物剖面图：详细绘制建（构）筑物的重要剖面图，详细表达其内部构造、工程做法等内容，标注洞口、地面标高及相应尺寸。

4）建（构）筑物施工详图：详尽表达平、立、剖面图中索引到的各部分详图的内容、建筑物的楼梯详图、室内铺装做法详图等。

（2）铺装施工详图

1）铺装分区平面图：详细绘制各分区平面内的硬质铺装花纹，详细标注各铺装花纹的材料材质及规格和重点位置平面图索引。

2）局部铺装平面图：铺装分区平面图中索引到的重点平面铺装图，详细标注铺装放样尺寸、材料材质及规格等。

3）铺装大样图：详细绘制铺装花纹的大样图，标注详细尺寸及所用材料的材质、规格。

4）铺装详图：室外各类铺装材料的详细剖面工程做法图、台阶做法详图、坡道做法详图等。

（3）水景施工详图。

1）水池平面图：按比例绘制水体的平面形态，标注详细尺寸。旱地喷泉要绘出地面铺装图案及水箅子的位置、形状，标注材料材质及材料规格。

2）水池立面图：详细表达水池的立面造型、做法及高程变化，标注尺寸、常水位、池底标高、池顶标高。

3）水体剖面图：详细表达剖面上的工程构造、做法及高程变化，标注尺寸、常水位、池底标高、池顶标高。

（4）小品施工图。

1）小品详图：包括雕塑主要立面表现图、雕塑局部大样图、雕塑放样图、雕塑设计说明及材料说明。

2）小品基座施工图：包括雕塑基座平面图（基座平面形式、详细尺寸），雕塑基座立面图（基座立面形式、装饰花纹、材料标注、详细尺寸），雕塑基座剖面图（基座剖面详细做法、详细尺寸），基座设计说明。

3）小品平面图：包括景观小品的平面形式、详细尺寸及材料标注。

4）小品立面图：包括景观小品的主要立面、立面材料及详细尺寸。

5）小品剖面图：包括景观小品的剖面详细做法图。

6）景观小品做法详图：包括局部索引详图、基座做法详图。

（5）假山施工图。

1）地形平面放线图：在各分区平面图中用网格法给地形放线。

2）假山平面放线图：在各分区平面图中用网格法给假山放线。

3）假山立面放样图：用网格法为假山立面放样。

4）假山做法详图：包括假山基座平、立、剖面图，山石堆砌做法详图，塑石做法详图。

10.8.5 专项部分

（1）种植施工图。

1）种植总平面图：在总平面中详细标注各类植物的种植点、品种名、规格、数量，植物配植的简要说明及苗木统计表。

2）分区种植平面图：按区域详细标注各类植物的种植点、品种名、规格、数量，植物配植的简要说明及区域苗木统计表。

3）种植放线图：用网格法对各分区内植物的种植点进行定位，对形态复杂区域可放大后再用网格法做详细定位。

（2）给水排水施工图。

1）灌溉系统平面图：分区域绘制灌溉系统平面图，详细标明管道走向、管径、喷头位置及型号、快速取水器位置、逆止阀位置、泄水阀位置、检查井位置等以及材料图例、材料用量统计表。

2）灌溉系统放线图：用网格法对各分区内的灌溉设备进行定位。

3）给水排水设计总平面图：在总平面图中（隐藏种植设计）详细标出给水系统与外网给水系统的接入位置、水表位置、检查井位置、闸门井位置，标出排水系统的雨水口位置、水体溢-排水口位置、排水管网及管径，给水排水图例，给水系统材料表及排水系统材料表。

4）建筑给水排水图：标明室内的给水管接入位置、给水管线布置、洁具位置、地漏位置、排水管线布置、排水管与外网的连接。

5）喷泉设备平面图：在水体平面图中详细绘出喷泉设备位置、标注设备型号，详细标注设备布置尺寸，还包括设备图例、材料用量统计表。

6）喷泉给水排水平面图：在喷泉设备平面中布置喷泉给水排水管网，标注管线走向、管径及材料用量统计表。

（3）电气施工图。

1）电气设计说明及设备表：详细的电气设计说明；详细的设备表，标明设备型号、数量及用途。

2）电气系统图：详细的配电柜电路系统图（室外照明系统、水下照明系统、水景动力系统、室内照明系统、室内动力系统、其他用电系统、备用电路系统），电路系统设计说明。标明各条回路所使用的电缆型号、所使用的控制器型号、安装方法、配电柜尺寸。

3）电气平面图：在总平面图的基础上标明各种照明用、景观用灯具的平面位置及型号、数量，线路布置，线路编号，配电柜位置及图例符号。

4）动力系统平面图：在总平面图的基础上标明各种动力系统中的泵、大功率用电设备的名称、型号、数量，平面位置线路布置，线路编号，配电柜位置，图例符号。

5）建筑照明电路图：标明室内电路布线、控制柜、开关、插座、电阻的位置及材料型号等以及材料用量统计表。

6）水景电力系统平面图：在水体平面图中标明水下灯、水泵等的位置及型号，标明电路管线的走向及套管、电缆的型号以及材料用量统计表。

（4）结构施工图。

1）建（构）筑物基础平面图：包括建（构）筑物的基础形式和平面布置。

2）建（构）筑物基础详图：包括基础的平、立、剖面图、配筋、钢筋表。

3）建（构）筑物结构平面图：包括各层平面墙、梁、柱、板位置、尺寸，楼板、梯板配筋，板、梯钢筋表。

4）建（构）筑物结构详图：包括梁、柱剖面，配筋，钢筋表。

第11章

景观工程总图设计

景观工程总图是表达景观工程总体布局的专业图纸，图中内容包括基地范围内的总体布置、地形地貌、标高等信息，并按一定比例绘制建筑物、构筑物、水体及道路等。景观工程总图是施工放线、土方施工的依据，也是绘制局部详图、专项图纸的依据。

本章以总平面布置图、总平面定位图、总平面竖向图为例进行介绍。

【例】 根据图 11-1 的方案彩图绘制总平面扩初图，包括总平面布置图、总平面索引

图 11-1　住宅区方案平面

图、总平面定位图、总平面竖向图及局部平面图。

11.1 总平面布置图

11.1.1 总平面布置图的绘制内容

绘制总平面布置图的内容包括：

（1）原始地形、用地红线、建筑红线、地下室范围线。

（2）原有建筑平面、现有道路布局。

（3）水体、花坛、小品、雕塑、设施等元素的位置和轮廓线。

（4）综合技术指标。

11.1.2 总平面布置图的绘制要求

总平面布置图的绘制要求：

（1）用粗虚线将建筑红线表示出来。

（2）建筑物在总平面图中应用轮廓线表示，采用粗实线。

（3）有地下车库时，地下车库位置应用中粗虚线表示出来。

（4）用点画线明确标出主路与次路的中心线，路缘石的两条线要一粗一细。

（5）还应包括综合技术指标、说明、比例、指北针、图名。

11.1.3 总平面布置图的绘制方法

（1）步骤一：设置图层。

可按以下方案设置图层，其中“线宽”的设置推荐出图打印时用颜色控制，见表11-1。

表11-1　总图图层设置

编号	图层名	颜色	笔号	线型	线宽	说　明
1	0	随层		CONTINUOUS	0.18	系统设置图层，无法删除，用于一般图形线绘制及图块插入（图块插入后按其性质转入其他图层中）
2	Defpoints	随层		CONTINUOUS	0.18	系统设置的图层，无法删除，尺寸标注的标注点图元层，此图层内不要加入其他图形线
3	辅助线	灰	8	CONTINUOUS	0.18	用于作图过程中设置辅助线，出图时关闭此图层
4	轴线	红	1	ACAD-ISO04w100	0.18	用于图形中的轴线、对称线、中心线
5	建筑	青	4	CONTINUOUS	0.50	用于场地建筑轮廓线
6	景观	黄	2	CONTINUOUS	0.25	用于道路边界线、广场边界线、绿化边界线
7	铺装	白	7	CONTINUOUS	0.18	用于铺装分格线
8	图案	灰	8	CONTINUOUS	0.10	用于铺装、剖面等的图例图案填充

（续）

编号	图层名	颜色	笔号	线型	线宽	说　明
9	水体	蓝	5	CONTINUOUS	0.50	用于水体边界线
10	地形	灰	8	CONTINUOUS	0.18	用于地形等高线
11	灌木	绿	3	CONTINUOUS	0.18	用于灌木图形线
12	乔木	绿	3	CONTINUOUS	0.18	用于乔木图形线
13	色带	绿	3	CONTINUOUS	0.18	用于色带图形线
14	花草	红	1	CONTINUOUS	0.18	用于花草图形线
15	小品	紫	6	CONTINUOUS	0.18	用于小品、户外设施图形线
16	文字	白	7	CONTINUOUS	0.18	用于文字注写
17	尺寸	绿	3	CONTINUOUS	0.18	用于尺寸标注、建筑标高标注
18	标高	白	7	CONTINUOUS	0.18	用于竖向设计的标高标注
19	索引	黄	2	CONTINUOUS	0.25	用于索引符号
20	图框	青	4	CONTINUOUS	0.7	用于图框插入
21	视口	红	1	CONTINUOUS		用于布图时插入视口，出图时关闭此图层
22	红线	红	1	DASH	0.7	用于用地红线

（2）步骤二：插入光栅图。

◆ 执行【插入光栅图像参照】命令，弹出【图像选择】对话框，找到并选择方案彩图文件，单击【打开】，弹出【图像】对话框，路径类型选择“无路径”，在屏幕上拖动图像（参考6.7.1插入光栅图像）。

执行【对齐】命令，选择两个对齐源点，将光栅图像与CAD基地文件对齐，执行【绘图次序】命令，将光栅图像后置显示，执行【重生成】命令刷新显示（参考3.2.2）。

（3）步骤三：描图。

◆ 绘制道路：执行【构造线】命令，以建筑边线为参照绘制辅助线，用【直线】、【偏移】命令绘制出符合功能的道路宽度，定位出初步的道路布局，如图11-2a所示。

绘制平曲线半径：当道路由一条直线转到另一条直线上去时，其转角的连接部分均采用圆弧形曲线，这种圆弧的半径称为平曲线半径。一级、二级园路的平曲线半径应满足机动车的最小转弯半径。平曲线半径的绘制可以通过【圆角】命令来完成。

绘制道路中心线：执行【编辑多段线】—【合并】命令，可合并多条道路边线，再利用【偏移】命令得到道路中心线。绘制结果如图11-2b所示。

◆ 绘制景观节点：执行【多段线】命令绘制中心绿地景观的弧形轮廓线，并将每段弧的半径最末两位数调整为零，绘制结果如图11-3a所示。用同样的方法绘制其他景观节点。

◆ 绘制停车位：执行【矩形】、【偏移】命令绘制停车位，停车位尺寸设计为2500×5500，绘制结果如图11-3a所示。

◆ 绘制等高线：执行【样条曲线】命令绘制等高线，如图11-3b所示。

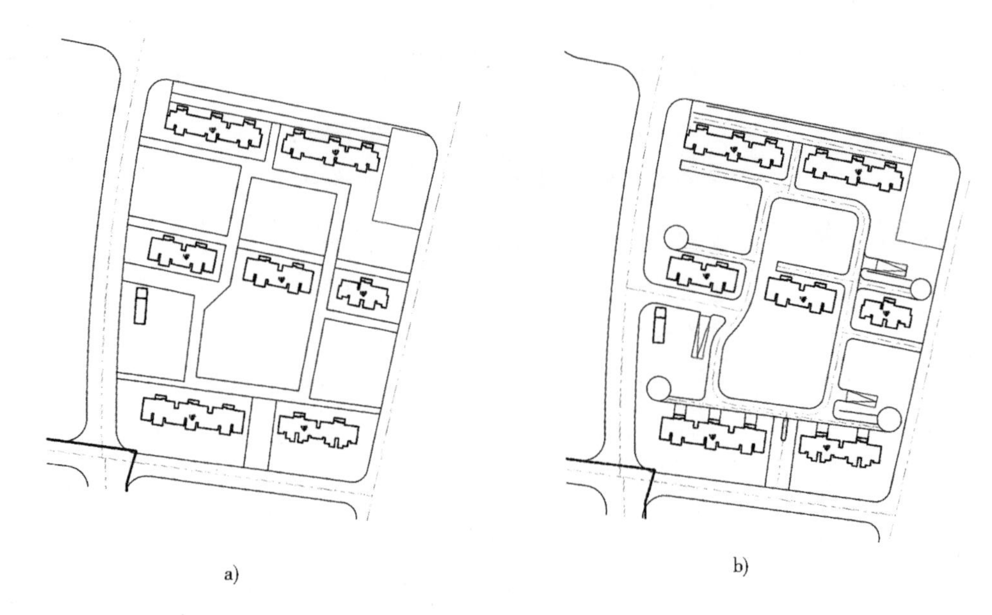

图 11-2　绘制道路布局
a）步骤一　b）步骤二

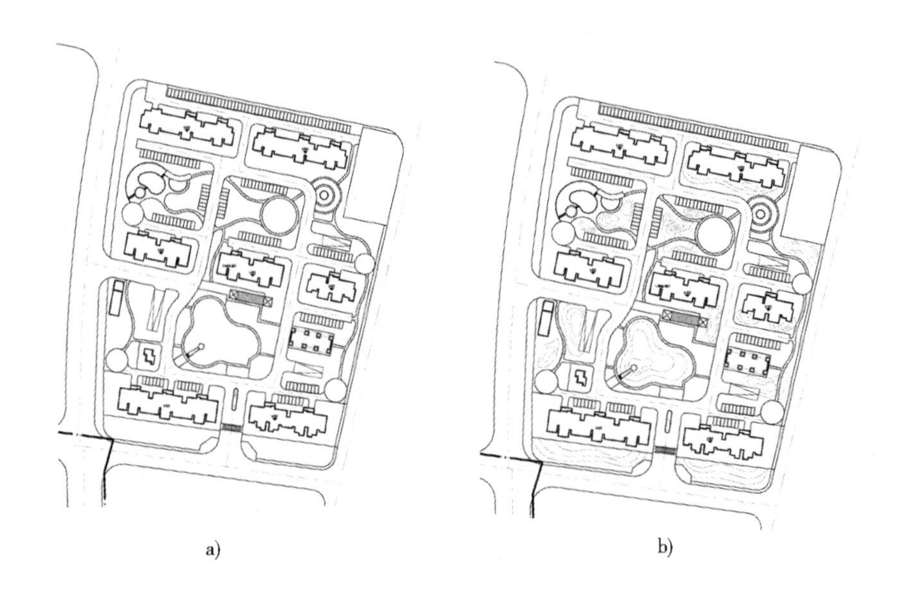

图 11-3　绘制细部元素
a）绘制小路和停车位　b）绘制等高线

◆ 绘制绿地：执行【填充】命令，将绿地范围进行填充。绘制结果如图 11-4 所示。

对方案图的描图并不是盲目、不加思考地依葫芦画瓢，而是从更全面、更专业的角度出发，在尊重方案的基础上，对不合理的地方进行调整，参考相关的国家规范，确定精准的功能尺寸；总图通常都是从中心线或轴线出发展开绘制的，因此应特别注意建筑、道路、景观整体空间的轴线或中心线的准确位置，而且尺寸应尽可能取整数，包括弧线、圆形、椭圆等，为后面的放样定位提供便利性。

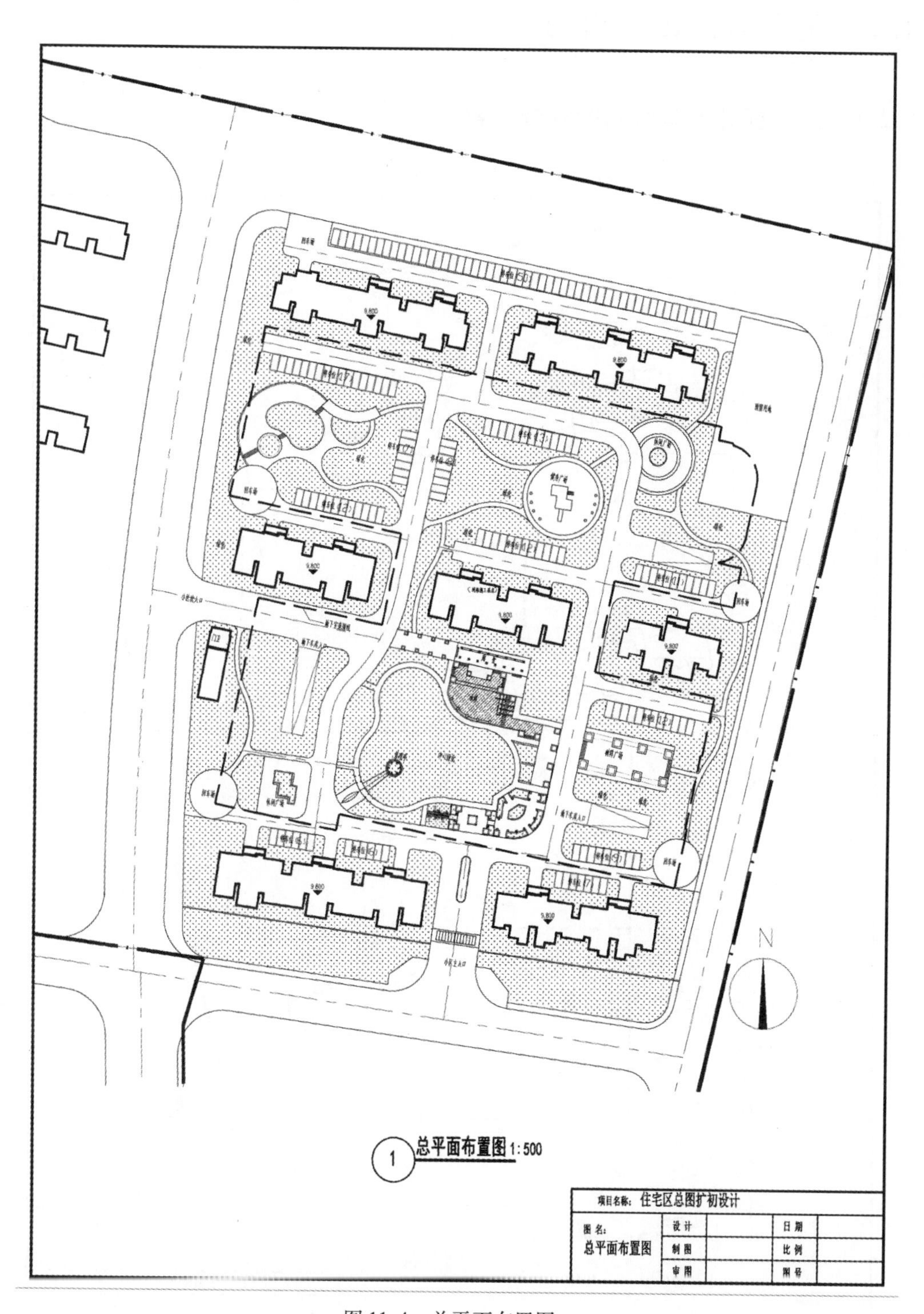

图 11-4　总平面布置图

11.2 总平面分区索引图

11.2.1 总平面分区索引图的绘制内容

如果设计基地面积过大，为了便于图纸的深入绘制，一般会对总图进行分区，分区后

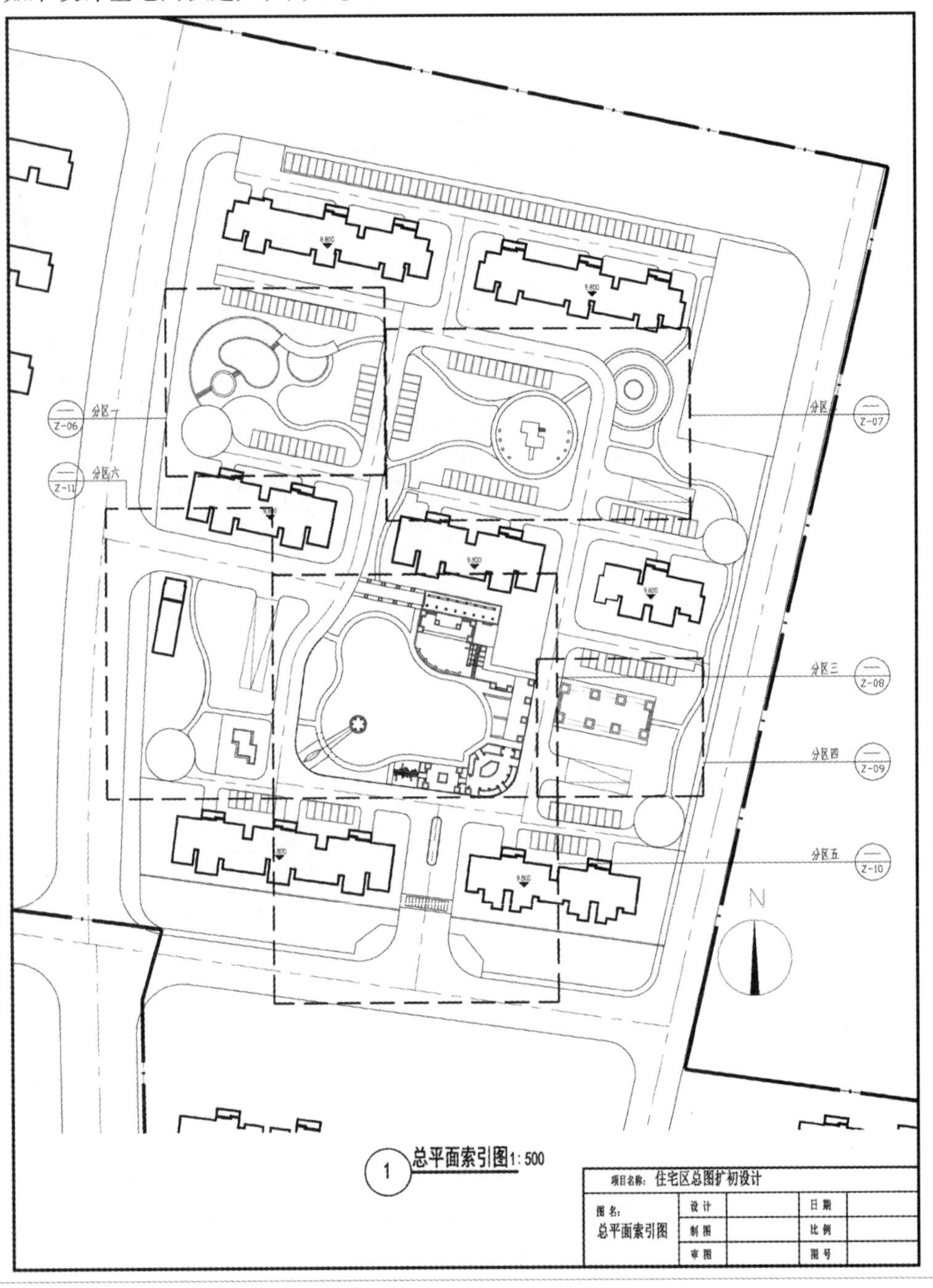

图 11-5 总平面分区索引图

的若干个区在总图的统一规定下，可独立编制图纸，分区可再划分成若干局部平面图。

11.2.2 总平面分区索引图的绘制要求

总平面分区索引图的绘制要求如下：

（1）在总图上用虚线将拟放大的局部圈示，用大样符将该区域引出总图，在大样符内标明图号。在大样符的引线上注明分区名称。

（2）应标明图名、指北针、比例。

11.2.3 总平面分区索引图的绘制方法

（1）绘制分区框。把索引图层置为当前图层，执行【矩形】命令，绘制分区框，线型设置为虚线，对矩形全局线宽进行适当加宽。

（2）绘制索引符号。执行直线、圆、文字等命令绘制索引符号（也可将索引符号做成带属性的块），绘制结果如图 11-5 所示。

11.3 总平面定位图

11.3.1 总平面定位图的绘制内容

（1）定位坐标。

◆ 建筑坐标系（相对坐标）一般是由设计者自行制定的坐标系，它的原点由制定者确定，两轴分别以 A、B 表示，A 为南北轴线，B 为东西轴线。坐标值为负数时，应注“-”号，为正数时，“+”号可省略。

使用相对坐标时，坐标原点应该选择原始基地图纸中场地附近已有的坐标点（如交叉路口控制点），或者附近已有建筑的角点。

◆ 测量坐标系（绝对坐标）是与国家或地方的测量坐标系相关联的，两轴分别以 X、Y 表示，X 为南北轴线，Y 为东西轴线。如图 11-6 所示。注：图中 X 为南北方向轴线，X 的增量在 X 轴线上；Y 为东西方向轴线，Y 的增量在 Y 轴线上；A 轴相当于测量坐标网中的 X 轴，B 轴相当于测量坐标网中的 Y 轴。

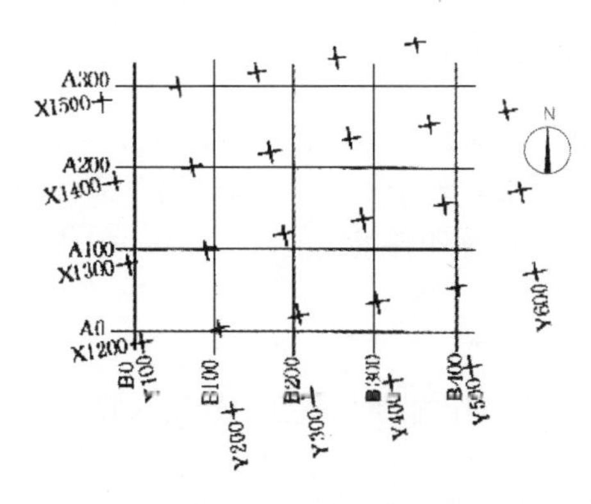

图 11-6 坐标定位

◆ 表示建（构）筑物位置的坐标，宜标注其三个角的坐标。如果建筑物、构筑物与坐标轴平行，可标注其对角坐标。

◆ 表示圆形建筑物、构筑物或场地的位置，宜标注其中心点坐标。

◆ 表示弧线元素的位置，可标出弧线起始点、中点、端点三点坐标，以便用塑料管按照“平面三点确定一条弧”的原理放样。

◆ 道路定位时应包含道路中线的起点、终点、交叉点、转折点的坐标。

（2）放样网格。放样网格一般根据图纸的规模和复杂程度，选用（2m×2m）~（10m×10m）为宜。设置时尽可能使方格网的某一边落在某一固定建筑设施边线上（目的是便于将方格网测设到施工现场）。

（3）相对尺寸。在一张图上，主要建筑物、构筑物用坐标定位时，较小的建筑物、构筑物则可用相对尺寸定位。关键控制点用坐标定位后，相对距离可以用相对尺寸来进行标注。

曲线类图形尽量绘制为有规则的弧形，通过半径、弧度、圆心点来定位。

如果项目规模大，为了使图纸效果清晰，总图只需标注场地的关键尺寸，细部尺寸可以在局部平面图里再标注。小型项目尽量以尺寸定位为主，必要时才使用坐标定位。

11.3.2 总平面定位图的绘制要求

总平面定位图的绘制要求如下：

（1）放样网格用细实线绘制，大尺寸处（10m、15m等大单位）线条必须加粗，且其旁应标注数据，如10m、20m……。放样图的名称下要注：网格间距为××，单位为米。网格基点位置也要注明。

（2）放样网格一般与坐标在一张图纸当中，如果场地大，数据多，为了效果清晰，也可以分开绘制。坐标点数据也可以通过编号列表来表示。

（3）定位图可不表示铺装、绿化等细部内容。

（4）尺寸标注尽量不压线，要保证打印效果清晰明确。

（5）如果图中同时有测量坐标和建筑坐标，图纸说明中应注明两种坐标系的换算关系。

（6）应标注图名、指北针、比例。

11.3.3 总平面定位图的绘制方法

由测绘单位提供的现状图（X，Y）不能随意移动，直接标注即可（测量坐标）。如果坐标已经移动（或甲方并未提供测量坐标），则可用建筑坐标（A，B）标注，具体做法是将已确定的施工基点（0，0）移动到系统的（0，0）点上后再进行标注。本例题以建筑坐标（A，B）为例。

（1）绘制坐标。

◆ 执行【移动】命令，将拟作为施工基点的建筑角点移动至（0，0），调出【标注】工具栏。

◆ 单击【坐标】按钮，对需要进行标注的点进行坐标测量，然后以建筑坐标（A，B）的形式进行标注，如图11-7所示。

图 11-7 坐标定位图——绘制坐标

（2）绘制网格。

◆ 图层切换到网格层，执行【矩形】命令，绘制网格边界框，执行【填充】命令，弹出【图案填充和渐变色】对话框，选择【用户定义】，图案默认，角度为0，勾选“双向”，间距设为2000，并指定施工基点为新的填充原点（图11-8），选择矩形为填充对象，完成填充。

图11-8 坐标网格的设置

◆ 再次执行【填充】命令，这次将网格间距设置为10 000（10m），选择矩形边框进行填充，将填充结果颜色设置为绿色（出图时将其设置为比2m的网格更粗的线宽）。

绘制结果如图11-9所示。

（3）绘制尺寸标注。

◆ 执行【新建标注样式】对话框，参数设置为：文字高度3.5，主单位精度为0，全局比例为500，其他选项默认。

◆ 总图一般选用米为单位进行尺寸标注，需要将【主单位】选项卡中的测量单位比例因子改为0.001。

绘制结果如图11-10所示。

图 11-9　坐标定位图——绘制网格

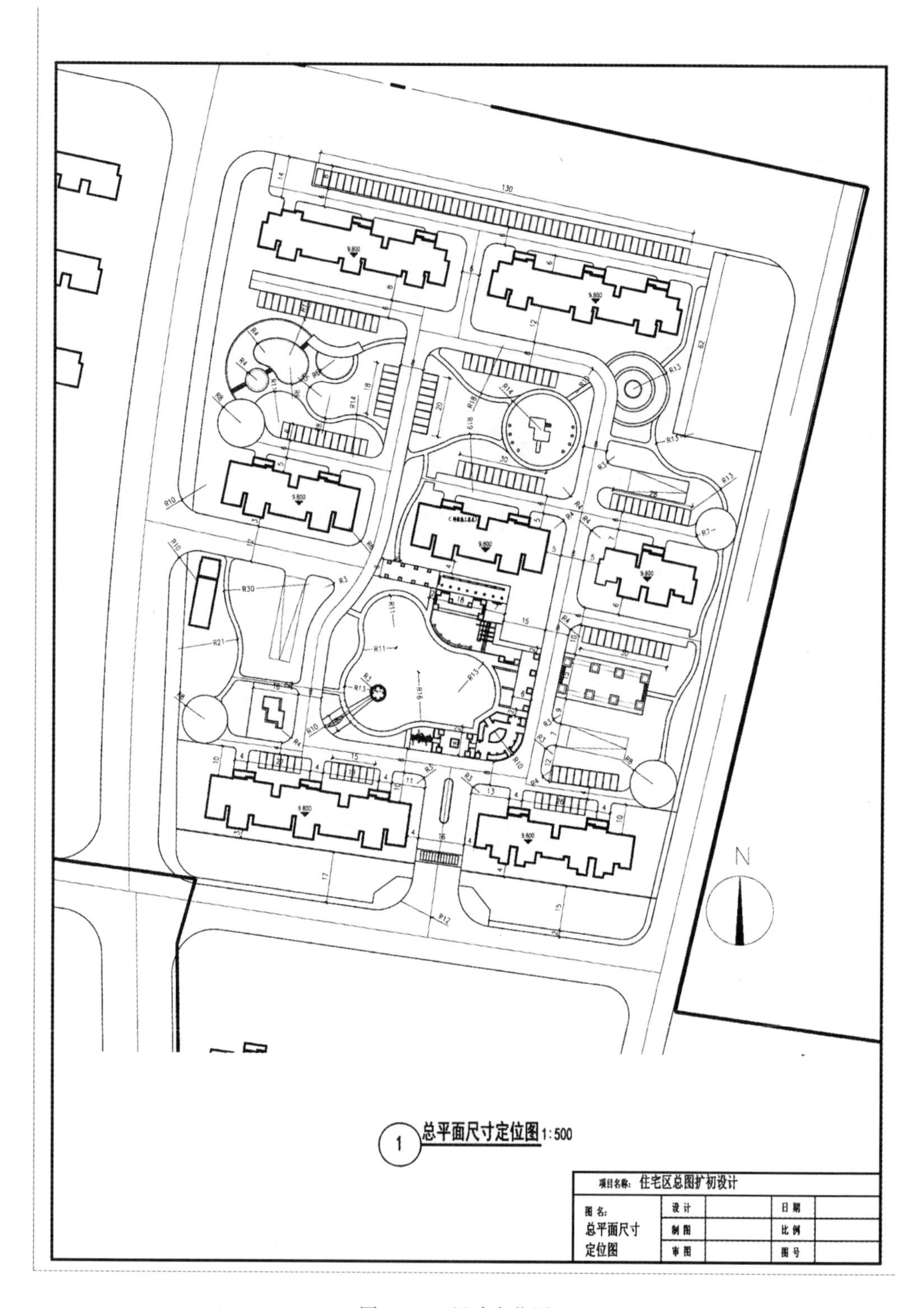

图 11-10　尺寸定位图

11.4 总平面竖向图

11.4.1 总平面竖向图的绘制内容

总平面竖向图的绘制内容包括：

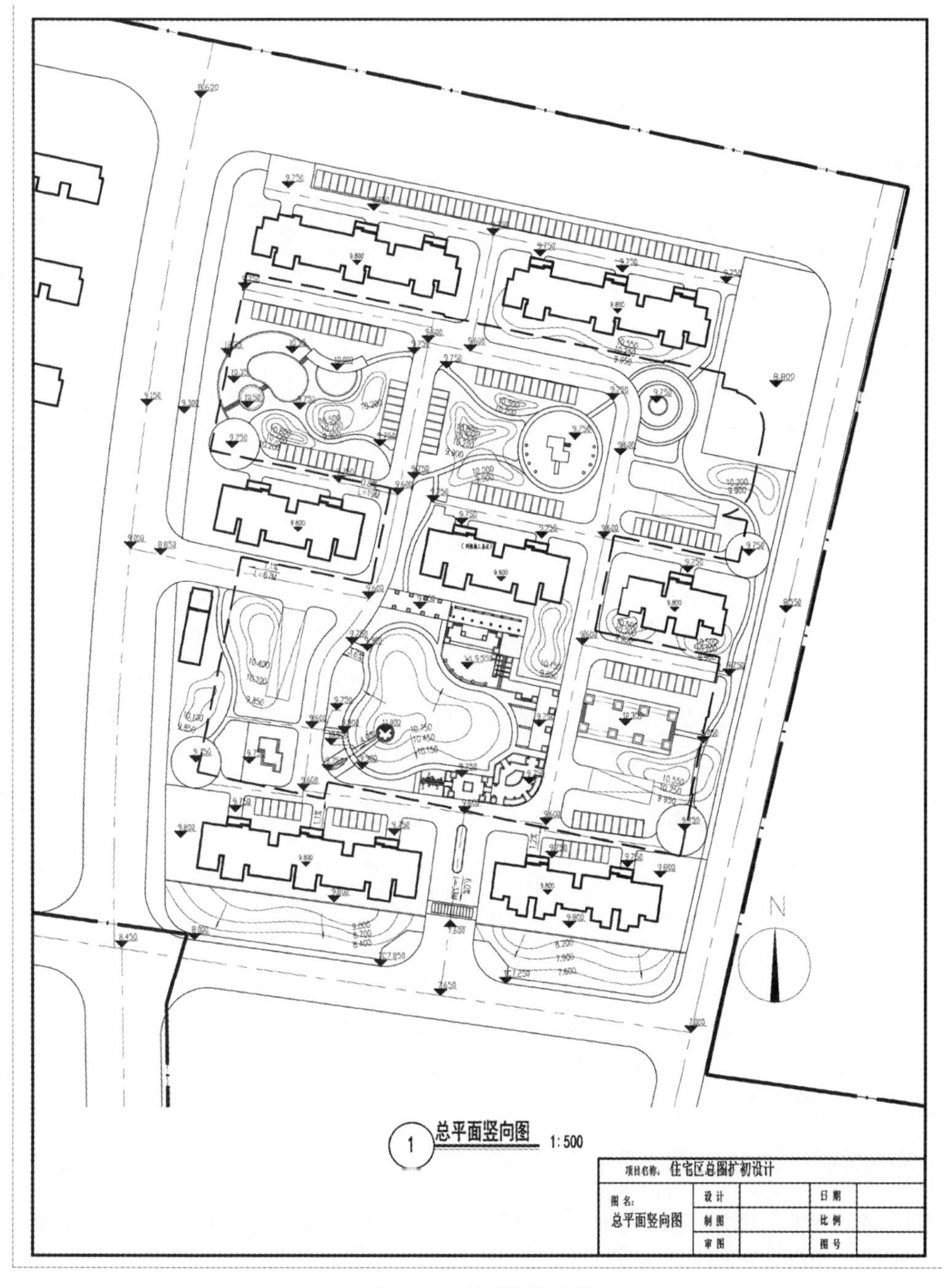

图 11-11 总平面竖向图

（1）建（构）筑物的底层室内标高。

（2）广场控制点标高、绿地标高、墙体标高、小品标高、水景内水面和水底标高。

（3）构筑物标注其有代表性的标高，并用文字注明标高所指的位置。

（4）挡土墙标注墙顶和墙趾标高；路堤、变坡标注坡顶和坡脚标高；排水沟标注沟顶和沟底标高。

（5）道路中线变坡点、交叉点、起点、终点的标高。

（6）重点坡向需要标明坡度和排水方向。

（7）等高线地形。

11.4.2 总平面竖向图的绘制要求

总平面竖向图的绘制要求包括：

（1）三角形标高符号注明标高，单位为米，保留小数点后两位。

（2）地形用等高线表示，采用细实线，并注明高程。

（3）标明图名、指北针、比例。

11.4.3 总平面竖向图的绘制方法

先绘制带属性的标高块，将标高块插入到需要标注标高的位置上，绘制结果如图11-11所示。

11.5 局部平面图

景观工程图纸（扩初或施工图）的编制是一个设计深度、图面表达深度及索引关系层级递进的过程，前后的信息有着紧密的逻辑关系，便于有关人员阅读和迅速查找所需的信息。总平面图由于图幅的限制（最大为A0加长）及比例较小的缘故，只能显示出关键性的、控制性的信息，与表达具体细节的详图之间需要一个中间环节来推进图纸表达的深度。连接总图与详图之间索引关系的这个中间环节即局部平面图。

11.5.1 局部平面索引图

索引所有的节点（铺装、花池、座椅、墙体、水池、灯柱与景观柱等），一般索引到这些节点平面所在的详图的图纸页码上，如图11-12所示。

11.5.2 局部平面定位图

局部平面定位图与总图采取一致的定位网格和坐标原点，定位网格可进一步细分，大小根据场地尺度调节。局部平面定位图应精确地表示出场地内各要素的位置关系，并标注定位尺寸。如图11-13所示。

11.5.3 局部平面竖向图

总图部分的竖向图仅标注关键点的高程，并且这些数值带有控制性，并不一定是最后的施工标高。局部平面图的竖向设计图采用标高标注、等高线标注和坡度标注相结合的方式，如图11-14所示。局部平面竖向标注的具体要求如下：

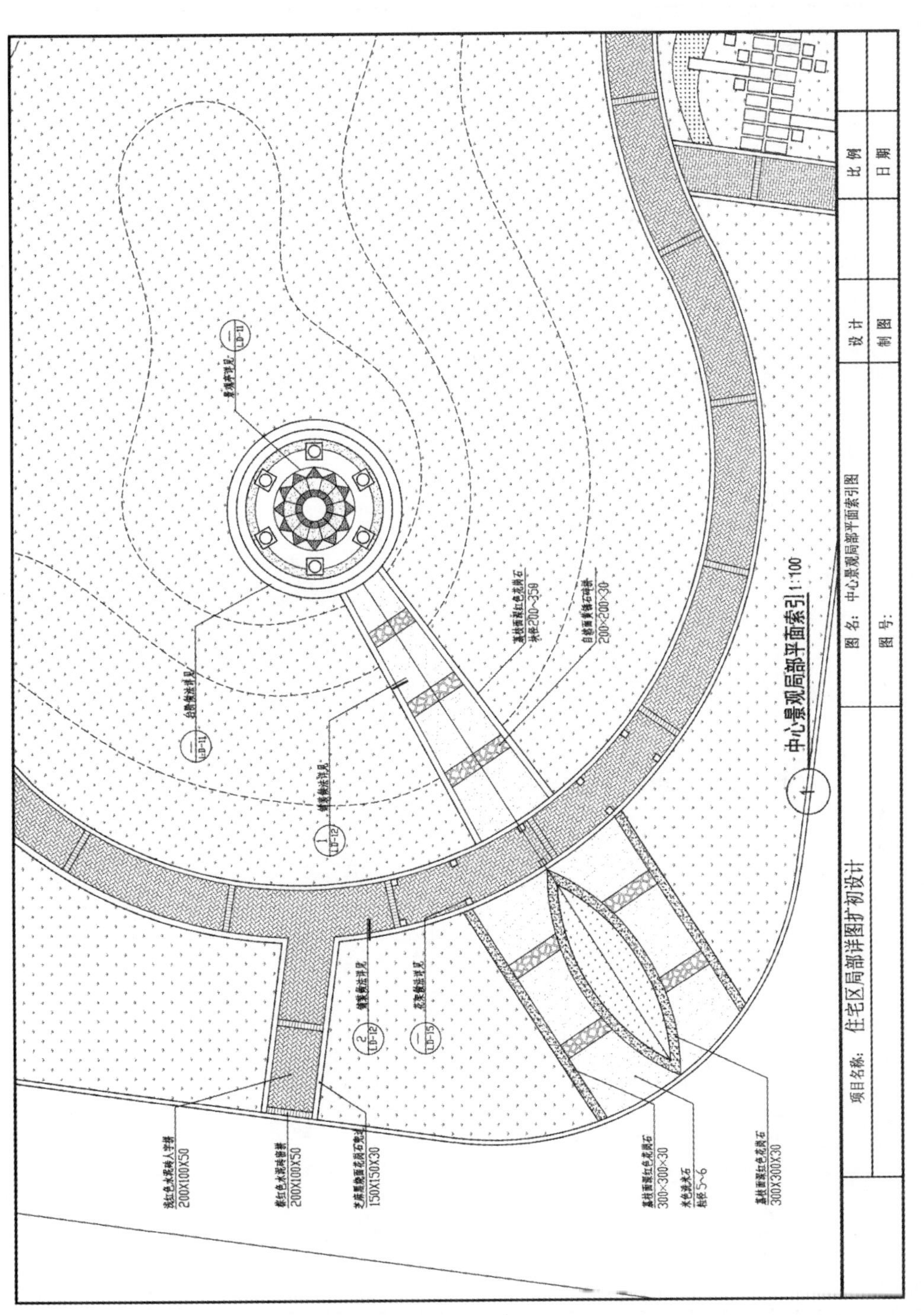

图11-12　局部平面索引图

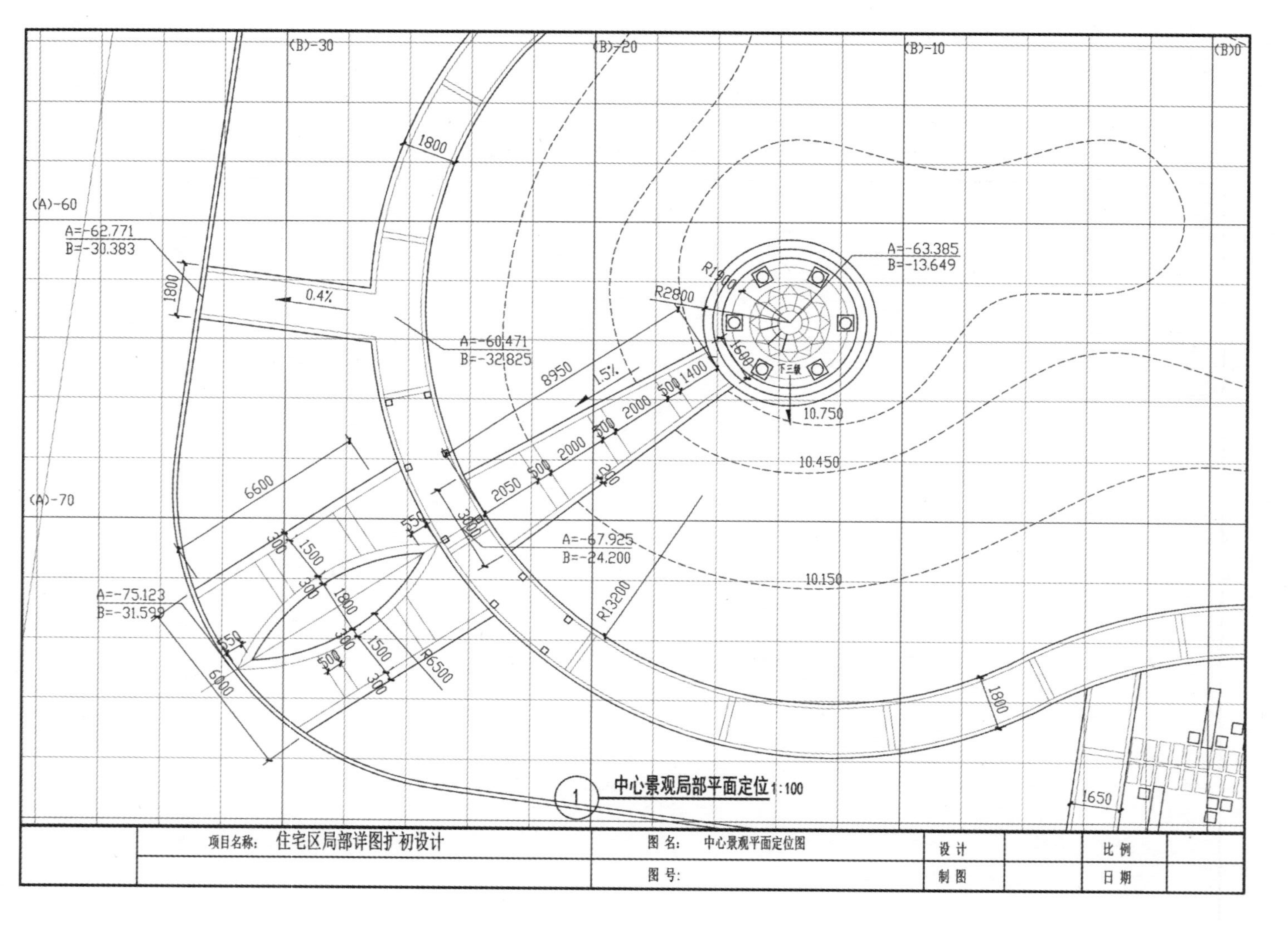

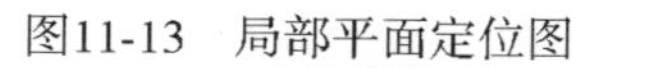
图11-13　局部平面定位图

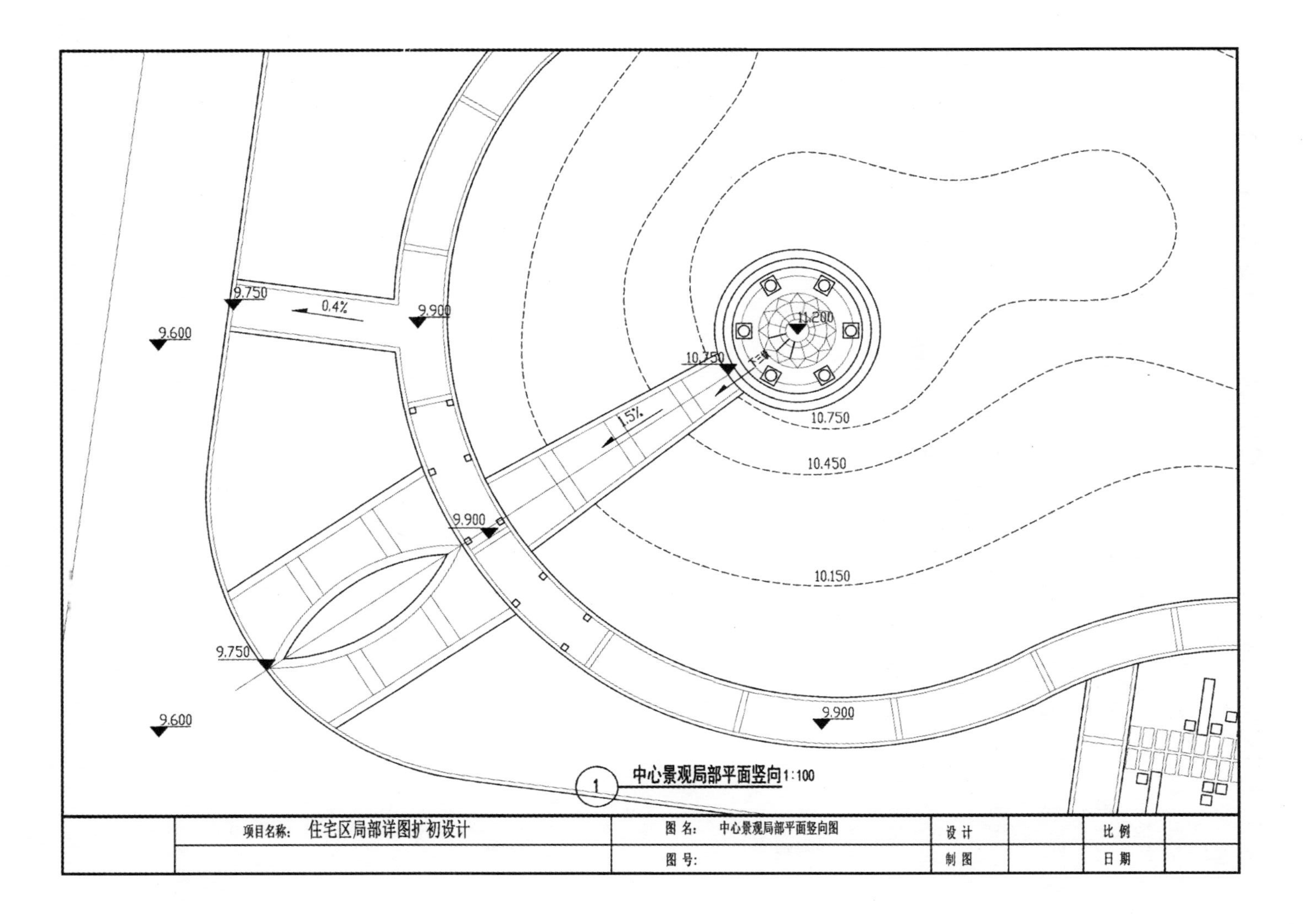

图11-14 局部平面竖向图

（1）场地。应标出场地边界角点、与道路交接时道路中心线与场地边界的交点以及排水坡度。

（2）建筑。标注建筑底层室内外高差，应考虑台阶排水坡度引起的标高变化，标明排水方向和坡度。

（3）坡道。标注斜坡两端的标高，并注明坡度。

（4）墙体和花池。标注顶部和底部的标高。

（5）排水明沟。标注沟底和顶部的标高，并标注底部的坡度。

11.5.4　局部平面铺装图

应画出铺装分隔线与种植池、小品、建筑之间的衔接关系，尽量采取边界对齐、中心对齐等方式，以形成精确细致的对位关系，加强场地的整体感。铺装分隔线内的填充材料尺寸较小时可以先省略，在详图中进一步扩大比例绘制。在图纸内容不太复杂的情况下，可以将铺装图和索引图合并为一张图，如图 11-12 所示。

第12章

景观工程详图实例

景观工程详图是指从总图或局部平面图中索引出来的需要单独绘制的节点图，如铺装节点、种植池、景墙、水池、小品等的具体材料、尺寸和做法，是对图纸的进一步深入，便于更完整明确地表达出每一个景观元素的细部构造以指导施工。本章精选园路铺装、种植池、景墙、水池、小品等几个例题，对详图的绘制进行介绍。

12.1　园路工程

【例12-1】绘制园路平面图与剖面图，如图12-1所示。

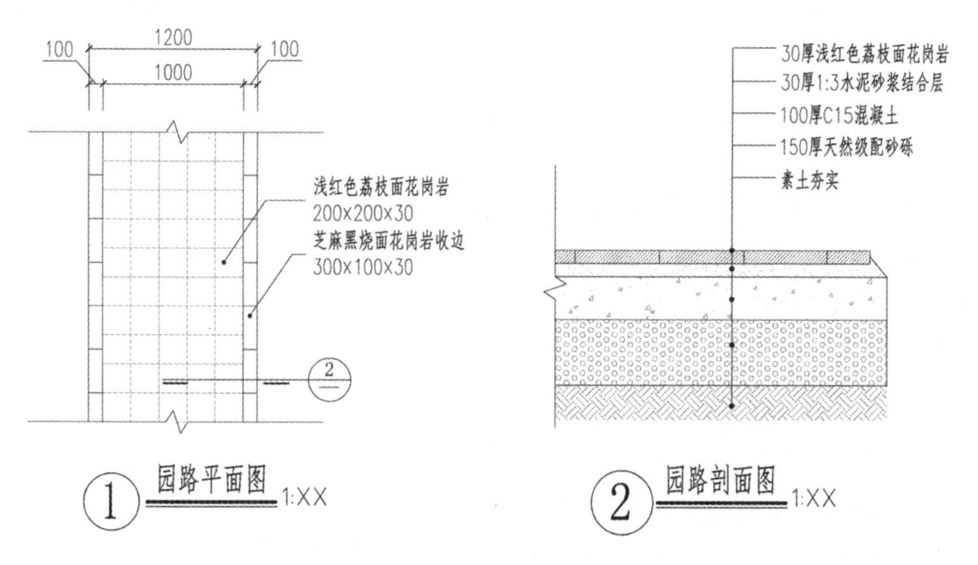

图12-1　园路详图绘制

（1）设置图层。设置以下几个图层：

结构，2号色，线型continuous，其余默认；次结构，3号色，线型continuous，其余默认；填充，8号色，线型continuous，其余默认；标注，3号色，线型continuous，其余默认；图名，7号色，线型continuous，其余默认；索引，3号色，线型continuous，其余默认。

（2）绘制平面图。

◆ 先将当前图层设为结构图层，执行【直线】命令，开启【正交】，在绘图区任意位置绘制长约2000的垂直线。

◆ 执行【偏移】命令，将直线进行偏移复制，偏移距离设为2000，完成道路宽度绘制。

◆ 图层切换到符号图层，执行【多段线】命令，绘制折断线。由于图幅有限，当绘制的对象长度较长且中间内容相同时，就可以使用折断线来表示。将画好的折断线复制到道路的两端，如图12-2a所示。

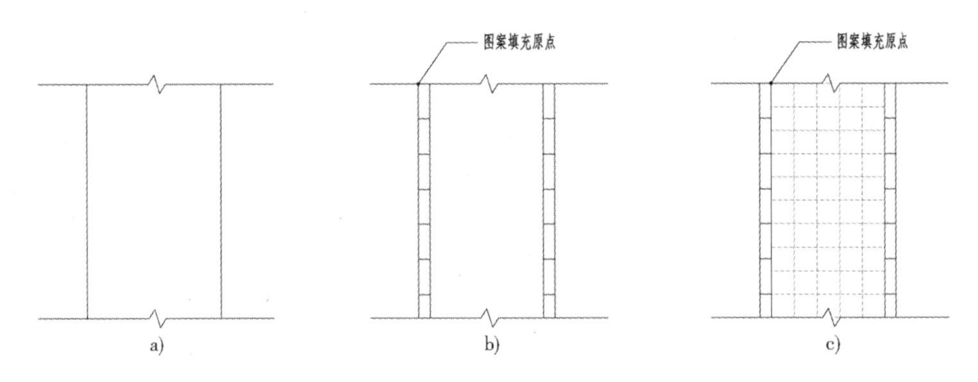

图12-2　人行道平面绘制步骤

◆ 绘制收边材料。执行【偏移】命令，将两侧垂直直线分别进行偏移复制，偏移距离设为100。选中偏移所得的两条直线，在【图层】工具栏下拉列表中将其转换到次结构图层。

确定完收边材料的宽度后，将填充图层置为当前图层，绘制收边石拼缝。执行【填充】命令，弹出【图案填充和渐变色】对话框，如图12-3所示进行设置，然后单击【添加：拾取点】按钮，返回绘图区，在左边两条收边材料之间空白处单击，指定填充原点为左上角外侧角点，完成填充；重复上述步骤，绘制右侧收边材料的拼缝。绘制结果如图12-2b所示。

◆ 绘制园路主铺装。执行【填充】命令，弹出【图案填充和渐变色】对话框，如图10-4所示进行设置，然后单击【添加：拾取点】按钮，返回绘图区，在道路中间空白处单击，指定填充原点为左上角内侧角点。填充结果如图12-2c所示。

◆ 设置文字样式。打开【文字样式】对话框，设置两种文字样式。样式1用于数字标注如图12-5所示，样式2用于汉字标注如图12-6所示。

◆ 标注尺寸。打开【创建新标注样式】对话框，在ISO-25的基础上新建一个标注样式，可以用此图的出图比例来命名该样式，如图12-7所示。

【符号和箭头】选项卡参考图12-8进行设置；【文字】选项卡参考图12-9设置；【调整】选项卡参考图12-10设置；【主单位】选项卡参考图12-11设置。

完成新建标注样式的设置后，将图层切换到标注图层，执行【线性标注】和【连续标注】命令，在图形上方捕捉关键点，绘制尺寸，如图12-1左图所示。

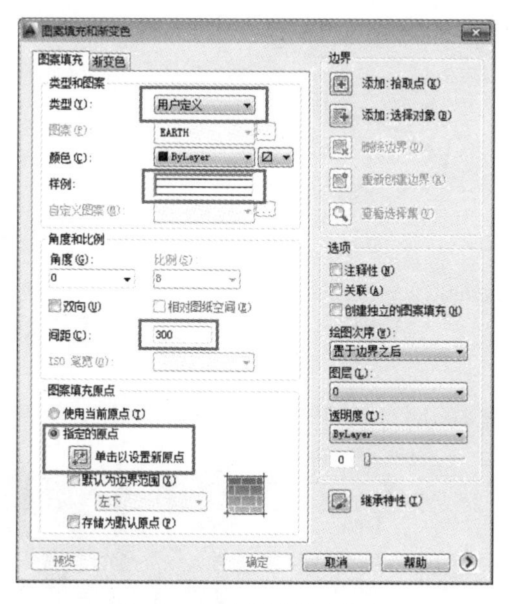

图 12-3 收边材料填充设置

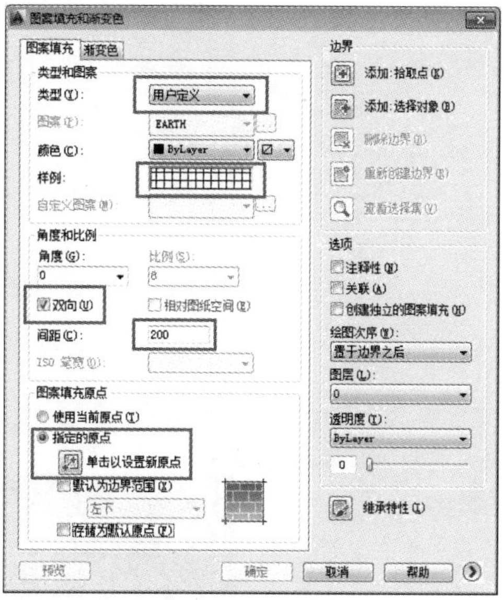

图 12-4 主铺装填充设置

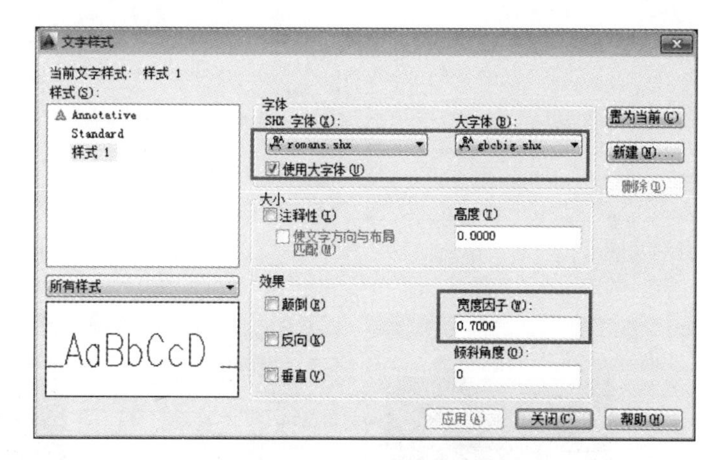

图 12-5 文字样式 1 的设置

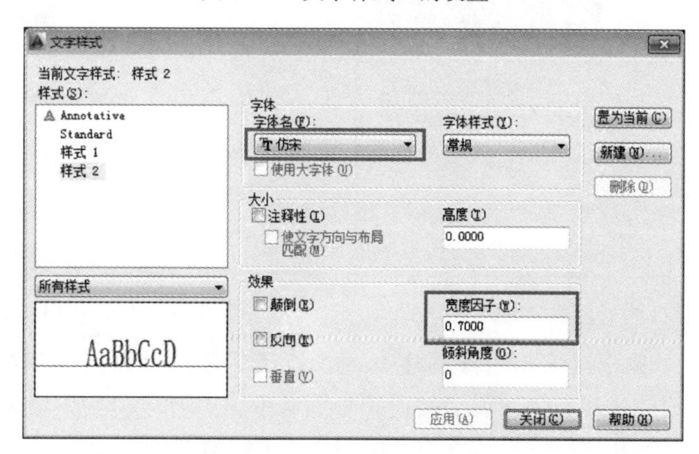

图 12-6 文字样式 2 的设置

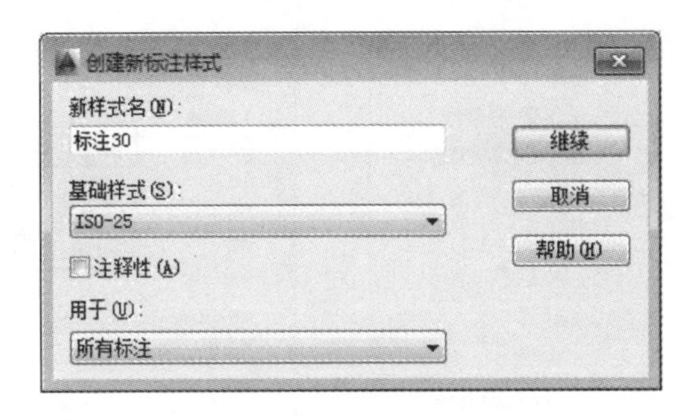

图 12-7　引线格式设置

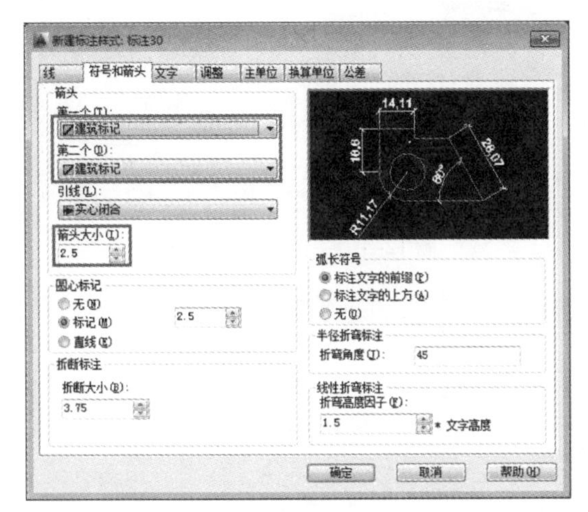

图 12-8　【符号和箭头】选项卡设置

图 12-9　【文字】选项卡设置

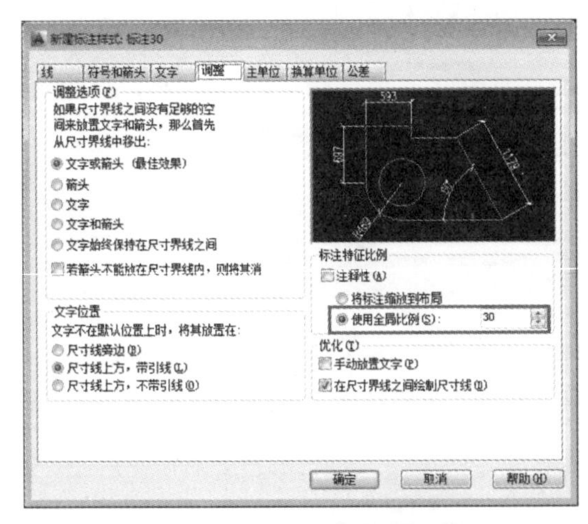

图 12-10　【调整】选项卡设置

图 12-11　【主单位】选项卡设置

◆ 标注文字。调出【多重引线】工具栏，打开【多重引线】管理器，在 Sandard 基础上新建一个引线样式，三个选项卡的设置分别参考图 12-12、图 12-13 和图 12-14。引线样式设置完成后，将新建引线样式置为当前图层，关闭对话框，图层切换到标注图层，在绘图区相应的位置对材料进行标注，如图 12-1 左图所示。

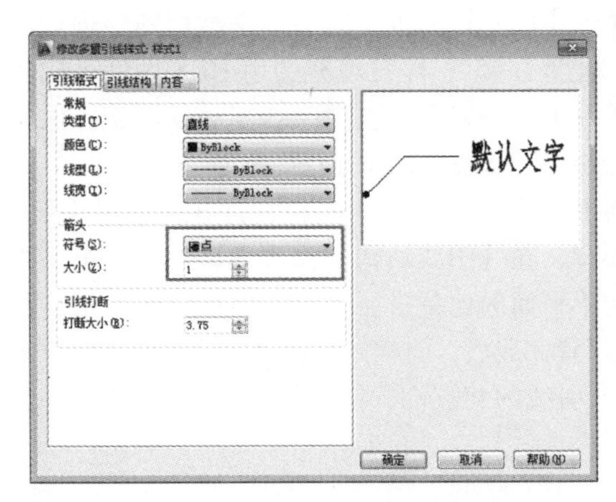

图 12-12 【引线格式】选项卡设置

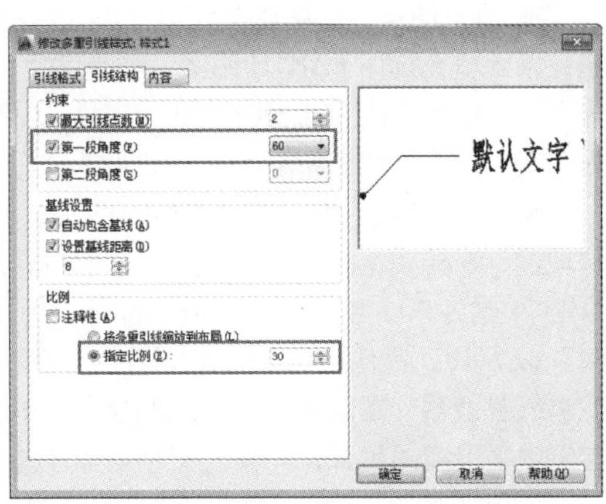

图 12-13 【引线结构】选项卡设置

◆ 绘制剖切索引，图层切换到索引层，执行【直线】命令，在图上横向绘制出剖切引线，然后执行【多段线】命令，将全局宽度设为 10，绘制出剖切位置线。执行【圆】命令，捕捉引线右端点为圆心，绘制直径为 300 的圆，鼠标左键点击引线，选择右端夹点，将其拉伸至圆右侧象限点，并用单行文字输入图号，如图 12-1 左图所示。

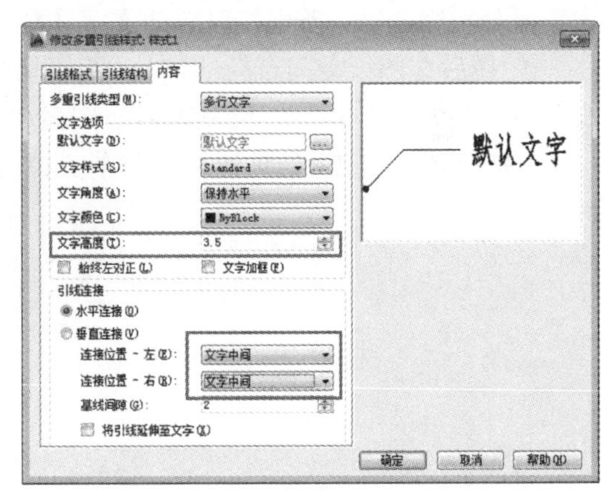

图 12-14 【内容】选项卡设置

（3）绘制剖面图。

◆ 绘制结构线。在图层工具栏上将结构图层置为当前图层，执行【直线】命令，开启【正交】，绘制 1000 长的水平线，执行【偏移】命令，对直线进行偏移复制，偏移距离分别为 30、30、100、150。如图 12-15a 所示。

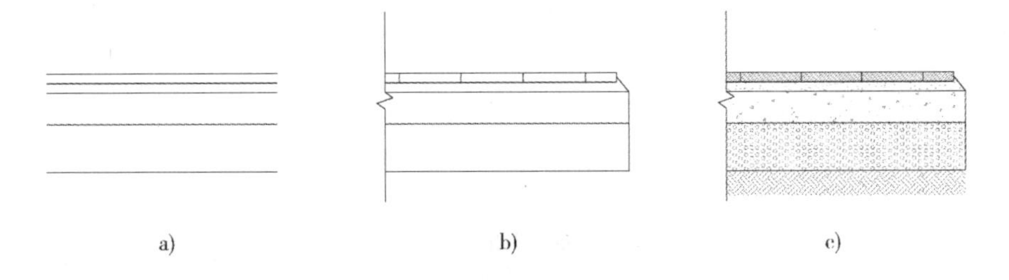

图 12-15 园路剖面绘制步骤

◆ 绘制折断线，执行【复制】命令，复制平面图中的折断线，执行【旋转】命令，将折断线旋转 90°，并移动到剖面结构线的左侧。执行【修剪】命令，修剪掉多余线条，绘制结果如图 12-15b 所示。

◆ 在平行线组的右侧端，执行【拉伸】命令，将最下面三条直线往右侧水平拉伸 100。执行【直线】命令，将图形补充完整，如图 12-15b 所示。

◆ 填充图案。图层切换到填充图层，执行【填充】命令，对每一个结构图层进行填充，素土填充选用 EARTH 图案，比例为 5，角度为 45°；碎石填充选用 HEX 图案，比例为 2；混凝土填充选用 AR-CONC 图案，比例为 0.5；砂浆填充选用 AR-SAND 图案，比例为 0.5；面层选用图案 ANSI31，比例为 2。绘制结果如图 12-15c 所示。

◆ 标注文字。图层切换到标注图层，调出【多重引线】工具栏，打开【多重引线】管理器，在样式 1 的基础上新建一个引线样式 2，在【引线结构】选项卡里，将“第一段角度 ”改为 90，由于剖面图通常都是以不同于平面的比例进行绘制，这里可将“指定比例”改为 10，其他选项卡内容均不做更改。设置完成后，将样式 2 置为当前图层，关闭多重引线管理器，在剖面结构的最底层位置指定引线的起点端，鼠标指针向上方右侧移动，指定水平引线的位置，并输入文字“素土夯实”。

执行【复制】命令，选中刚才的标注，往上方复制出第二条引线，按〈Enter〉键，重复执行【复制】命令，捕捉第一条引线的角点为基点进行多重复制，复制出其余的引线。再分别修改每一条引线对应的文字注释。

◆ 最后在图纸空间布局（略）。图层切换到图名图层，执行【圆】、【多段线】、【直线】、【单行文字】命令，绘制图号、图名和比例，如图 12-1 所示。

【例 12-2】绘制一组曲线园路与节点铺装的平面详图，如图 12-16 所示。

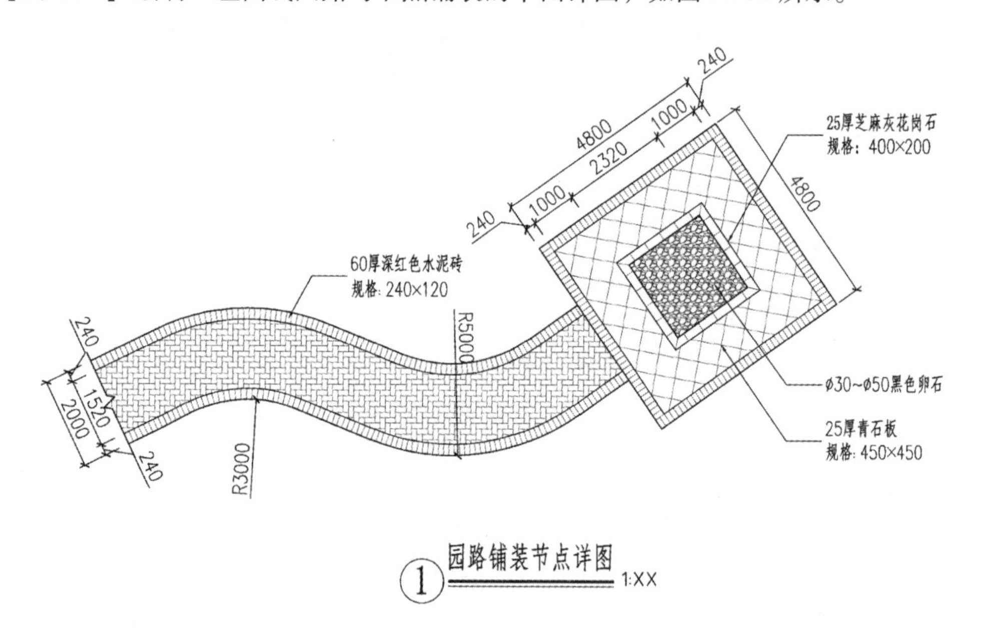

图 12-16　曲线园路铺装节点详图

（1）设置图层。设置以下几个图层：

道路，2 号色，线型 continuous，其余默认；铺装分隔，1 号色，线型 continuous，其余默认；填充，8 号色，线型 continuous，其余默认；标注，3 号色，线型 continuous，其余默认；图名，7 号色，线型 continuous，其余默认。

（2）绘制道路轮廓线。

◆ 绘制曲线园路。先将当前图层设为道路图层，执行【多段线】命令，关闭【正交】，在绘图区任意位置绘制三段直线，AB = 3500，BC = 5500，CD = 3500。如图 12-17a 所示。【圆角】命令，以半径 3000 对 AB 和 BC 倒圆角，以半径 5000 对 BC 和 CD 倒圆角，绘制结果如图 12-17b 所示。

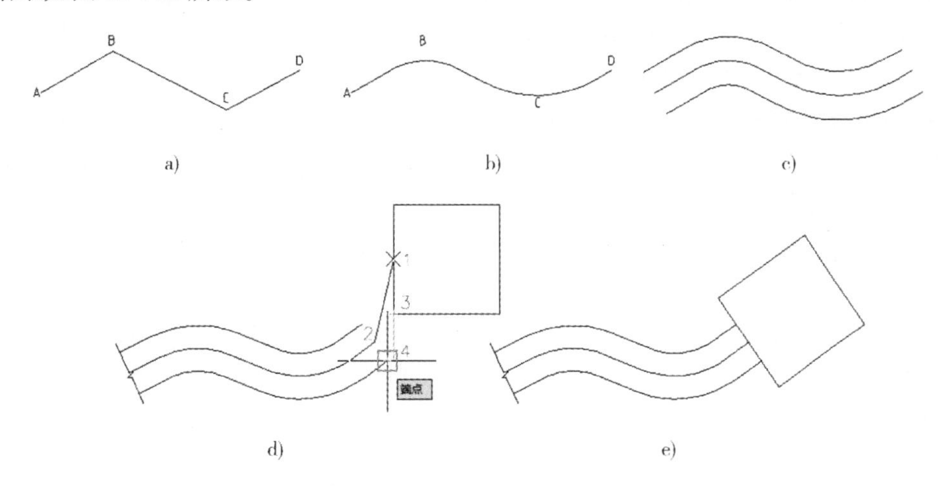

图 12-17 曲线园路绘制步骤（一）

执行【偏移】命令，对曲线进行偏移复制，偏移距离设为 1000，向图形上方连续偏移两条，如图 12-17c 所示。

◆ 绘制折断线。图层切换到符号图层，可先用【对齐标注】命令捕捉上下两条曲线的端点绘制尺寸线，再用【折弯线性】标注在尺寸线中心点位置，确定一个折断符号，用【分解】命令将尺寸标注分解，保留折断符号和直线段，将其余部分删除。适当延伸直线的两端，完成折断线的绘制。

◆ 绘制正方形场地。图层切换到结构图层，执行【矩形】命令，在一旁任意位置绘制一个长 4800、宽 4800 的正方形；执行【对齐】命令，执行【对象捕捉】，指定矩形的左侧边中心点 1 为第一个源点，指定道路中心线的右端点 2 为第一个目标点，指定矩形的左下角点 3 为第二个源点，指定最下方曲线的右端点 4 为第二个目标点，如图 12-17d 所示。命令行提示“是否基于对齐对象缩放”，选择“否”，绘制结果如图 12-17e 所示。

◆ 绘制铺装分隔线（收边线）。可以先将道路辅助中心线删除，执行【偏移】命令，分别对两条曲线向道路内侧进行偏移，同样对正方形向内部进行偏移，偏移距离均设为 240（一块标准水泥砖的边长）。重复执行【偏移】命令，这次偏移距离设为 1000，将正方形分隔线向内再次偏移；按〈Enter〉键再执行一次【偏移】命令，偏移距离设为 200，再偏移一条正方形分隔线，绘制结果如图 12-18a 所示。

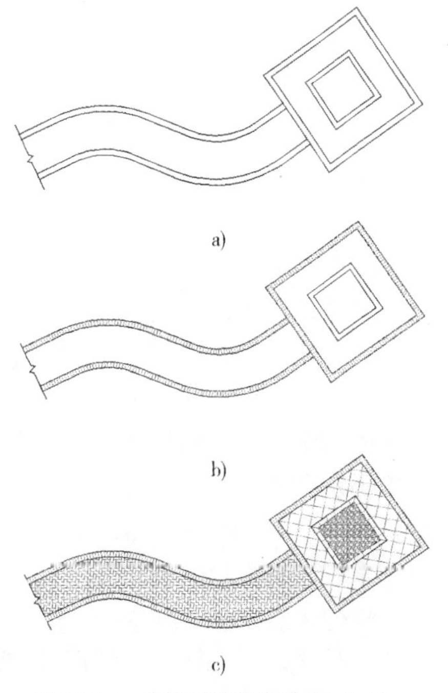

图 12-18 曲线园路绘制步骤（二）

◆ 绘制收边水泥砖。图层切换到填充图层，执行【直线】命令，开启【正交】，在一旁绘制一条长度为240的垂直线段。执行【路径阵列】命令，选择垂直线段为阵列对象，选择道路下端曲线为阵列路径，指定项目间距为120（水泥砖的宽度值），指定阵列基点为垂直线的下方端点，指定切向为水平方向，用同样的方法阵列出道路另一侧曲线的水泥砖，还可以阵列出正方形场地的收边砖。阵列结果如图12-18c所示。

◆ 绘制曲线道路铺装。执行【图案填充】命令，弹出【图案填充和渐变色】对话框，在【图案填充】选项卡中进行设置，如图12-19所示，然后回到绘图区，在道路中间区域添加拾取点，完成填充。为了准确绘制出水泥砖的尺寸，我们需要对填充进行参照缩放，以满足240×120的材料规格。具体操作方法是：执行【缩放】命令，命令行提示如下：

选择对象：找到1个　　//单击选择填充图案，如图12-20所示
选择对象：　　//按〈Enter〉键，结束选择
指定基点：　　//捕捉A点作为缩放基点
指定比例因子或［复制(C)/参照(R)］〈1.000〉：r
　　//选择参照复制选项
指定参照长度〈1〉：指定第二点：　　//先捕捉A点，再捕捉B点
指定新长度或［点(P)］：240　　//输入新长度值，按〈Enter〉键，结束命令

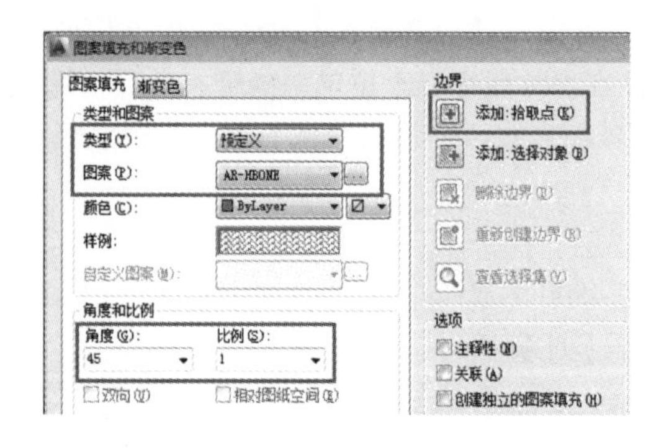

图12-19　水泥砖铺装的填充设置

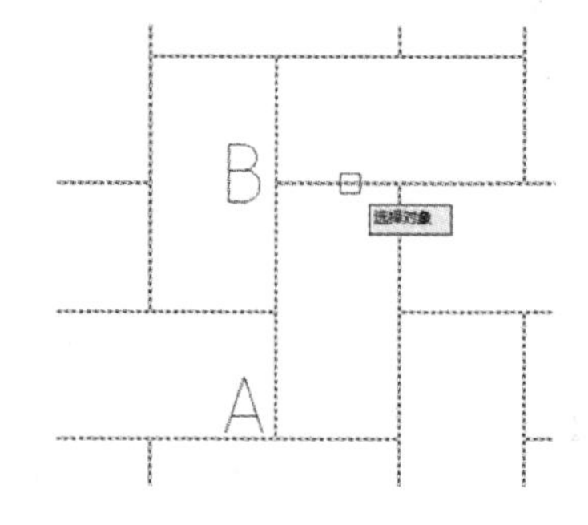

图12-20　对填充进行参照缩放

缩放完成后，用【移动】命令将图案移到图形外侧，再次执行【图案填充】命令，单击【继承特性】按钮，返回绘图区，选择刚才缩放后的填充图案，再拾取园路内部区域，完成第二次填充。第二次的填充结果就符合材料的尺寸规格了。然后删除先前的图案，绘制结果如图12-18c所示。

◆ 绘制正方形场地铺装。要绘制方形场地中与场地呈45°平铺的石板，首先要转换一下坐标系。执行【UCS】命令，输入z，按〈Enter〉键，关闭【正交】，移动鼠标指针捕捉正方形左侧边的一个垂足（图12-21），使得新坐标系的X、Y轴分别与正方形的两边平行和垂直，如图12-22所示。

执行【图案填充】命令，弹出【图案填充和渐变色】对话框，在【图案填充】选项卡中进行设置，如图12-23所示，然后回到绘图区，在正方形区域添加拾取点，完成填充，如图12-18c所示。

中心正方形的卵石铺装，选择“GRAVEL”图案名，比例改为10；卵石与青石板之间的收边处理，用【直线】命令先捕捉边的中点，画出中点的接缝线，然后用【偏移】命令，向两侧偏移复制，距离设为400，转角的接缝用【直线】绘制。

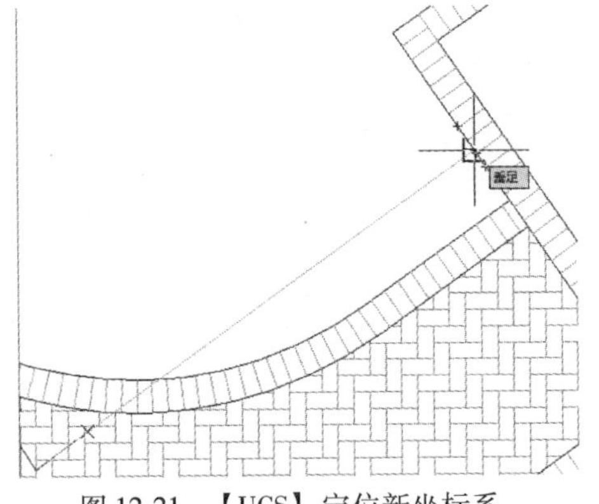

图 12-21 【UCS】定位新坐标系

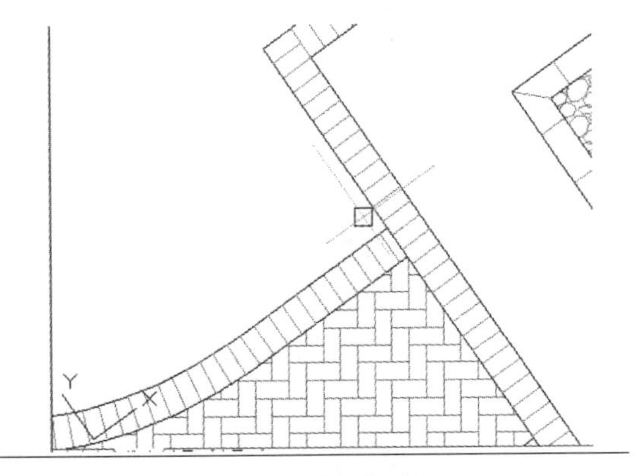

图 12-22 完成新坐标系定位

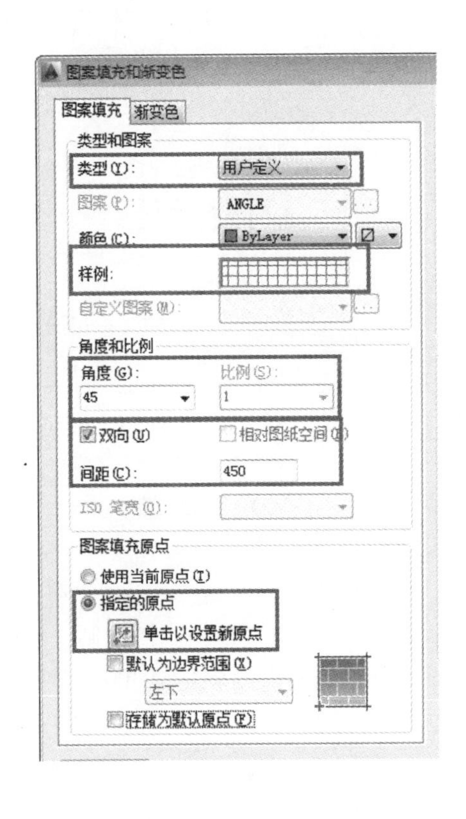

图 12-23 青石板铺装设置

◆ 进行尺寸标注和文字标注（略），标注结果如图12-16所示。注意文字大小要统一，尺寸标注要规范。

◆ 绘制图号、图名和比例（略）。

12.2 砌体工程

【例12-3】绘制树池的施工图，包括平面图、立面图和剖面图，如图12-24所示。

（1）设置图层。设置以下几个图层：

结构，2号色，线型continuous，其余默认；填充，8号色，线型continuous，其余默认；标注，3号色，线型continuous，其余默认；索引，3号色，线型continuous，其余默认；图名，7号色，线型continuous，其余默认。

（2）绘制平面图。

◆ 绘制树池轮廓。将结构图层置为当前图层，执行【圆】命令，在任意位置指定圆心，半径值输入为900，完成树池外圆的绘制；重复【圆】命令，捕捉外圆的圆心，半径

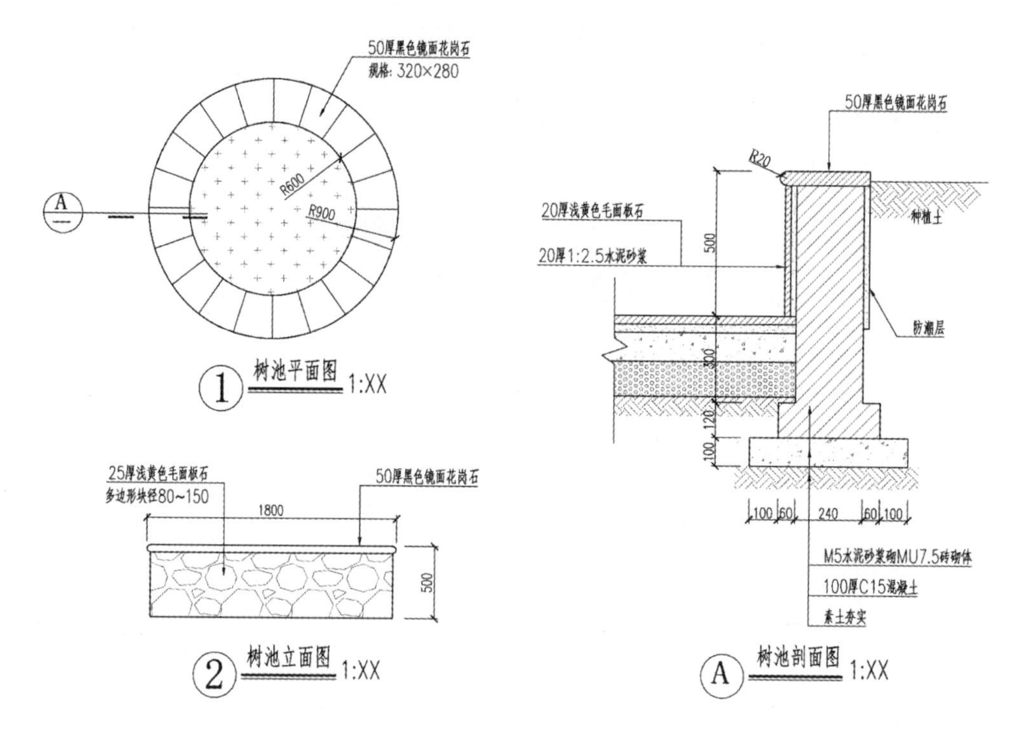

图 12-24　树池详图

值输入为 600，完成树池内圆的绘制，如图 12-25a 所示。这一步骤也可以使用【偏移】命令完成，将外圆向内偏移复制 300。

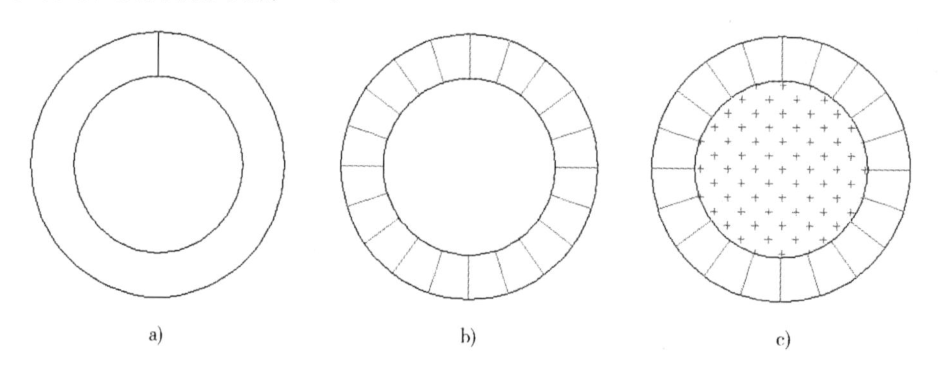

图 12-25　树池平面图绘制步骤

◆ 绘制树池台面石材拼缝。捕捉圆的一个象限点，执行【直线】命令，连接两个圆的象限点绘制一条直线，如图 12-25a 所示。执行【环形阵列】命令，选择直线为阵列对象，指定圆心为阵列中心点，填充角度 360°，指定项目数为 20，阵列结果如图 12-25b 所示。

◆ 绘制种植区。图层切换到填充图层，执行【图案填充】命令，选择内圆内部为填充区域，图案名为 CROSS，填充比例为 15，填充结果如 12-25c 所示。

（3）绘制立面图。

◆ 图层切换到结构图层，在平面图的正下方执行【直线】命令，开启【正交】，绘制一条长 1750 的水平直线。执行【偏移】命令，向下偏移复制两条直线，偏移距离分别设为 50、450。绘制结果如图 12-26a 所示。

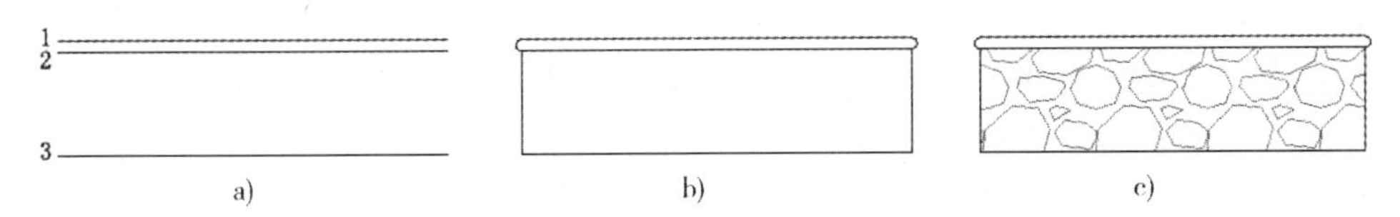

图 12-26 树池立面图绘制步骤

◆ 执行【直线】命令，开启【对象捕捉】，连接第二条和第三条直线的端点，绘制结果如图 12-26b 所示。

◆ 执行【圆角】命令，输入圆角半径值 25，拾取直线 1 和直线 2 的左端，完成左侧的倒圆角。重复【圆角】命令，拾取直线 1 和直线 2 的右端，完成右侧的倒圆角。绘制结果如图 12-26b 所示。

◆ 图层切换到填充图层，对树池立面进行填充。执行【图案填充】命令，图案名选择 GRAVEL，填充比例为 20，选择区域进行填充，填充结果如图 12-26c 所示。

（4）绘制剖面图。

◆ 图层切换到结构图层，用【直线】和【偏移】命令先绘制树池旁边道路的剖面结构线，偏移距离分别为 30、30、100、120，完成平行线组的绘制。然后绘制断开线，并修剪多余线条，具体操作参考前面例题。

◆ 执行【直线】命令，从 B 点出发向上绘制一条长度为 500 的垂直线，为树池指定高度。点选线段 AB，激活 B 点，向下拉伸 300，这个尺寸为砌体的埋深。执行【偏移】命令，将直线 AC 进行偏移复制，距离设为 240，得到砌体的厚度。如图 12-27a 所示。

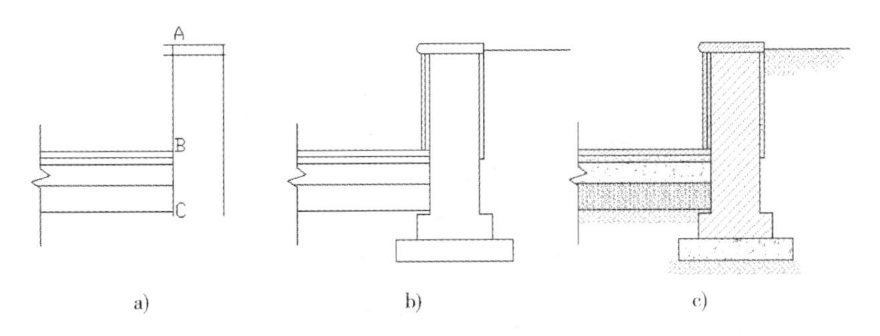

图 12-27 树池剖面图绘制步骤

◆ 从刚才偏移得到的直线顶端点出发，向左绘制一条长度为 300 的水平直线，再向下偏移复制一条，偏移距离为 50，得到台面的厚度。执行【移动】命令，选中这两条水平直线，向右侧水平移动 20 的距离。执行【圆角】命令，圆角半径值输入为 20，拾取两条直线左端，倒出台面圆角。执行【修剪】命令，修剪掉垂直线与台面相交的多余线段，绘制结果如图 12-27b 所示。

◆ 执行【直线】命令，根据标注的尺寸，绘制完成砌体下方基础。执行【偏移】命令，将线段 AC 向左进行偏移复制，偏移距离为 20，偏移两条，以地面线为参照，用【修剪】命令，修剪掉地面以下多余的线条，得到砂浆层和贴面层，如图 12-27b 所示。用同样的方法偏移出右侧的防潮层，也是 20 的距离。

◆ 图层切换到填充图层，执行【图案填充】命令，对每一个结构图层进行填充，素土填充 EARTH 图案，比例为 8，角度为 45°；碎石填充 HEX 图案，比例为 2；混凝土填充 AR-CONC 图案，比例为 0.5；砂浆填充 AR-SAND 图案，比例为 0.3；砌体层填充 ANSI31 图案，比例为 10；面层填充 ANSI31 图案，比例为 5。填充结果如图 12-27c 所示。

（5）尺寸标注和文字注释。

◆ 标注尺寸。出图应有两个图形比例，因此需要新建两个标注样式（样式 1 标注平面图和立面图，样式 2 标注剖面图），分别调整其全局比例，其他选项均保持一致，选项卡的设置方法参考【例 12-1】。

图层切换到标注图层，执行【半径标注】命令，在平面图上标注半径；将标注样式 1 置为当前图层，执行【线性标注】命令，在立面图上对图形的长度和高度进行标注；再将标注样式 2 置为当前图层，在剖面图中进行线性标注，如图 12-24 所示。

◆ 文字标注。调出【多重引线】工具栏，打开多重引线管理器，在 Sandard 基础上新建一个引线样式，选择“实心闭合”箭头，大小设为 1.5 或 2，指定比例（要与标注比例一致），文字高度 3.5，文字连接方式选择水平连接，并在“第一行加下划线”。确定设置，回到绘图区，在平面图和立面图上进行文字标注，如图 12-24 所示。

由于剖面图的出图比例和平面图与立面图不同，需要在刚才多重样式的基础上另外新建一个多重引线样式，将比例更改，其他设置保持不变，置为当前图层，回到绘图区，在剖面图中进行文字标注。

◆ 绘制索引符号和图名（略）。

【例 12-4】绘制景墙立面图，如图 12-28 所示。

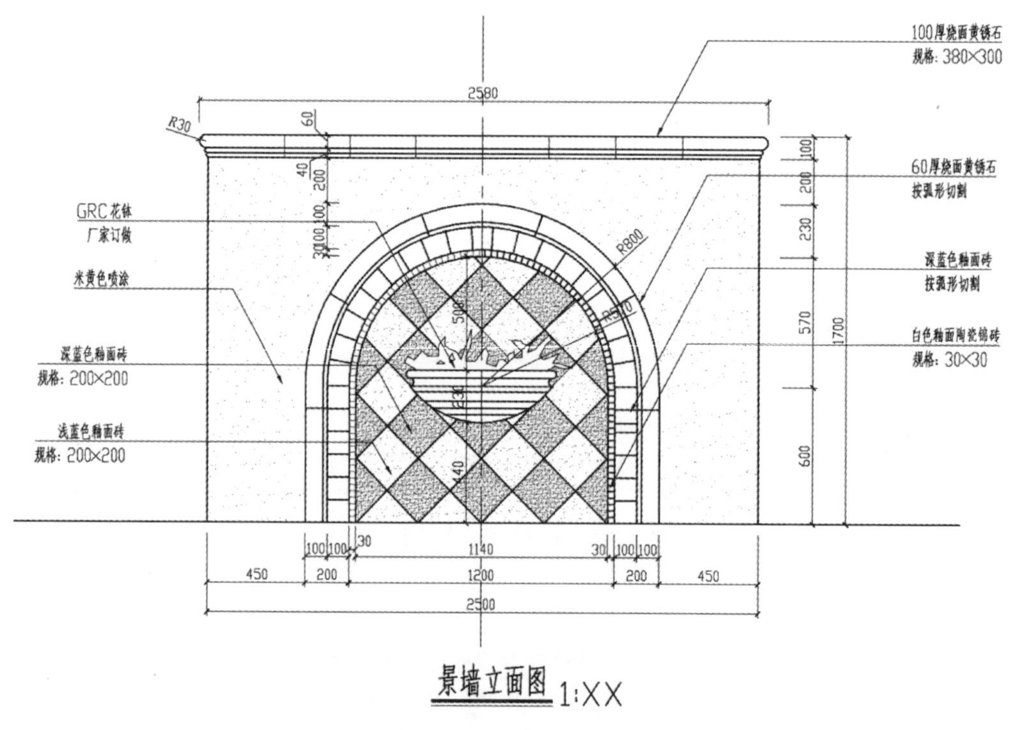

图 12-28 景墙立面图

（1）设置图层。

结构，2号色，线型 continuous；中心线，3号色，线型 center；辅助，3号色，线型 center；填充，8号色，线型 continuous；植物，3号色，线型 continuous；标注，3号色，线型 continuous；图名，7号色，线型 continuous。

（2）绘制墙身。

◆ 将结构层置为当前图层，执行【直线】命令，开启【正交】，绘制一条1600长度的垂直线。执行【偏移】命令，以2500的水平距离对直线进行偏移复制，得到墙身的两条垂直边线。重复【偏移】命令，这次以1250的距离进行偏移，得到墙体的中心线，将其切换到中心线层，并适当延伸中心线两端。绘制结果如图12-29a所示。

◆ 用【直线】命令连接墙身两条垂直边线的下方端点，得到墙身底部的水平边线，连接垂直边线的上方端点，得到墙身顶部的水平边线。选中底部水平线进行夹点编辑，适当向两端延伸，兼做地平线。

◆ 执行【偏移】命令，将顶部的水平边线再向上以100的距离进行偏移。执行【拉长】命令，选择【增量】选项，对偏移后的水平线两端进行拉长，增量值为10，得到压顶石的边线。再将此线向下偏移复制60的距离，得到压顶石线脚的转折线。重复执行【偏移】命令，这次选择对象为墙身顶部水平线，向上偏移40的距离，得到第二条线脚转折线。绘制结果如图12-29a所示。

◆ 绘制压顶石的细部。执行【圆角】命令，对压顶石的两端进行倒角，半径分别为30和10。在中心线位置绘制一条贯穿压顶石的垂直线。执行【偏移】命令，偏移距离设为300，分别向两边进行偏移复制，得到压顶石的拼缝线，如图12-29a所示。

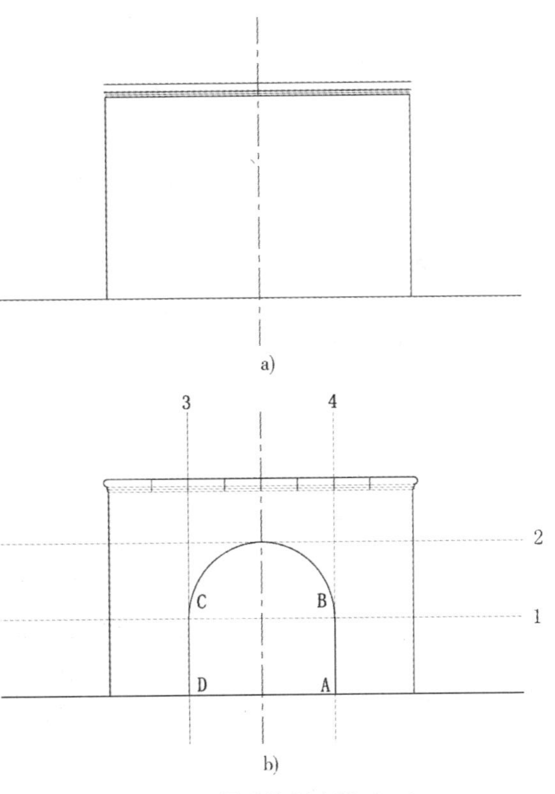

图12-29 景墙绘制步骤（一）

a）绘制墙身 b）定位拱门

（3）绘制拱形壁龛。

◆ 要绘制拱形壁龛，我们需要借助一些辅助线。先选择地平线为偏移对象，向上偏移复制两条，偏移距离设为600，并将所得的两条水平线切换到辅助层，得到辅助线1和辅助线2。

选择中心线，向两侧进行偏移复制，偏移距离设为600，将偏移所得的两条垂直线切换到辅助层，得到辅助线3和辅助线4。

◆ 图层切换到结构图层。执行【多段线】命令，以 *A* 点为起点，先向上画直线段，捕捉 *B* 点为端点，然后切换到【圆弧】选项，捕捉 *C* 点为圆弧终点，切换回“直线”，捕

捉 D 点，结束多段线的绘制，如图 12-29b 所示。

执行【偏移】命令，选择刚才的多段线为偏移对象，偏移距离设为 30，向内偏移复制，采用同样的方法，参照图 12-28 的尺寸，以不同的偏移距离偏移复制多段线，得到拱门不同材质的边界，如图 12-30a 所示。

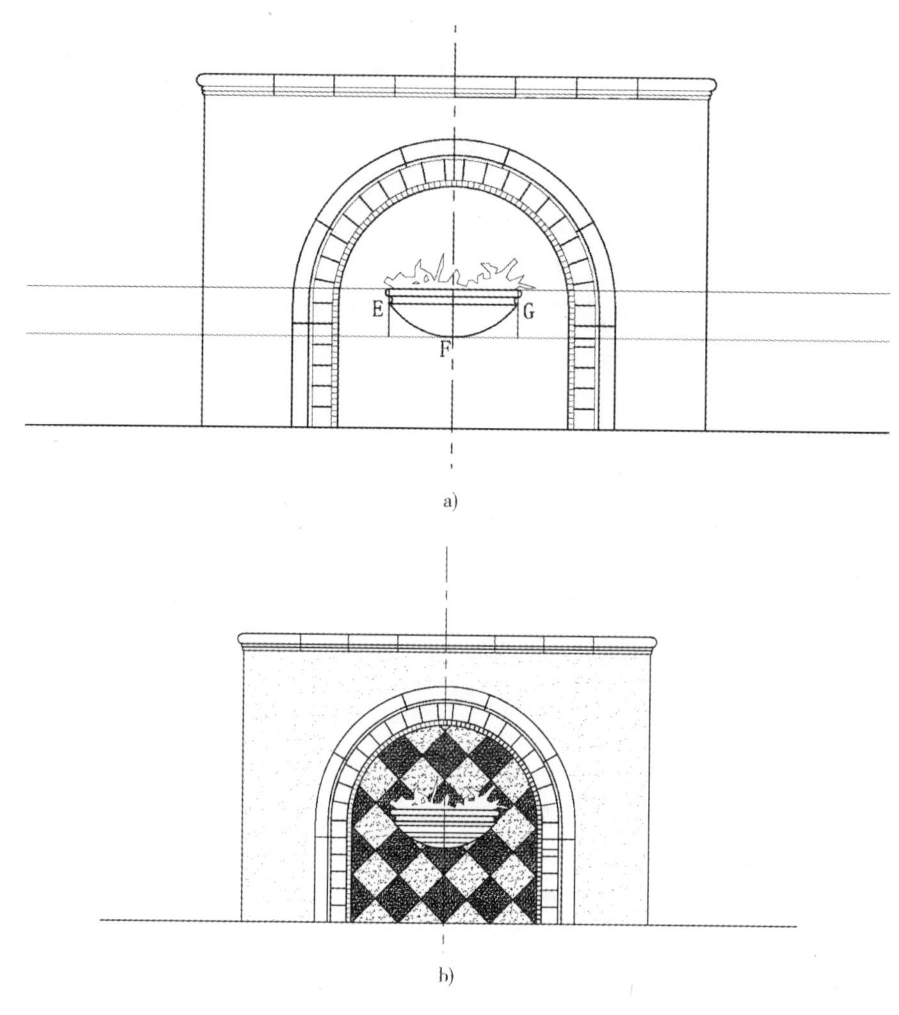

图 12-30　景墙绘制步骤（二）

a）绘制细部　b）图案填充

◆ 执行【直线】命令，绘制一条长度 100 的水平线，用【路径阵列】命令，将直线沿拱形多段线进行阵列，间距为 100，得到釉面砖的拱形拼缝。同样用【路径阵列】绘制陶瓷锦砖的拼缝和黄锈石拼缝，如图 12-30a 所示。

（4）绘制花钵。

◆ 利用地平线向上偏移绘制两条辅助线，偏移距离分别为 440 和 230，再从中心线向两侧偏移两条辅助线，偏移距离设为 320。

◆ 执行【直线】命令，图层切换到结构图层，捕捉刚才绘制的四条辅助线左上角和右上角交点，绘制一条花钵的上端边线。执行【偏移】命令，将直线以 35 的距离向下偏移两条。

◆ 执行【圆弧】命令，捕捉E点为起点，F点为第二点，G点为终点，用三点确定一条弧线的方法绘制完成花钵的轮廓；执行【圆角】命令，对花钵两端的檐口进行倒角，半径设为20。

◆ 执行【多段线】命令，图层切换到植物图层，用直线模式在花钵上方徒手绘制枝叶的轮廓，如图12-30a所示。

（5）绘制图案填充。

◆ 图层切换到填充图层，执行【图案填充】命令，填充类型选择“用户定义”，图案默认“ANSI31”，角度设为45，勾选“双向”，间距设为200，点选拱门和花钵之间的区域为填充区域，指定中心线与地平线的交点为填充原点进行填充，完成釉面砖的拼缝绘制。

◆ 重复执行【图案填充】，选择釉面砖区域再次进行填充，这次的填充类型选择“预定义”，图案名为AS-SAND，比例为1。填充结果显示为稀疏的点，以此表示浅蓝色的釉面砖材料。

◆ 执行【分解】命令，选择第一次的网格填充将其进行分解，以方便进行局部区域的再次填充。再次执行【图案填充】命令，填充类型选择“预定义”，图案名为AS-SAND，比例为0.3，以棋盘格的形式进行区域选择，如图12-30b所示，填充结果为密集的点，用来表示深蓝色的釉面砖材料。

◆ 重复执行【图案填充】，对拱形壁龛外部的墙体区域进行填充，填充类型选择“预定义”，图案名为AS-SAND，比例为1。绘制结果如图12-30b所示。

（6）尺寸标注和文字标注（略），标注结果如图12-28所示。

12.3 构筑物工程

【例12-5】绘制景观亭顶面图和立面图，如图12-31所示。

（1）设置图层。

结构，2号色，线型continuous，其余默认；轴线，9号色，线型center；填充，8号色，线型continuous，其余默认；附属，8号色，线型continuous；标注，3号色，线型continuous，其余默认；图名，7号色，线型continuous，其余默认。

（2）绘制顶面定位轴线。

◆ 将轴线图层置为当前图层，执行【直线】命令，开启【正交】，绘制一条长度为8000的垂直线，两端适当拉伸，将其作为中心对称线。执行【偏移】命令，按照图12-31中所示的的尺寸，进行水平方向的偏移。用同样的方法绘制纵向的定位轴线以及顶梁的定位线。绘制结果如图12-32所示。

（3）绘制顶面图。

◆ 图层切换到结构图层，执行【多线】命令，对正设置为“无”，比例设为150，执行【对象捕捉】，沿定位轴线绘制梁架。执行【直线】、【多段线】、【偏移】命令，沿定位轴线绘制其他顶层结构线。执行【矩形】命令，绘制长360、宽360的矩形连接柱，绘制结果如图12-33所示。

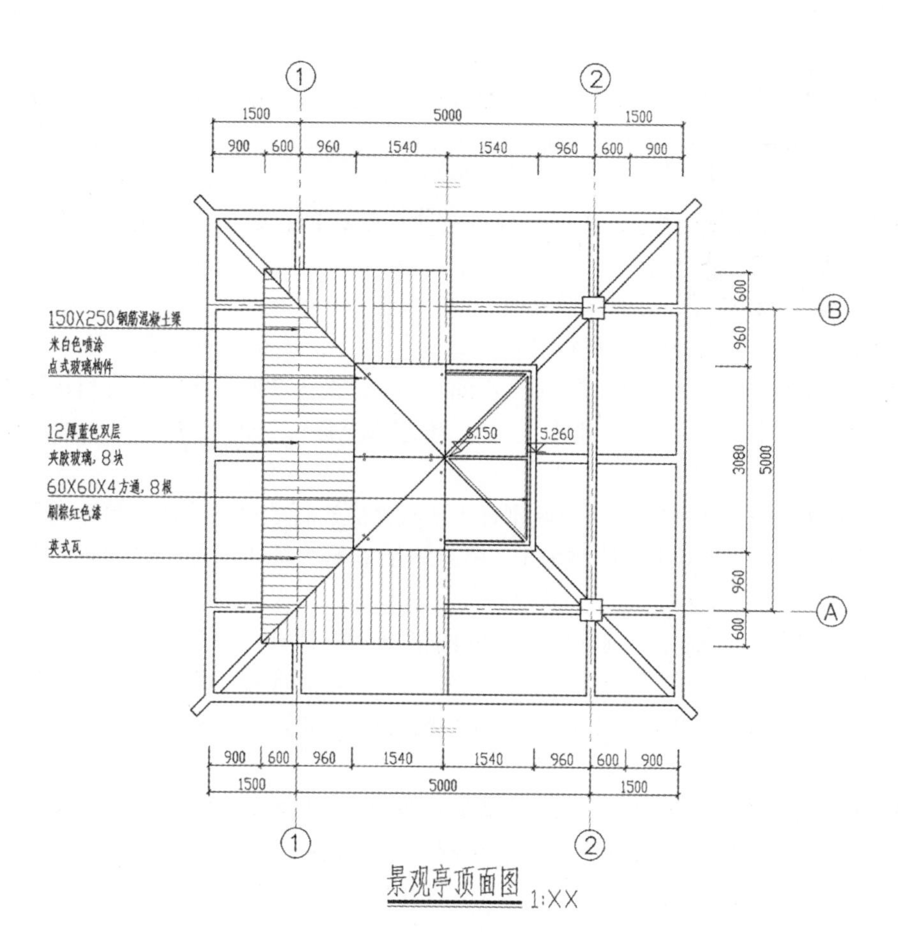
150X250钢筋混凝土梁
米白色喷涂
点式玻璃构件
12厚蓝色双层
夹胶玻璃，8块
60X60X4方通，8根
刷棕红色漆
英式瓦
6.150
5.260
1500
5000
900
600
960
1540
3080
A
B
1
2
景观亭顶面图 1:XX

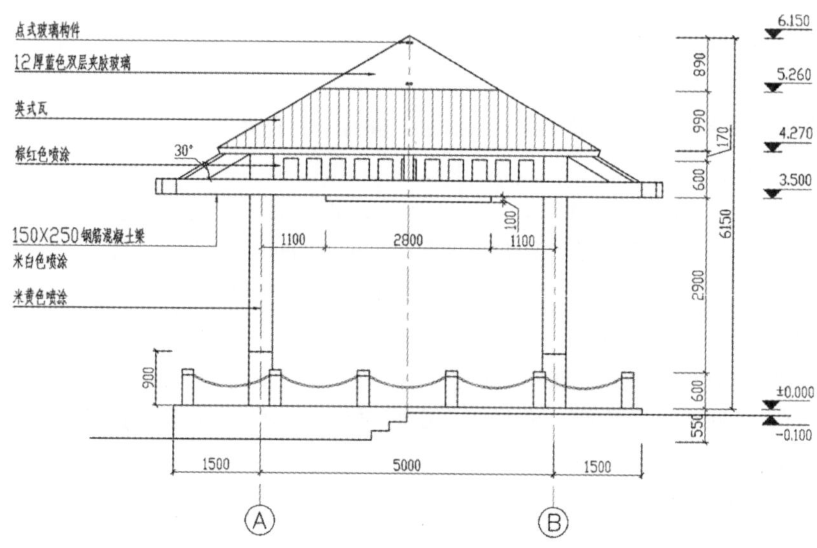
点式玻璃构件
12厚蓝色双层夹胶玻璃
英式瓦
棕红色喷涂
30°
150X250钢筋混凝土梁
米白色喷涂
米黄色喷涂
6.150
5.260
4.270
3.500
±0.000
-0.100
890
990
170
600
6150
100
1100
2800
2900
900
550
1500
5000
A
B
A-B轴立面图 1:XX

图 12-31 景观亭

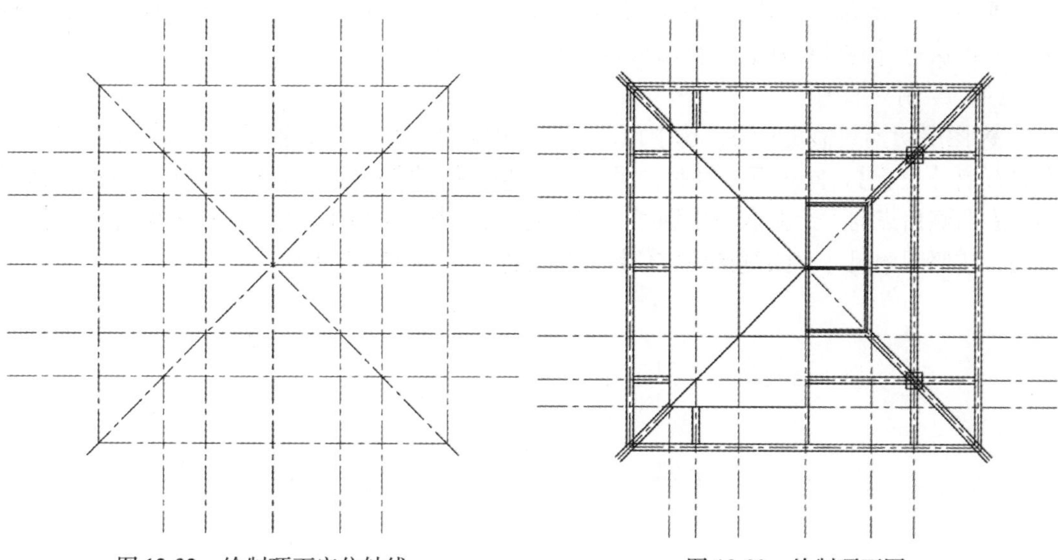

图 12-32　绘制顶面定位轴线　　　　图 12-33　绘制顶面图

◆ 执行【分解】命令，将多线绘制的线段进行分解，然后执行【修剪】命令，修剪掉多余的线条。为了方便修剪，可以先关闭定位轴线层，修剪结果如图 12-33 所示。图层切换到附属图层，执行【圆】命令，绘制玻璃构件，并用【镜像】命令进行对称复制。

◆ 执行【图案填充】命令，填充类型选择“预定义”，图案名为 LINE，比例为 50，角度 0，选择西面梯形区域进行填充；用同样的方法将图案角度设为 90°，对南北区域进行填充，最后完成英式瓦的绘制（如图 12-34 所示）。

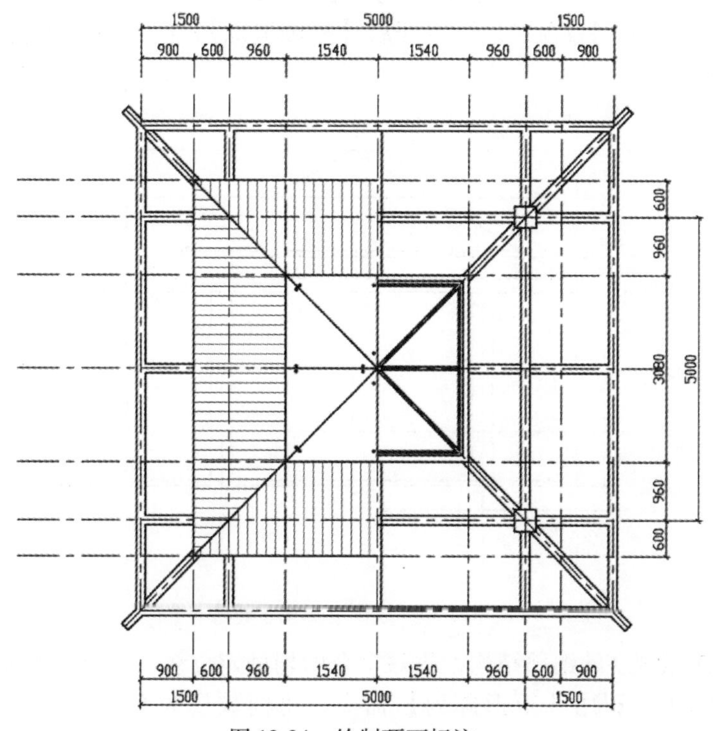

图 12-34　绘制顶面标注

◆ 图层切换到标注图层，执行【线性标注】命令，打开轴线层，捕捉轴线端点进行标注，再执行【连续标注】，标注结果如图 12-34 所示。

（4）绘制立面图。

◆ 图层切换到轴线图层，选中顶面图中的中心线、轴线 1 和轴线 2，执行【复制】命令，开启【正交】，向正下方复制，得到立面图的中心线和定位轴线 A 和 B。捕捉顶面图中左右两侧角点向下绘制两条辅助线，以确定立面图中顶棚的宽度。同样采用【偏移】的方法，按照图中尺寸，绘制横向定位线。绘制结果如图 12-35 所示。

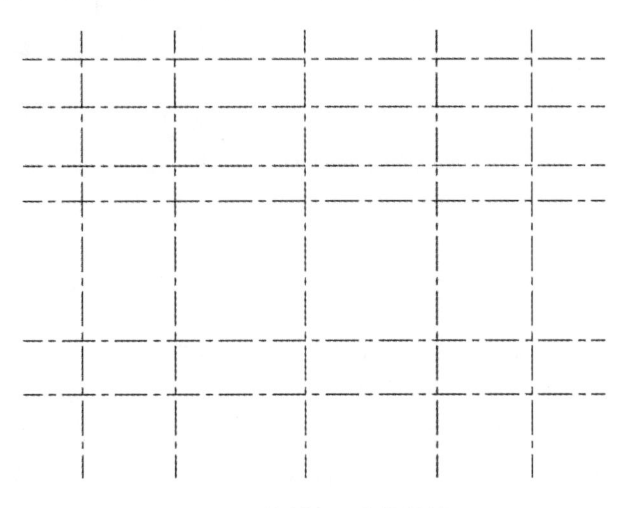

图 12-35　绘制立面定位轴线

◆ 图层切换到结构图层，执行【直线】、【偏移】命令，根据定位轴线绘制出景观亭的初步轮廓线。在绘制斜坡顶时，需要开启【极轴追踪】，设置追踪角度为 30°，绘制结果如图 12-36 所示。

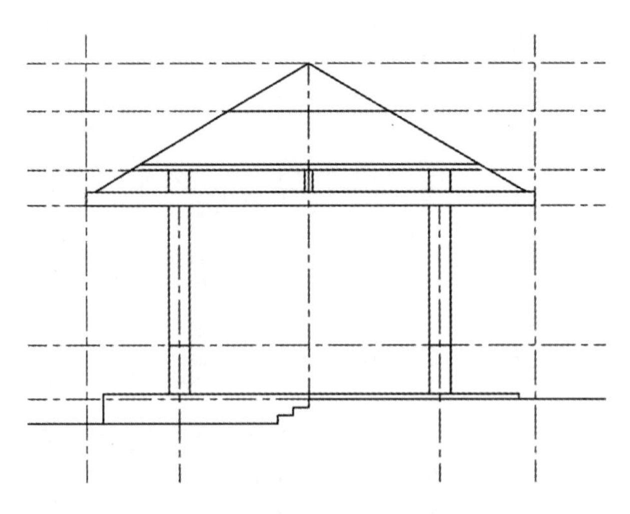

图 12-36　绘制立面初步轮廓

◆ 继续完善景观亭的细部结构，删除多余的辅助定位线。执行【矩形】命令绘制栏杆，高 600，宽 200。利用【矩形阵列】命令，将列数设为 6，行数设为 1，间距设为 1500，绘制结果如图 12-37a 所示。

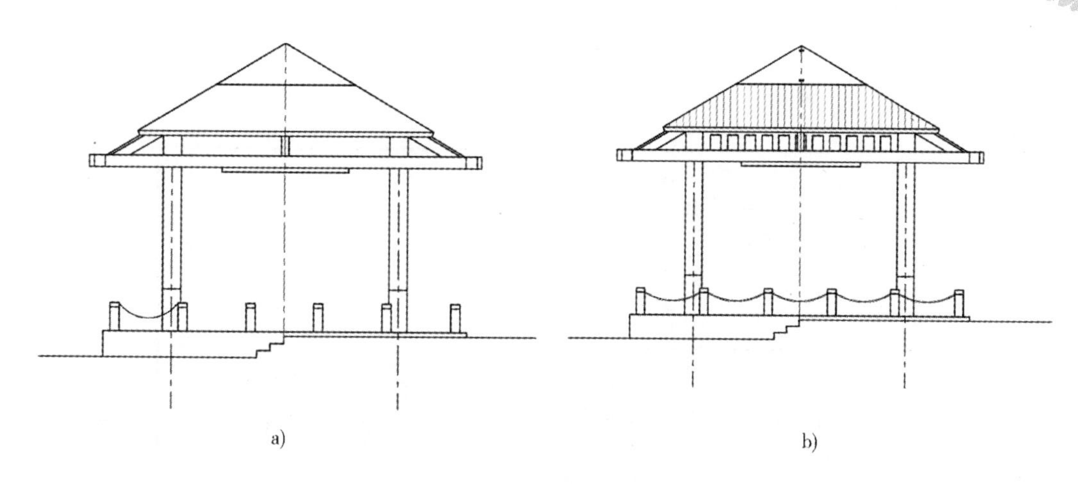

图 12-37 绘制立面细部
a）绘制栏杆 b）绘制顶部细节

◆ 再次执行【矩形】命令，绘制长 250、宽 350 的矩形，再次执行【矩形阵列】命令，列数为 11，行数为 1，间距为 400，完成梁上格栅的绘制，如图 12-37b 所示。

◆ 执行【图案填充】命令，选项的设置和顶面图中的填充设置基本一致，角度设为 90°，选择梯形区域完成英式瓦的绘制。

◆ 绘制栏杆上的绳索。执行【椭圆】命令，绘制一个适当大小的椭圆。执行【圆弧】命令，以三点确定一圆弧的方法在栏杆间绘制一段弧线。执行【路径阵列】命令，沿弧线阵列椭圆，阵列完成后删除弧线。执行【复制】命令，水平复制四组绳索。绳索细节如图 12-38 所示。

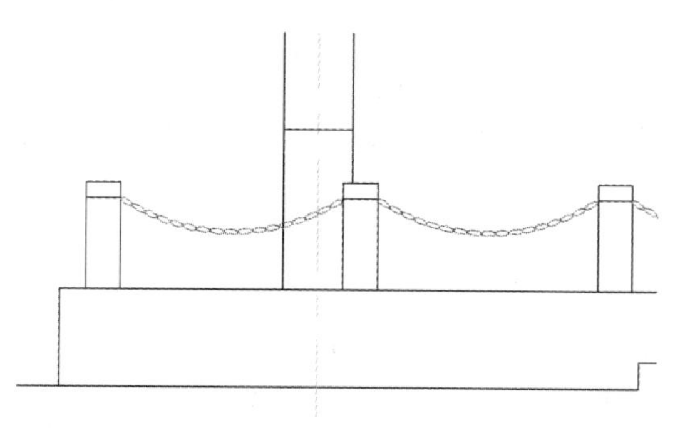

图 12-38 绘制栏杆细部

（5）尺寸标注和文字标注。

◆ 图层切换到标注图层，对立面图进行尺寸标注和标高标注。标高可以定义属性块，具体操作方法参考第 6 章【例 6-7】，最后执行【多重引线】命令进行文字标注，并绘制定位轴线编号和图号。

（6）定位轴编号、标注图名图号（略）。

12.4 水景工程

【例 12-6】 人工水池平、立、剖面图，如图 12-39 所示。

（1）设置图层。

结构，2 号色，线型 continuous；次结构，9 号色，线型 continuous；中心线，1 号色，线型 center；填充，8 号色，线型 continuous；小品，6 号色，线型 continuous；辅助线，9 号色，线型 continuous；小品，6 号色，线型 continuous；水，5 号色，线型 continuous；标注，3 号色，线型 continuous；图名，7 号色，线型 continuous，其余默认。

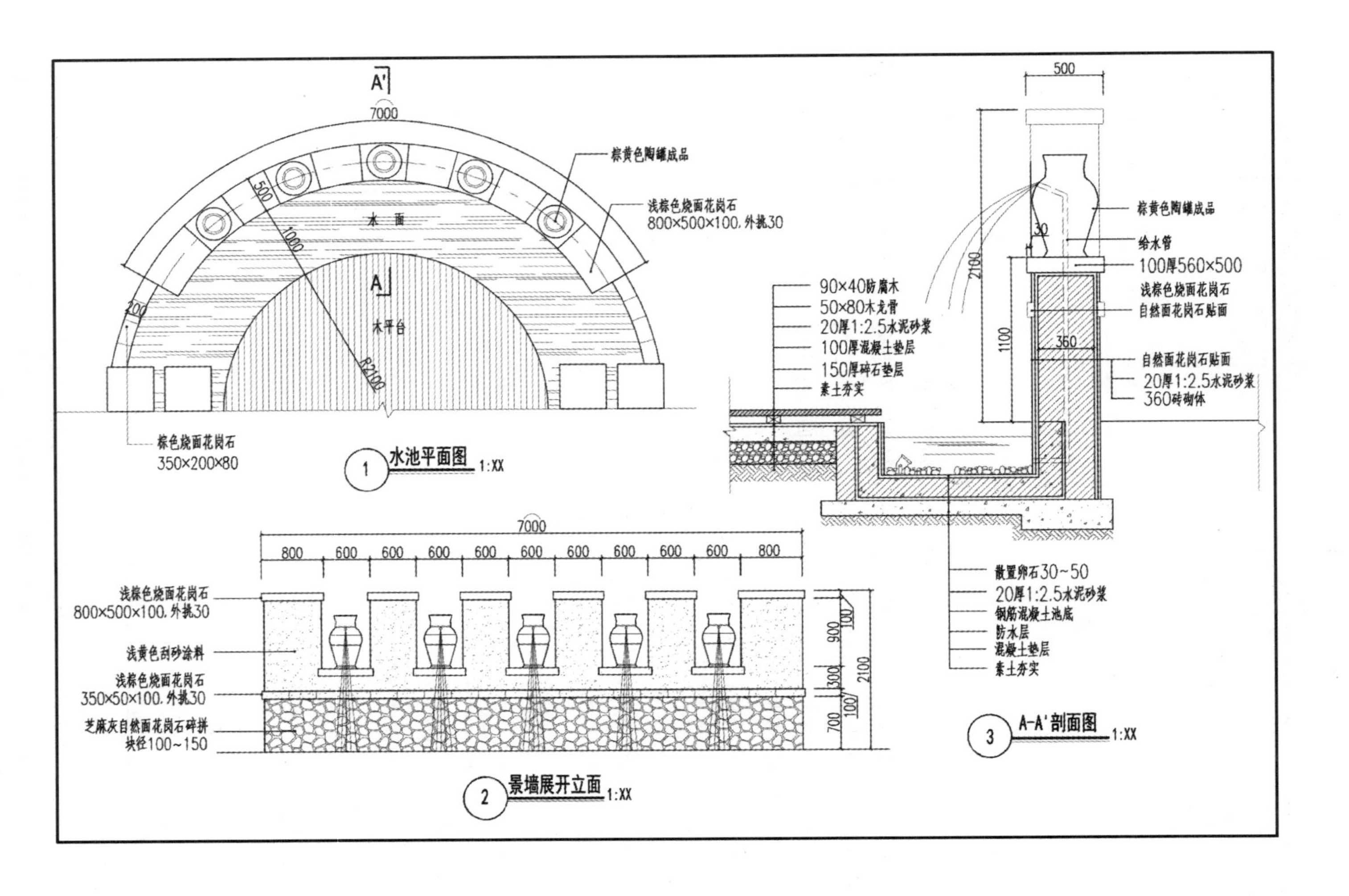

图12-39 人工水池工程图

（2）绘制水池平面。

◆ 绘制水池轮廓。将结构图层置为当前图层，执行【圆】命令，根据图 12-39 中木平台的尺寸，绘制一个半径为 2100 的圆。执行【偏移】命令将圆向外偏移，偏移距离参考图中尺寸，一共得到另外三个同心圆，此为景墙和池壁的边线。在圆的水平中心位置绘制断开线，然后执行【修剪】命令，剪掉半边圆，绘制结果如图 12-40a 所示。

◆ 绘制中心线。景墙厚度为 500，因此将最外圈半圆弧向内偏移 250，得到景墙中心线，执行【直线】命令，捕捉圆心和上方象限点，得到水池中心线，将其切换到对应的图层。

◆ 绘制景墙轮廓。执行【圆弧】命令，选择【圆心】选项，捕捉同心圆的圆心 A 点，指定中心线上中点 B 为起点，鼠标左键单击确定任意端点。命令行输入 lengthen，执行【拉长】命令，命令行提示如下：

选择对象或[增量(DE)/百分数(P)/全部(T)/动态(DY)]:t
　　//选择全部选项,按〈Enter〉键
输入总长度或[角度(A)]〈100.000〉:3500　　//输入拉长后的总长度
选择要修改的对象或[放弃(U)]:　　//选择刚绘制的弧线

绘制完成，得到一条弧长为3500 的弧。执行【直线】命令，连接圆心 A 与弧的端点，并延伸至外圆，再用【修剪】命令进行修剪，即可得到左侧景墙的边线。执行【镜像】命令，将弧与边线延 AB 进行镜像复制，得到对称的右侧边线，如图 12-40b 所示。

◆ 绘制墙洞。重复上述步骤，绘制一条以 B 为起点、弧长为 2700 的弧。执行【镜像】命令，延中心线复制得到对称的弧。再次执行【圆弧】命令，在刚才两条弧上描出总长为 5400 的弧，并删掉原先的两条 2700 的弧。将这段弧分成六等分即为墙洞的位置线。具体操作如下：

在任意位置绘制一段长度为 500 的垂直线并做成块，块名为 500，捕捉线的中点为插入基点。命令行输入 measure，执行【定距等分】命令，命令行提示如下：

选择要定距等分的对象　　//选择弧长为 5400 的弧
指定线段长度或[块(B)]:b　　//输入 b,按〈Enter〉键,选择块选项
输入要插入的块名:500　　//输入块名,按〈Enter〉键
是否对齐块或对象?[是(Y)/否(N)]〈Y〉:　//直接按〈Enter〉键
指定线段长度:600　　//输入等分的距离,按〈Enter〉键,结束命令

绘制结果如图 12-40b 所示。用同样方法可以绘制出水池壁石材拼缝。

◆ 绘制陶罐平面。图层切换到小品图层。执行【圆】命令，绘制半径分别为 220、150、120 的同心圆，并将同心圆复制排列在景墙中心线上，完成装饰陶罐的绘制。绘制结果如图 12-40c 所示。

◆ 绘制汀步。执行【矩形】命令，绘制两个长 600、宽 600 的矩形，并延中心线镜像。

◆ 图层切换到填充图层，执行【图案填充】命令，给木平台和水面填充图案。

（3）绘制水池立面。

◆ 图层切换到辅助线图层，根据立面图的尺寸绘制定位辅助线，绘制结果如图12-41a 所示。捕捉辅助线间关键交点，用【直线】命令绘制完成立面的轮廓，删除辅助线，绘制

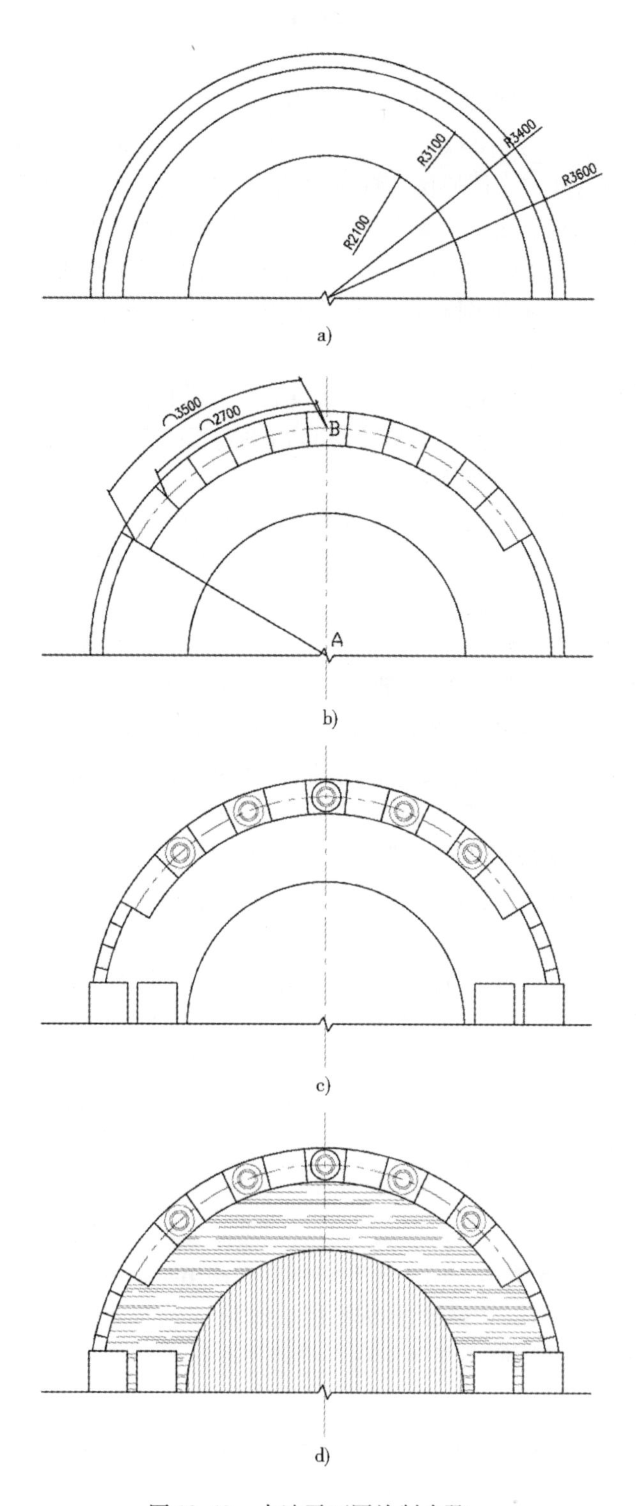

图 12-40　水池平面图绘制步骤

结果如图 12-41b 所示。

◆ 图层切换到小品图层，执行【多段线】、【直线】、【圆】、【镜像】等命令绘制装饰陶罐，并将其进行水平复制，如图 12-41c 所示。

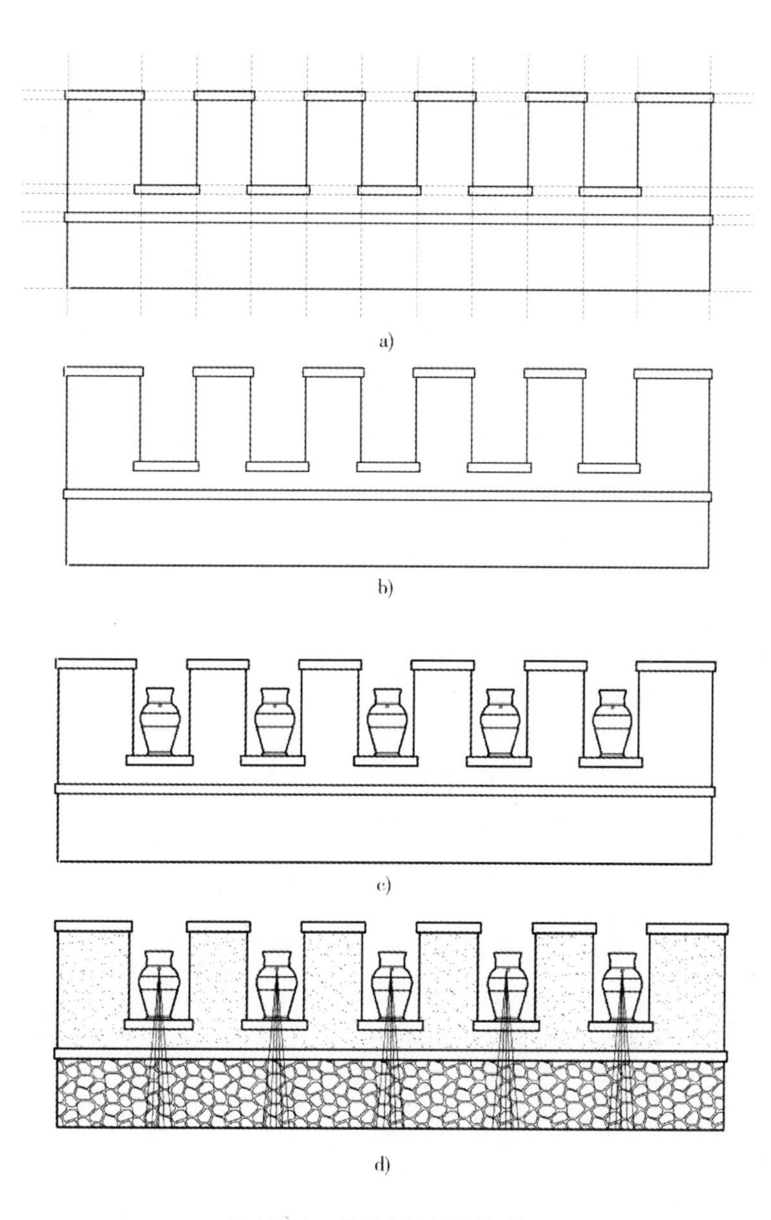

图 12-41 绘制水池景墙轮廓

◆ 图层切换到填充图层，执行【图案填充】命令，对景墙的墙身材料进行图案填充。如图 12-41d 所示。

◆ 图层切换到水图层，执行【直线】、【复制】命令，绘制装饰喷水，如图 12-41d 所示。

（4）绘制水池剖面图。

◆ 图层切换到辅助线图层，根据立面图的尺寸绘制剖面图的定位辅助线，注意结构上和立面图的对应关系，如图 12-42 所示。

◆ 图层切换到结构图层，根据辅助线，执行【直线】、【多段线】、【偏移】命令，绘制出剖面的主要结构。非剖切面上的结构线切换到次结构层，如图 12-43 所示。

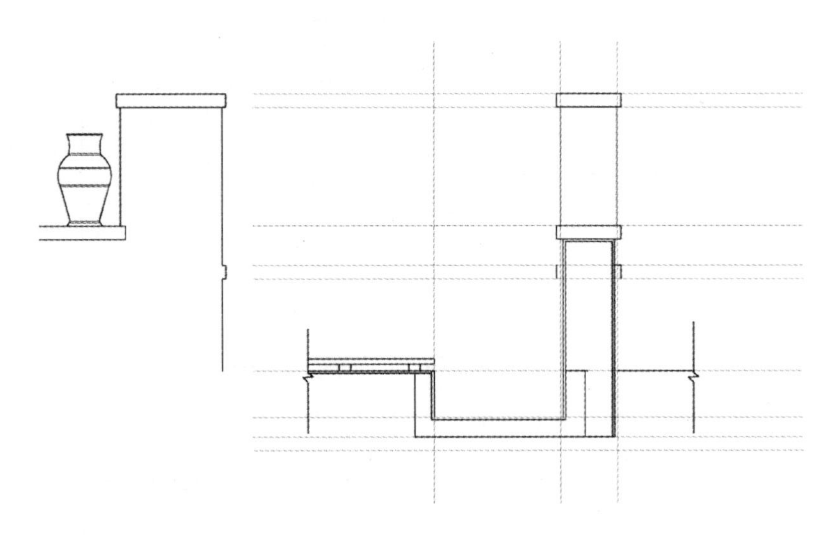

图 12-42　绘制剖面图定位辅助线

◆ 执行【多段线】、【椭圆】、【直线】等命令，绘制池底灯具和卵石，还有水面和陶罐的喷水，并将它们放置到相应的图层，绘制结果如图 12-44 所示。

◆ 图层切换到填充图层，执行【图案填充】等命令，绘制墙身、水池底、水池壁和基础的填充材料。绘制木平台的基础填充材料。填充结果如图 12-45 所示。

（5）尺寸标注和文字标注。最后进行尺寸标注和文字标注，注意不同比例的标注样式设置，通常剖面图为了看清结构需要大比例绘制。标注结果如图 12-39 所示。

（6）图纸布局，绘制图名、图号。（略）

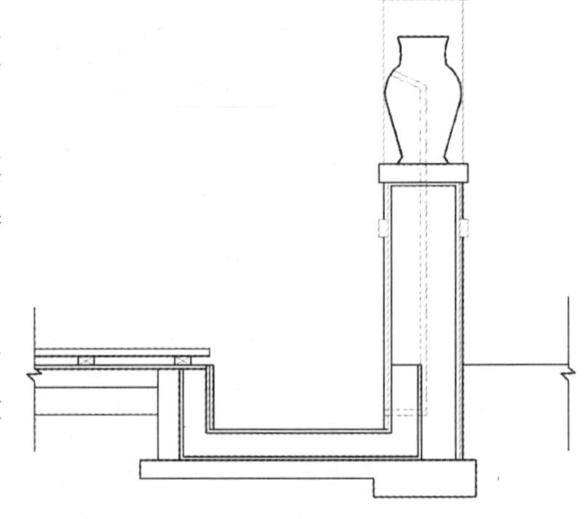

图 12-43　绘制剖面主要结构

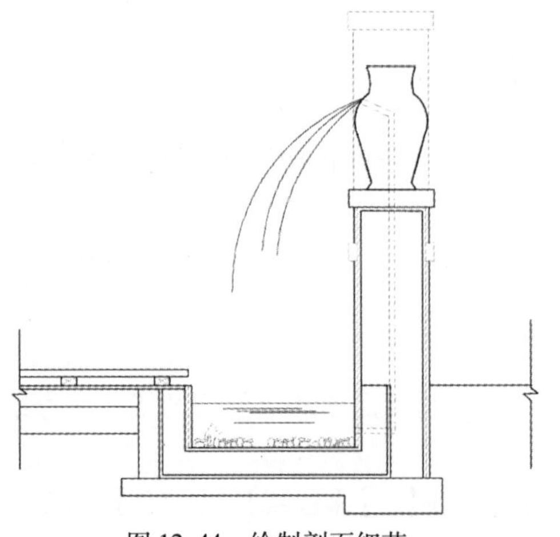

图 12-44　绘制剖面细节

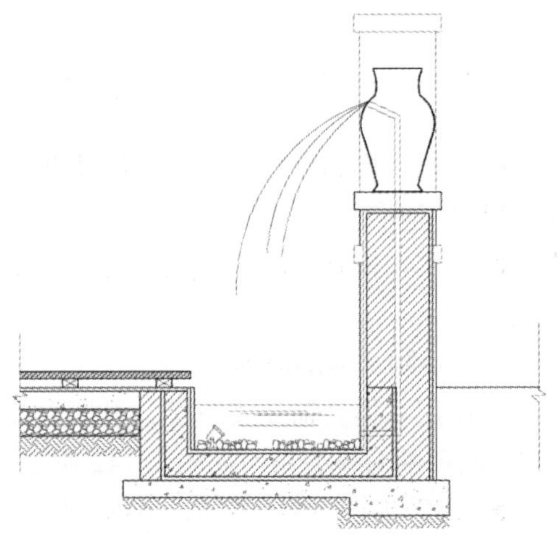

图 12-45　绘制剖面填充图案

12.5 小品工程

【例 12-7】绘制景观灯柱立面图，如图 12-46 所示。

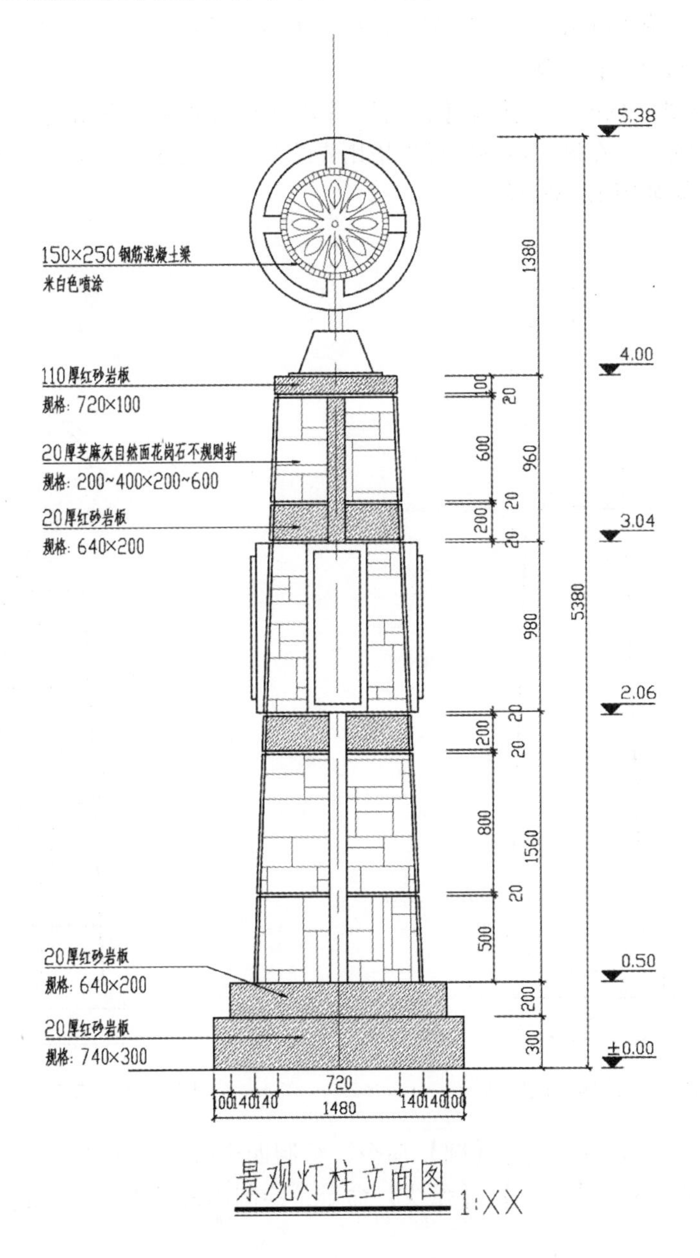

图 12-46 景观灯柱立面图

(1) 设置图层。结构，2 号色，线型 continuous，其余默认；中心线，1 号色，线型 center；填充，8 号色，线型 continuous，其余默认；辅助线，9 号色，线型 continuous，其余默认；标注，3 号色，线型 continuous，其余默认；图名，7 号色，线型 continuous，其余默认。

（2）绘制定位辅助线。

◆ 将中心线图层置为当前图层，执行【直线】命令，绘制一条中心线。

◆ 切换到辅助线图层，根据图 12-46 中的尺寸，绘制水平方向和垂直方向的定位辅助线，根据辅助线，描出柱身的主体轮廓线，如图 12-47 所示。

（3）绘制景观柱立面轮廓。

◆ 图层切换到结构图层，执行【直线】、【矩形】、【偏移】等命令，借助辅助线，绘制出立面轮廓的细节，在这个步骤中可以采用先绘制一半的图形，然后沿中心线镜像复制的方法。绘制结果如图 12-48 所示。

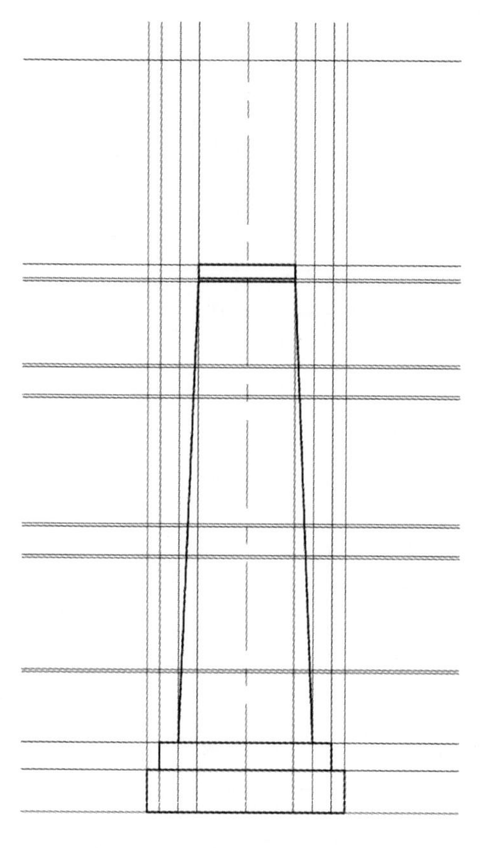
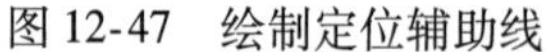

图 12-47　绘制定位辅助线

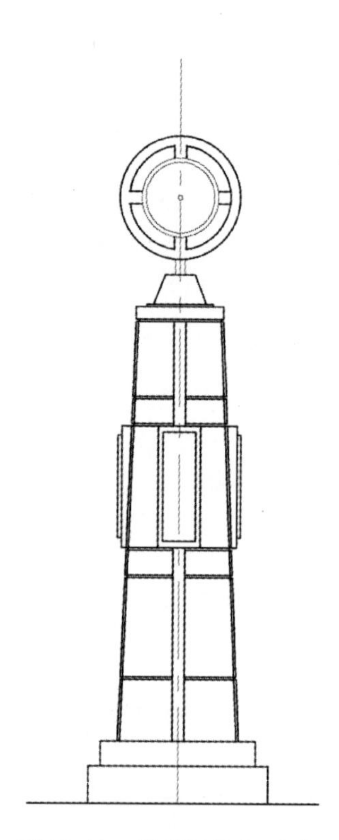

图 12-48　景观灯柱立面图

◆ 绘制柱顶风车造型。执行【圆】命令，绘制四个圆心在中心线上的同心圆，具体尺寸参照图 12-49，执行【直线】、【弧线】命令，绘制内部的造型，并利用【环形阵列】完成复制。

（4）绘制景观柱立面的材料图案。

◆ 图层切换到填充图层，执行【直线】命令，开启【正交】，在对应的花岗石材料区域绘制不规则拼接缝。

◆ 执行【图案填充】命令，在对应的砂岩材料区域进行图案填充，填充类型为“预定义”，图案名为“ANSI36”，填充比例为 5。绘制结果如图 12-50 所示。

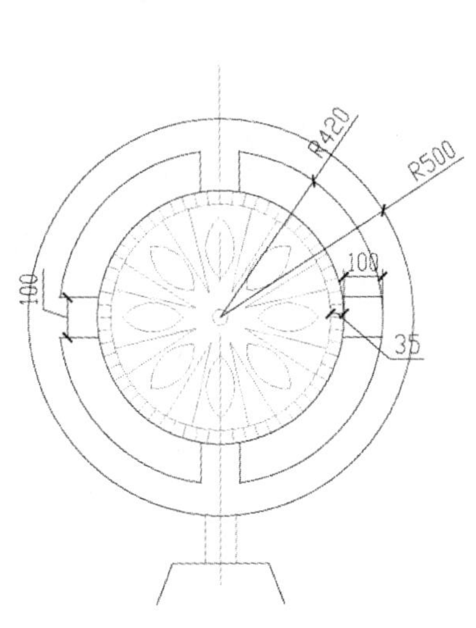

图 12-49 灯柱细部造型尺寸

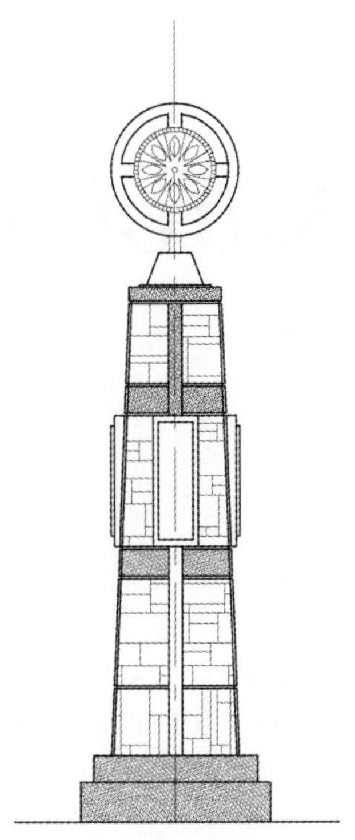
图 12-50 景观灯柱立面图

(5) 尺寸标注和文字注释。

◆ 执行【线性标注】命令进行横向和纵向的尺寸标注。

◆ 执行【属性块】命令，绘制标高符号，并在对应位置进行标高标注。

◆ 执行【多重引线】或【快速引线】命令进行文字标注。

(6) 图名、比例（略）。

附　录

AutoCAD常用快捷键

字母类

1. 对象特性

CH, MO * PROPERTIES（修改特性）
MA, * MATCHPROP（属性匹配）
ST, * STYLE（文字样式）
COL, * COLOR（设置颜色）
LA, * LAYER（图层操作）
LT, * LINETYPE（线形）
LTS, * LTSCALE（线形比例）
LW, * LWEIGHT（线宽）
UN, * UNITS（图形单位）
ATT, * ATTDEF（属性定义）
ATE, * ATTEDIT（编辑属性）
BO, * BOUNDARY（边界创建，包括创建闭合多段线和面域）
EXIT, * QUIT（退出）
EXP, * EXPORT（输出其他格式文件）
IMP, * IMPORT（输入文件）
OP, PR * OPTIONS（自定义 CAD 设置）
PU, * PURGE（清除垃圾）
R, * REDRAW（重新生成）
REN, * RENAME（重命名）
SN, * SNAP（捕捉栅格）
DS, * DSETTINGS（设置极轴追踪）
OS, * OSNAP（设置捕捉模式）
PRE, * PREVIEW（打印预览）
DI, * DIST（查询距离）

AA, * AREA（查询面积）

2. 绘图命令

PO, * POINT（点）
L, * LINE（直线）
XL, * XLINE（构造线）
PL, * PLINE（多段线）
ML, * MLINE（多线）
SPL, * SPLINE（样条曲线）
POL, * POLYGON（正多边形）
REC, * RECTANGLE（矩形）
C, * CIRCLE（圆）
A, * ARC（圆弧）
DO, * DONUT（圆环）
EL, * ELLIPSE（椭圆）
REG, * REGION（面域）
MT, * MTEXT（多行文本）
T, * MTEXT（多行文本）
B, * BLOCK（块定义）
I, * INSERT（插入块）
ME, * MEASURE（定距等分）
DIV, * DIVIDE（定数等分）
H, * BHATCH（填充）

3. 修改命令

CO, * COPY（复制）
MI, * MIRROR（镜像）
AR, * ARRAY（阵列）
O, * OFFSET（偏移）
RO, * ROTATE（旋转）
M, * MOVE（移动）
E, DEL 键 * ERASE（删除）
X, * EXPLODE（分解）
TR, * TRIM（修剪）
EX, * EXTEND（延伸）
S, * STRETCH（拉伸）
LEN, * LENGTHEN（直线拉长）
SC, * SCALE（比例缩放）
BR, * BREAK（打断）
CHA, * CHAMFER（倒角）
F, * FILLET（倒圆角）

PE，*PEDIT（多段线编辑）
AL，*ALIGN（对齐）

4. 视窗显示

P，*PAN（平移）
Z+空格+空格，*（实时缩放）
Z，*（局部放大）
Z+P，*（返回上一视图）
Z+E，*（显示全图）

5. 尺寸标注

DLI，*DIMLINEAR（直线标注）
DAL，*DIMALIGNED（对齐标注）
DRA，*DIMRADIUS（半径标注）
DDI，*DIMDIAMETER（直径标注）
DAN，*DIMANGULAR（角度标注）
DCE，*DIMCENTER（中心标注）
DOR，*DIMORDINATE（点标注）
LE，*QLEADER（快速引出标注）
DBA，*DIMBASELINE（基线标注）
DCO，*DIMCONTINUE（连续标注）
D，*DIMSTYLE（标注样式）
DED，*DIMEDIT（编辑标注）

6. 图纸布局

MV，*MVIEW（创建视口）

常用 CTRL 快捷键

【CTRL】+1*PROPERTIES（修改特性）
【CTRL】+2*ADCENTER（设计中心）
【CTRL】+O*OPEN（打开文件）
【CTRL】+N、M*NEW（新建文件）
【CTRL】+P*PRINT（打印文件）
【CTRL】+S*SAVE（保存文件）
【CTRL】+Z*UNDO（放弃）
【CTRL】+X*CUTCLIP（剪切）
【CTRL】+C*COPYCLIP（复制）
【CTRL】+V*PASTECLIP（粘贴）
【CTRL】+B*SNAP（栅格捕捉）
【CTRL】+F*OSNAP（对象捕捉）
【CTRL】+G*GRID（栅格）

【CTRL】 +L* ORTHO（正交）
【CTRL】 +W* （对象追踪）
【CTRL】 +U* （极轴）

常用功能键

【F1】* HELP（帮助）
【F2】* （文本窗口）
【F3】* OSNAP（对象捕捉）
【F6】* （动态 UCS）
【F7】* GRIP（栅格）
【F8】* ORTHO（正交）
【F9】* SNAP（栅格捕捉）
【F10】* （极轴）
【F11】* （对象追踪）
【F12】* （动态输入）